塔北地区奥陶系碳酸盐岩古岩溶特征及成因模式
——以哈拉哈塘地区为例

陈利新 贾承造 杨海军 苏 洲 董红琪 等著

石油工业出版社

图书在版编目（CIP）数据

塔北地区奥陶系碳酸盐岩古岩溶特征及成因模式 / 陈利新等著 . —北京：石油工业出版社，2024.7
　ISBN 978-7-5183-6639-2

　Ⅰ.①塔⋯ Ⅱ.①陈⋯ Ⅲ.①塔里木盆地 – 奥陶纪 – 碳酸盐岩油气藏 – 古岩溶 – 研究 Ⅳ.① P618.13

　中国国家版本馆 CIP 数据核字（2024）第 074291 号

出版发行：石油工业出版社
　　　　　（北京安定门外安华里 2 区 1 号　100011）
　　网　　址：www.petropub.com
　　编辑部：（010）64523708
　　图书营销中心：（010）64523633
经　　销：全国新华书店
印　　刷：北京中石油彩色印刷有限责任公司

2024 年 7 月第 1 版　2024 年 7 月第 1 次印刷
787×1092 毫米　开本：1/16　印张：12.5
字数：340 千字

定价：140.00 元
（如出现印装质量问题，我社图书营销中心负责调换）
版权所有，翻印必究

《塔北地区奥陶系碳酸盐岩古岩溶特征及成因模式——以哈拉哈塘地区为例》编写组

组　长：陈利新　贾承造　杨海军　苏　洲　董红琪

成　员：韩剑发　梁　彬　潘文庆　朱永峰　郑多明

　　　　赵宽志　万效国　蔡　泉　张　键　肖　云

　　　　王　霞　杨　博　张庆玉　赵　彬　聂国权

　　　　季少聪　莫国宸　张　萌

序 | Foreword

早在 20 世纪 80 年代，塔里木盆地成功钻探了雅克拉构造带的沙参 2 井、轮南低凸起的轮南 1 井、塔中隆起的塔中 1 井等并获高产油气流，实现了塔里木盆地古生界海相碳酸盐岩油气勘探里程碑意义的战略发现，揭示了古生界海相碳酸盐岩优越的成藏条件与巨大的资源潜力，资源评价表明碳酸盐岩油气资源 64 亿吨，是油气勘探的重点领域。

然而重大发现后，面临如何实现战略发现与资源优势向效益优势转化等诸多科学问题与技术挑战。历经超深埋藏与多期成岩演化，塔里木盆地古老碳酸盐岩原始基质孔隙消失殆尽，属非有效储层；国内外调研与勘探实践表明，构造及岩溶作用形成的溶蚀孔洞与裂缝是古老碳酸盐岩增储上产的关键，由于古岩溶地质理论认识局限、缝洞体预测评价技术束缚，碳酸盐岩缝洞体精准识别、量化评价及地质模型建立等长期难获重大突破！

攻关坚持问题导向、目标导向，高效融合中国石油塔里木油田公司与中国地质科学院岩溶地质所科研力量，立足古气候、古环境、古水文等圈层效应及塔里木叠合盆地构造沉积演化分析，依据露头与钻井大数据，利用氧碳同位素等主微量元素分析、流体包裹体定年等地球化学证据等系统研究了古岩溶识别方法，剖析了塔里木盆地哈拉哈塘地区古岩溶发育主控因素，揭示了风化壳岩溶、层间岩溶与断控岩溶成因机理，建立了岩溶地质建模，预测了岩溶空间分布，获得了具有重要理论与技术价值的创新成果：

丰富发展了古岩溶油气地质理论内涵。剖析了古构造、古断裂、古地貌、岩溶形态学、沉积岩石学与水流动力学等古岩溶形成重要条件，精细刻画了哈拉哈塘地区多期次、多幕式纵向分层、横向分区的古岩溶发育特征，特别是前志留纪、良里塔格组、一间房组岩溶期区域岩溶作用特征；揭示了哈拉哈塘地区水岩作用与大型岩溶缝洞体形成演化机理，建立了潜山岩溶、层间岩溶等"层控"岩溶地质模型与"断控"岩溶地质模型；创新性开展了流入型、流出型的暗河管道系统类型划分与性质研究，充填程度刻画及成因分析，阐明了大型暗河管道系统与油气富集成藏机理，指明了增储上产主攻领域。

完善创新了古岩溶研究基础工作方法。基于钻井工程、地球物理、试油试采等翔实数据分析，建立了二、三级地貌单元成因组合识别指示体系，实现了岩溶地貌划分定量化；突出岩溶地貌恢复关键问题，创新印模—趋势面、残厚—趋势面与残厚—构造趋势面组合方法，实现了岩溶地貌精细划分；利用充填物中氧碳同位素对古环境的指示性及包裹体对古岩溶作用的指示性，构建了多种类型古岩溶成因模式，揭示了岩溶缝洞体成因机理和空间分布规律，实现了富油气区带岩溶缝洞体的精准预测评价。

岩溶作用是古老碳酸盐岩有效缝洞体形成的关键，塔里木盆地海相碳酸盐岩古岩溶类型丰富，堪称古岩溶地质的百科全书；作者聚焦古岩溶形成演化和油气富集核心，利用油气生产大数据、试验分析新方法、岩溶缝洞体评价新技术，提升了超深古岩溶油气地质理论认识，有效指导了勘探开发实践，对类似油气田具有指导意义。

中国科学院院士

前言 | Preface

全世界油气资源已探明储量中碳酸盐岩油气藏储量约占50%，产量占60%以上。碳酸盐岩盆地中已发现数百个大型油气田，近年来，我国在鄂尔多斯盆地、塔里木盆地、渤海湾盆地、四川盆地碳酸盐岩储层中相继发现了大中型油气田。我国海相碳酸盐岩层系油气资源量大于$300×10^8$t油当量，仅塔里木盆地的石油三级储量就达30多亿吨，渤海湾盆地、鄂尔多斯盆地、四川盆地也广泛分布。这些盆地碳酸盐岩中古岩溶发育，与油气藏关系密切。塔里木盆地碳酸盐岩油气储层经历了漫长的岩溶作用过程，既有近地表环境下的岩溶作用，又经历了埋藏过程中岩溶作用的叠加与改造，造成储层的油气储集规律十分复杂，给勘探和开发带来了一定难度。

塔里木盆地是我国目前最具有远景的大型沉积盆地之一，油气资源总量达$160×10^8$t，已发现50多个油气田。中—下奥陶统碳酸盐岩地层为古岩溶和海相缝洞型油气藏分布的主要层位。古岩溶经历了一间房末期早表生裸露风化、海西早期裸露风化和石炭纪后期埋藏改造等多期演化过程，其中海西早期为裸露风化壳岩溶的强烈发育期，形成了具有规模的古岩溶洞穴系统。奥陶系碳酸盐岩在大范围内连片含油气，但含油气丰度明显受缝洞发育程度控制。古岩溶缝洞发育不均一，非均质性强，与华北油田以断层控制的碳酸盐岩油藏有较大区别。油藏的基质部分基本不含油，油气的有效储集空间为古岩溶缝洞，有效储集体分布及油藏流体性质非常复杂，成为目前油田开发领域中的一大难题。

哈拉哈塘地区位于塔北隆起中部哈拉哈塘凹陷，其北部为轮台凸起，西接南喀—英买力低凸起，南为满加尔（北部）凹陷，东邻轮南低凸起，面积约1918km^2。哈拉哈塘地区（也称哈拉哈塘油田）下古生界海相碳酸盐岩油气藏累计探明石油地质储量$2.08×10^8$t，是深层碳酸盐岩油气藏开发的重点领域之一。

哈拉哈塘地区奥陶系碳酸盐岩经历了多期岩溶的叠加改造作用，北部发育潜山风化壳岩溶，桑塔木组尖灭线以南以层间岩溶作用为主，形成了大型缝洞体储层，次生溶蚀孔洞、洞穴和裂缝三大类构成了主要的储集空间类型，具有顺层发育的特征，是塔北地区三期岩溶作用（一间房组岩溶期、良里塔格组岩溶期、前志留纪岩溶期）叠加改造典型岩溶区，岩溶储层形成控制因素复杂。哈拉哈塘地区奥陶系具有丰富的油气资源，是近期塔北油气勘探的重点。但在实际勘探过程中发现该区地质条件复杂、储层非均质性极强。

近年来，中国石油天然气股份有限公司与中国地质科学院岩溶地质研究所，以哈拉哈塘油田奥陶系碳酸盐岩为对象，开展了古岩溶型储层研究工作，采用岩溶形态组合分析法、古水动力相关分析法、地球化学分析以及岩溶储层介质结构定量评价和预测等技术手段，研究古岩溶与深岩溶的形成条件、影响控制因素及其与油气富集关系，识别出多种古岩溶缝洞成因类型，建立了古岩溶成因模式，实现了对油气聚集有利发育区的预测，在岩溶型储层（岩溶缝洞）成因机理和空间分布规律研究方面取得了新进展。

全书分5章。第1章古岩溶形成条件与控制因素，在介绍古岩溶作用地质背景的基础上，重点分析了古气候、岩石性质、层组结构类型、地质构造格局、地形地貌和地下水动力条件等古岩溶发育的控制因素。第2章不同岩溶期古岩溶地貌与古水动力特征，在介绍古岩溶地貌识别方法的基础上，对哈拉哈塘地区奥陶系不同岩溶期古岩溶地貌进行了恢复，并进行了古岩溶地貌单元划分，重点论述了不同地貌单元区古岩溶发育特征及不同岩溶期次古水动力特征与演变，分析不同岩溶期次岩溶作用条件，为不同岩溶期次岩溶缝洞形成提出了岩溶理论基础。第3章古岩溶特征与控制因素，系统分析了哈拉哈塘地区奥陶系碳酸盐岩古岩溶缝洞发育特征，结合古岩溶地貌、古水动力条件、断裂等特点，认为不同岩溶区带岩溶缝洞发育特征具有一定的差异：潜山岩溶区岩溶缝洞主要发育于一间房组、鹰山组中上部，一间房组以溶蚀裂缝、小溶蚀孔洞为主，鹰山组以溶洞、岩溶管道为主，岩溶缝洞具有明显垂向分带特征（可划分为表层岩溶带、垂向渗滤溶蚀带、径流溶蚀带、潜流溶蚀带），岩溶地下河发育区带主要位于与层间岩溶区接触地带；层间岩溶—顺层改造区，岩溶缝洞主要发育于一间房组、鹰山组，岩溶洞穴、岩溶管道发育，岩溶地下河（暗河）发育长度约3~4km，缝洞规模相对较大，岩溶缝洞形成与良里塔格组岩溶期河流深切具有明显联系；层间岩溶—台缘叠加区，岩溶缝洞主要发育于一间房组、鹰山组，一间房组以溶蚀裂缝、溶蚀孔洞为主，局部发育岩溶管道，鹰山组以岩溶管道为主，缝洞规模较大，岩溶缝洞形成与断裂、岩溶层组及集中径流带具有明显联系；层间岩溶—断裂控储区，岩溶缝洞主要位于一间房组，局部位于鹰山组，岩溶缝洞以溶洞或岩溶管道为主，多属排泄型岩溶地下河（暗河）出口段，充填程度较低，其形成与岩溶层组、断裂及良里塔格组岩溶期径流排泄具有明显的关系。第4章古岩溶缝洞充填演化特征，在总结古岩溶缝洞充填特征的基础上，重点阐述了充填物同位素对古岩溶环境的指示性和充填物包裹体对古岩溶作用的指示性。第5章古岩溶成因地质模式，深入分析岩溶缝洞特征和沉积间断、断裂、古水动力条件、岩溶层组等岩溶缝洞形成主控因素的基础上，利用现代岩溶理论，分别建立了潜山风化壳岩溶区、层间岩溶顺层改造区、层间岩溶台缘叠加区、层间岩溶断裂控储区古岩溶形成地质模式，并建立了哈拉哈塘地区不同岩溶期次区域岩溶作用模型，为油气勘探与开发提供了岩溶地质理论依据。

本书由陈利新、贾承造、杨海军、苏洲、董红琪等共同编写完成，全书由陈利新、贾承造、杨海军统稿、定稿。参加本书编制工作的人员还有韩剑发、梁彬、潘文庆、朱永峰、郑多明、赵宽志、万效国、张庆玉等。

中国石油塔里木油田分公司勘探开发研究院、东方地球物理勘探有限责任公司等单位提供了大量基础资料。在此向有关单位和个人表示衷心感谢。

目录 | Contents

1 古岩溶形成条件与控制因素 ·· 1
  1.1 古岩溶作用地质背景 ·· 2
  1.2 古岩溶作用控制因素 ·· 11
  1.3 不同岩溶作用期次岩溶地质条件 ··· 22

2 不同岩溶期古岩溶地貌与古水动力特征 ··· 23
  2.1 不同岩溶期古岩溶地貌识别方法 ··· 23
  2.2 不同岩溶期古岩溶地貌特征与岩溶发育条件 ······························ 30
  2.3 不同岩溶期次古水动力条件与演变特征 ····································· 37
  2.4 哈拉哈塘地区古岩溶地貌形成与演化 ·· 46

3 古岩溶特征与控制因素 ··· 49
  3.1 古岩溶区带划分 ··· 49
  3.2 潜山岩溶区古岩溶特征与控制因素 ·· 51
  3.3 层间岩溶区古岩溶特征与控制因素 ·· 78

4 古岩溶缝洞充填演化特征 ··· 124
  4.1 古岩溶缝洞充填特征 ··· 124
  4.2 充填物碳氧同位素对古岩溶环境的指示性 ································ 134
  4.3 充填物包裹体对古岩溶作用的指示性 ······································· 138
  4.4 古岩溶缝洞充填物形成环境分析 ·· 155

5 古岩溶成因地质模式 ··· 158
  5.1 潜山岩溶区古岩溶成因模式 ··· 158
  5.2 层间岩溶区古岩溶成因模式 ··· 166
  5.3 不同岩溶期区域古岩溶作用模型 ·· 181

参考文献 ··· 185

1 古岩溶形成条件与控制因素

塔里木盆地古潜山主要发育于塔里木盆地北部隆起(简称塔北隆起),该隆起可分为轮台凸起、英买力低凸起、哈拉哈塘凹陷、轮南低凸起、草湖凹陷及库尔勒鼻隆6个二级构造单元(图1-1),而奥陶系碳酸盐岩古潜山主要发育于轮南凸起及其邻近地区(蔡春芳,1997;黄成毅等,2006)。塔北奥陶系古潜山风化壳岩溶区位于桑塔木组尖灭线以北地区(图1-2),具体分为哈拉哈塘、轮南、塔河3个地区,其中哈拉哈塘地区古潜山位于塔北隆起中部哈拉哈塘凹陷北部,西接英买力凸起,北邻轮台凸起,东为轮南凸起塔河地区,该古潜山为加里东期的前志留系古潜山(崔海峰、郑多明,2009;高计县、唐俊伟,2012)。轮南潜山地区位于塔北隆起轮南凸起核部,属于中国石油轮南油田。塔河潜山地区位于轮南凸起南部,哈拉哈塘地区东部,属于中国石化塔河油田。轮南、塔河古潜山为同一古潜山的不同部位,均是早海西期前石炭系奥陶系古潜山(简称轮南古潜山或轮古)(柏松章,1996;安润莲等,2009;吕海涛等,2009;焦方正,2006,2008)。在塔北奥陶系古潜山勘探开发有轮古油气田、塔河油田、哈拉哈塘油田等,探明天然气储量近$1100×10^8 m^3$,展现出良好的开发前景(陈学时等,2004)。

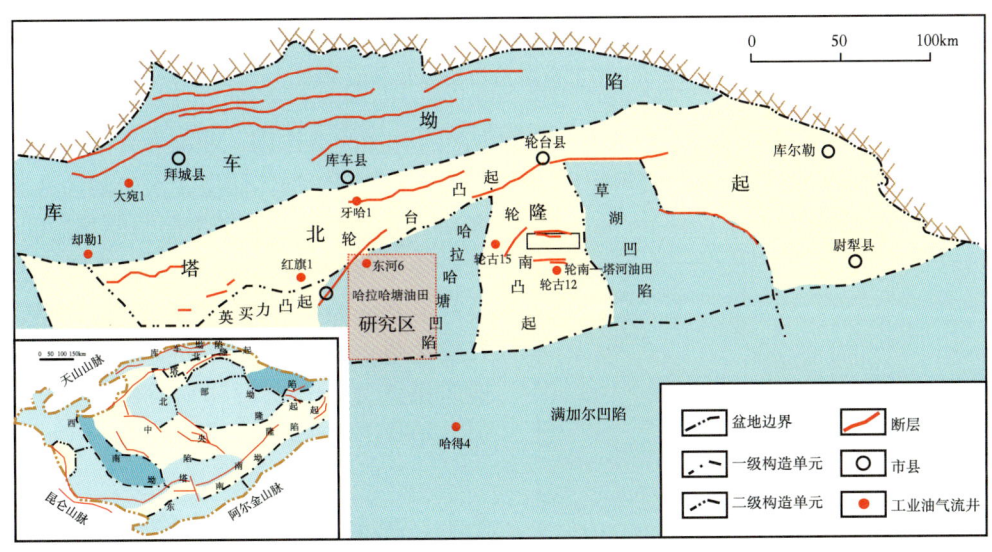

图1-1 哈拉哈塘地区构研究区位置与构造略图

哈拉哈塘地区位于塔里木盆地塔北隆起中部哈拉哈塘凹陷,其北部为轮台凸起,西接南喀—英买力低凸起,南为满加尔(北部)凹陷,东邻轮南低凸起,面积约$1918km^2$(图1-1)。哈拉哈塘油田主要包含新垦井区、热瓦普井区、哈6井区及东河塘—齐满井区,探明石油储量$1.6×10^8 t$(图1-2),已累计钻井240余口。哈拉哈塘地区所在塔北隆起是一个晚期深埋于库车新生代山前坳陷之下的前侏罗纪古隆起,其演化历史大致可划分为前震旦纪基底形成阶段、震旦纪—泥盆纪古隆起形成阶段、石炭纪—三叠纪断裂与断隆发育阶段、侏罗纪—古近纪稳定沉降发展阶段以及新近纪—第四纪整体快速沉降发展阶段等五期演化过程。现哈拉哈塘地区从石炭纪才开始转为负向构造单元,而加里东—早海西期,它还属于轮南大型古潜山的西斜坡部位。此期间,多期的构造运动使得奥陶系鹰山组—良里塔格组碳酸盐岩经历了多期岩溶的叠加改造,风化岩溶缝洞体储层发育。近年勘探开发表明本区奥陶系碳酸盐岩岩溶储层具有大面积、准层状及断控富集油气的特征(张硕等,2012;张学丰等,2012;赵宽志等,2015;郑多明等,2015;陈利新等,2011;陈清华等,2022)。

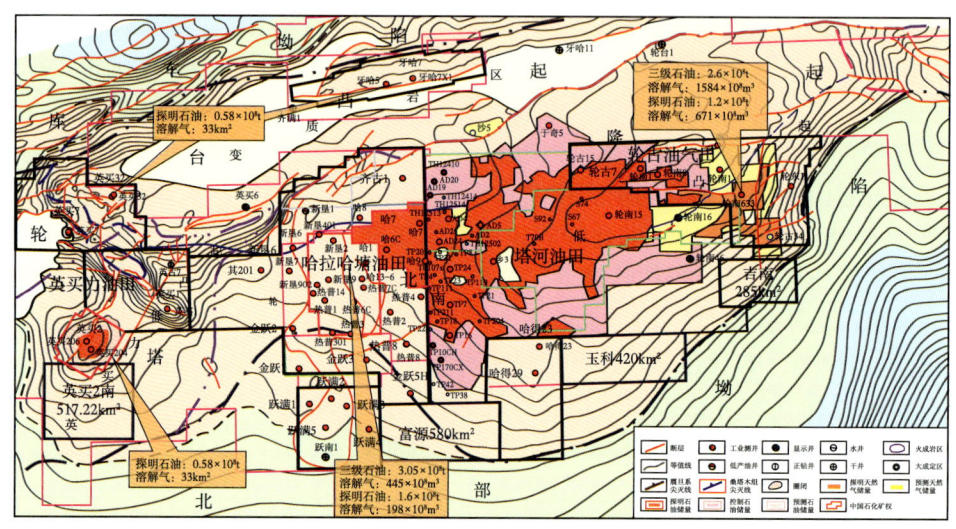

图 1-2 塔北碳酸盐岩勘探开发成果图

哈拉哈塘地区奥陶系碳酸盐岩经历了多期岩溶的叠加改造作用,北部发育潜山风化壳岩溶,桑塔木组尖灭线以南以层间岩溶作用为主,形成了大型缝洞体储层,次生溶蚀孔洞、洞穴和裂缝三大类构成了主要的储集空间类型,具有顺层发育的特征。哈拉哈塘地区奥陶系具有丰富的油气资源,是近期塔北油气勘探、开发的重点。但在实际勘探过程中发现该区地质条件复杂、储层非均质性极强(卢玉红等,2007;倪新峰等,2009)。

1.1 古岩溶作用地质背景

1.1.1 古地理与古气候

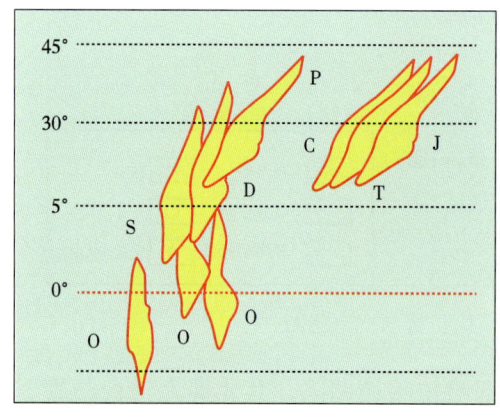

图 1-3 塔里木古陆不同地质时代地理位置演变略图(据中国石油塔里木公司,1998,有修改)
图中黄色为塔里木古陆

据前人研究(中国科学院新疆地理研究所,1986),志留纪、泥盆纪时,塔里木古陆处于南纬5°~北纬30°(图1-3),属于热带、亚热带海洋性气候，降水量充足，有利于裸露岩溶发育；晚泥盆世到石炭纪中期，温暖—潮湿和干旱—半干旱的热带—亚热带气候交替出现，有利于岩溶作用；晚二叠世末开始，以干旱氧化环境为主，有利于前期岩溶的保存。

1.1.2 区域构造

1.1.2.1 构造演化

前人根据东西向、南北向的二维地震剖面研究，认为"哈拉哈塘凹陷"下构造层寒武—奥陶系的构造特征与轮南低凸起相似（图1-4），位于轮南低凸起的西部宽缓背斜带，奥陶系剥蚀明显，晚古生代地层展布稳定。显然，"哈拉哈塘凹陷"是一个正向构造单元，而不是凹陷。因此，奥陶系沉积时哈拉哈塘不是一个凹陷区。

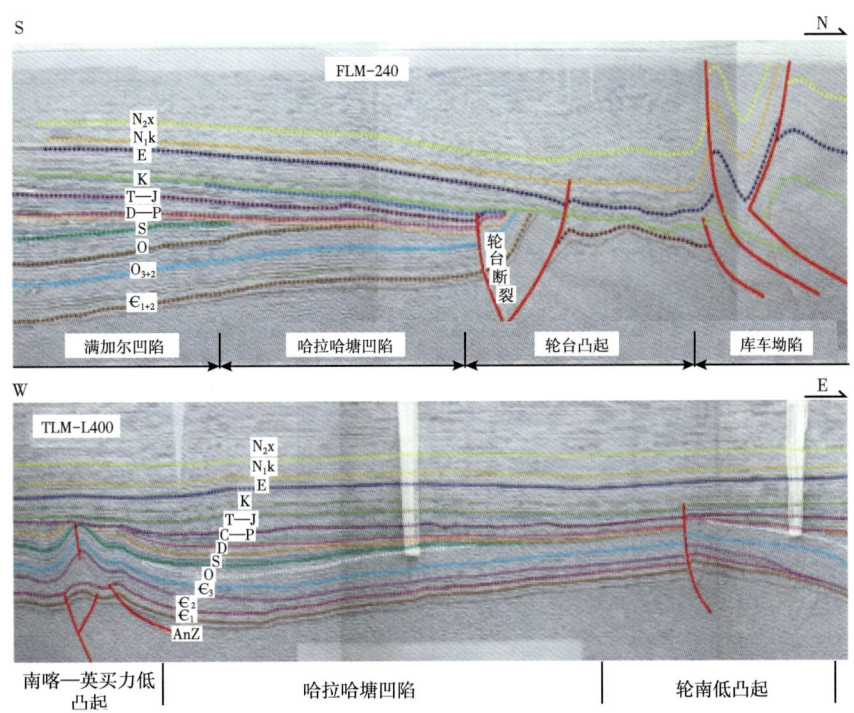

图1-4 塔北南北向（上）、东西向（下）过哈拉哈塘地区的二维地震区域大剖面

而哈拉哈塘现今凹陷的形成经历了多期构造运动。在寒武纪—奥陶纪，轮南—哈拉哈塘—英买力位于克拉通内碳酸盐岩台地内部，发育稳定碳酸盐岩沉积。奥陶纪末，随着库—满拗拉槽的闭合，统一的塔北隆起初步形成，轮南—哈拉哈塘—英买力地区为其南斜坡。志留纪—泥盆纪，塔北隆起继承性发育。泥盆纪晚期，随着塔里木板块西南部挤压活动不断加强，轮南—哈拉哈塘地区形成大型的北东向背斜隆起，哈拉哈塘位于背斜的西翼。石炭纪—三叠纪，哈拉哈塘地区稳定沉降，而轮南、英买力两个北东向的低隆起持续发育，哈拉哈塘地区成为沉降凹陷，向向斜构造转化（图1-5）。新近纪以来，由于库车坳陷持续强烈沉降，塔北地区逐渐成为库车再生前陆盆地的前缘隆起和前陆斜坡，上古生界和中生界发生翘倾，与新生界一起呈整体北倾大单斜（图1-6），哈拉哈塘地区现今构造格局形成。

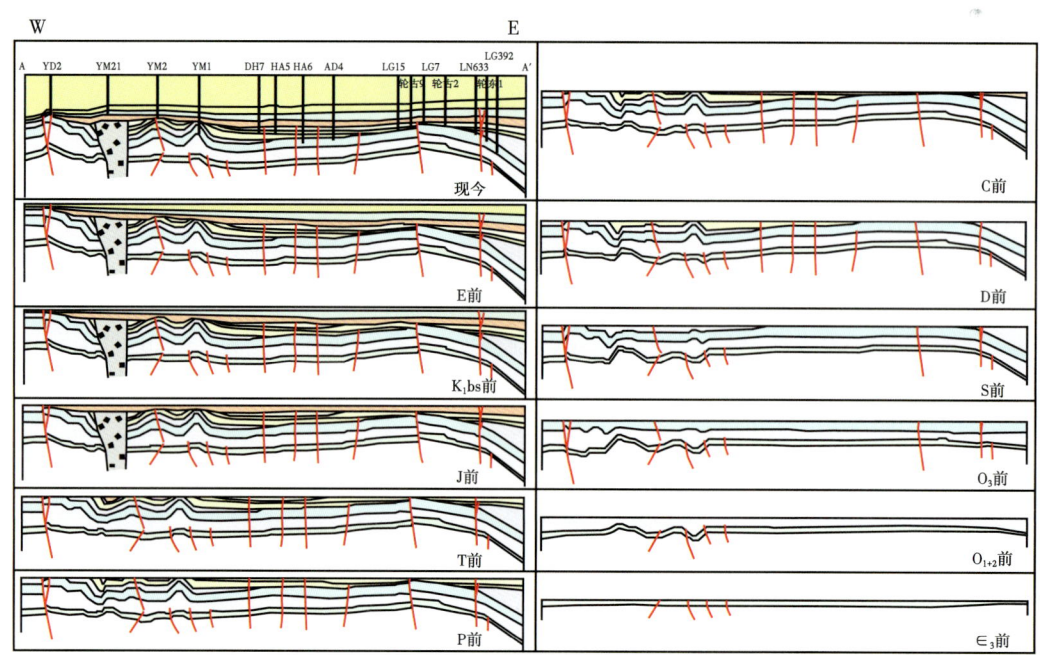

图 1-5 塔北过哈拉哈塘凹陷东西向构造演化剖面图（据朱光有等，2013，有修改）

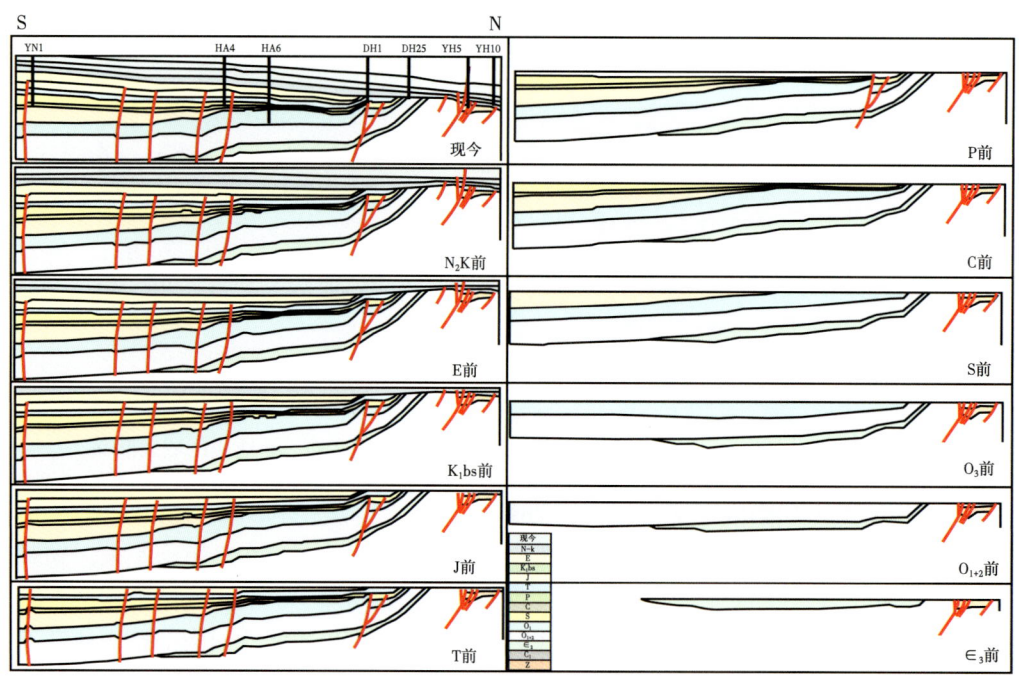

图 1-6 塔北过哈拉哈塘凹陷南北向构造演化剖面图（据朱光有等，2013，有修改）

因此，在早海西期哈拉哈塘地区主体位于轮南大型背斜的西断裂控储区。在晚海西—印支期，由于挤压应力的持续作用，英买力低凸起与轮南低凸起一起夹持着哈拉哈塘地区，形成了现今的构造格局，哈拉哈塘是一个后期构造沉降凹陷。因此，哈拉哈塘奥陶纪是与轮南连为一体的台地，属于塔北隆起的一部分。

1.1.2.2 断裂特征

哈拉哈塘地区断裂构造发育，以北东—南西向、北西—南东向和近南北向的走滑断裂群为主，且平面多形成"X"形组合（图 1-7）。根据断裂的展布方向、断开的层位、区域构造应力场背景分析等，将断裂系统的活动划分出了四期：

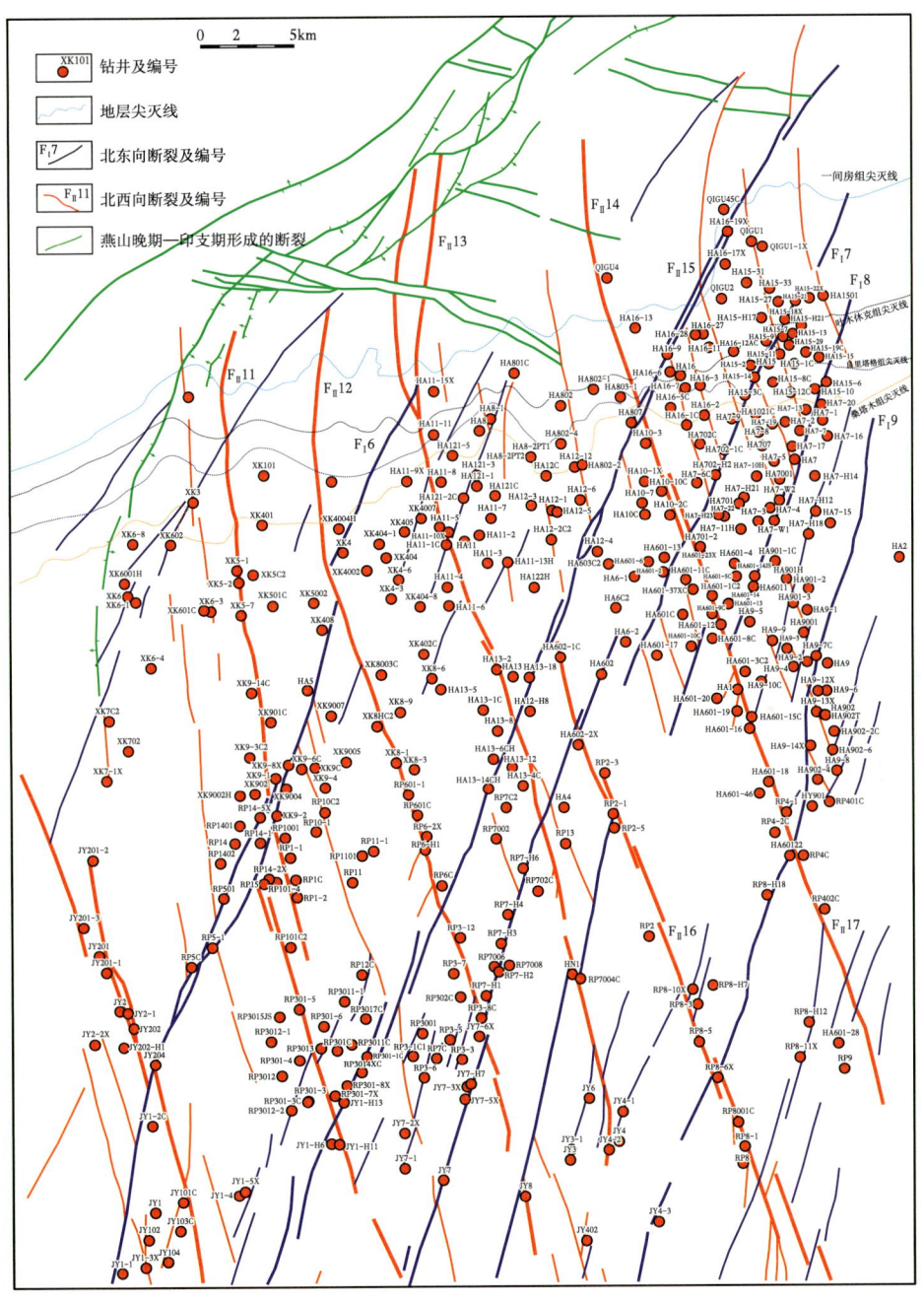

图 1-7 哈拉哈塘地区断裂构造特征图

（1）加里东早—中期形成的断裂。

加里东早—中期，哈拉哈塘地区在近南北向区域挤压构造应力的作用下，由右行力偶产生了旋转型剪应力场，形成了北东向的同向走滑断裂及与其伴生的有北西向次级同向断裂、近南北向的断裂和近东西向断裂体系。北东向走滑断裂及次级伴生北西向断裂较发育。

（2）加里东末期—海西早期形成的断裂。

该时期南东—北西向挤压构造作用对哈拉哈塘地区加里东早、中期形成的断裂具有不同程度改造。

（3）海西晚期形成的断裂。

此时期，哈拉哈塘地区在近南北向挤压应力作用下，叠加二叠纪晚期的较强烈火山活动，造成该地区多数断层再次活动，并形成了一系列与火成岩刺穿相关的断层（如哈13井南面发育的两条反"S"状逆断层切割北东向大走滑断层）。

（4）燕山晚期—印支期形成的断裂。

此时期，哈拉哈塘地区在挤压应力松弛作用的背景下，北东—南西向古生界走滑断裂再次活动，撕裂中生界，形成一组北东走向、雁列状展布的正断层。

哈拉哈塘地区奥陶系碳酸盐岩储层主要受两期断裂的影响，即：加里东早中期发育的北西—南东向、北东—南西向两组"X"状交叉走滑断裂和加里东末期—海西早期发育的一系列"雁行"断裂。这些断裂对哈拉哈塘地区奥陶系岩溶储层发育及改造极为有利。

1.1.3 地层与岩性

哈拉哈塘地区发育震旦系至泥盆系海相沉积地层、石炭系至二叠系海陆交互相地层和中—新生界陆相地层。自上而下为新生界第四系、新近系、古近系，中生界白垩系、侏罗系、三叠系，古生界二叠系、石炭系、志留系、奥陶系。其中北部缺失上白垩统、中—上侏罗统、上二叠统、中上志留统、上奥陶统桑塔木组等。按塔北地层系统划分，哈拉哈塘地区奥陶系从上到下可细分为上统桑塔木组（O_3s）、良里塔格组（O_3l）、吐木休克组（O_3t）、中统一间房组（O_2y）、中—下统鹰山组（$O_{1-2}y$）及下统蓬莱坝组（O_1p）（表1-1）。

整体上桑塔木组以泥岩沉积为主；良里塔格组以泥灰岩、瘤状灰岩夹砂屑灰岩沉积为主；吐木休克组以褐色泥晶灰岩、含泥灰岩为主；一间房组以生屑灰岩、鲕粒灰岩为主；鹰山组从上到下分为四段，鹰一至鹰二段以石灰岩为主；鹰三段至鹰四段以石灰岩为主，夹少量云质灰岩；蓬莱坝组以白云岩为主。

中奥陶统一间房组—鹰山组一段上部是目前发现的主要含油层系，为岩溶储集层，多数钻井钻至上述层位。此外，上奥陶统良里塔格组滩体经岩溶作用后形成的储层也表现出良好的勘探潜力。桑塔木组、良里塔格组、吐木休克组、一间房组、鹰山组整体由南向北依次剥蚀尖灭（图1-8），其中风化壳潜山岩溶区主要分布于良里塔格组、一间房组及鹰山组。志留系柯坪塔格组覆盖于奥陶系之上。哈拉哈塘地区奥陶系分述如下：

桑塔木组（O_3s）：也称碎屑岩段，岩性以杂色碎屑岩为主夹泥灰岩，碎屑岩有时为绿灰、褐色泥岩夹粉砂岩，有时为砂泥岩互层（图1-9），厚度0~540m，南厚北薄，在XK6—XK4—HA11—HA10—HA7井北部尖灭，HA12井由于志留系河道冲刷缺失。该组伽马测井曲线表现为高值、锯齿状特征。

表 1-1 哈拉哈塘地区地层简表（厚度参考 HA6 井）

地层					地层代号接触关系	厚度(m)	岩性特征
界	系	统	组	段			
新生界	第四系				Q	150	黏土、散沙、砂质黏土，未成岩
新生界	新近系		库车组		N_2k	2680	砂质泥岩、膏质泥岩、粉砂岩、细砂岩、泥岩、砂砾岩
新生界	新近系		康村组		$N_{1-2}k$	424	砂质泥岩、膏质泥岩、粉砂岩、细砂岩、泥岩、砂砾岩
新生界	新近系		吉迪克组		N_1j	350	砂质泥岩、膏质泥岩、粉砂岩、细砂岩、泥岩、砂砾岩
新生界	古近系		苏维依组		$E_{2-3}s$	174	砂质泥岩、膏质泥岩、粉砂岩、细砂岩、泥岩、砂砾岩
中生界	白垩系	下统			K	1059	细砂岩、粉砂岩、砂砾岩、泥岩
中生界	侏罗系	下统			J	106	粉砂岩、泥岩、煤层
中生界	三叠系				T	516	泥岩、粉砂岩、砂砾岩、细砂岩
古生界	二叠系	下统			P	317	凝灰岩、玄武岩、泥岩、粉—细砂岩
古生界	石炭系				C	197.5	砂岩、泥岩、砂砾岩、泥晶灰岩
古生界	泥盆系	下统			D	210	大套细砂岩为主
古生界	志留系	下统			S	298.5	粉—细砂岩、细砂岩、泥岩
古生界	奥陶系	上统	桑塔木组	碎屑岩段	O_3s	93	灰质泥岩与含泥灰岩互层
古生界	奥陶系	上统	良里塔格组	瘤状灰岩段	O_3l	92	石灰岩、瘤状灰岩、藻粘结岩
古生界	奥陶系	上统	吐木休克组	泥灰岩段	O_3t	29	褐灰—褐色泥晶灰岩、含泥灰岩互层
古生界	奥陶系	中统	一间房组	鲕粒灰岩段	O_2y	33	砂砾屑灰岩、生物灰岩、鲕粒灰岩
古生界	奥陶系	中下统	鹰山组	鹰1段	$O_{1-2}y_1$	234	泥晶灰岩、泥屑灰岩、砂砾屑灰岩
古生界	奥陶系	中下统	鹰山组	鹰2段	$O_{1-2}y_2$	195	泥晶灰岩、泥屑灰岩、砂砾屑灰岩
古生界	奥陶系	中下统	鹰山组	鹰3段	$O_{1-2}y_3$	175	泥晶灰岩、泥屑灰岩、砂砾屑灰岩
古生界	奥陶系	中下统	鹰山组	鹰4段	$O_{1-2}y_4$	131▼	泥晶灰岩、泥屑灰岩、砂砾屑灰岩
古生界	奥陶系	下统	蓬莱坝组		O_1p		泥晶白云岩、粉细晶白云岩

良里塔格组（O_3l）：从上至下分为良一段—良三段。岩性主要为泥微晶灰岩，瘤状灰岩夹砂屑灰岩、生物碎屑灰岩、藻粘结灰岩。厚度在 0~185m 之间，与上覆桑塔木组为不整合接触。整体为台地背景下的水进—高位体系域沉积，良里塔格组底部以浅绿灰、灰白、棕褐色混杂的瘤状灰岩为主，为水进体系域沉积产物。部分井良里塔格组底部及顶部发育一套较纯的高位域颗粒灰岩，如 HA6、HA9、HA13、HA602、XK7、XK9、RP3、RP2 等井，为台内或台缘礁滩体沉积。由此把顶底高能的滩体沉积物，划为良一段及良三段，中间瘤状灰岩为良二段（图 1-10）。近年来高能滩体表现出良好的勘探潜力。良里塔格组在电性上与上部桑塔木组差异很大，表现为自然伽马值突然降低，电阻率跳跃上升。

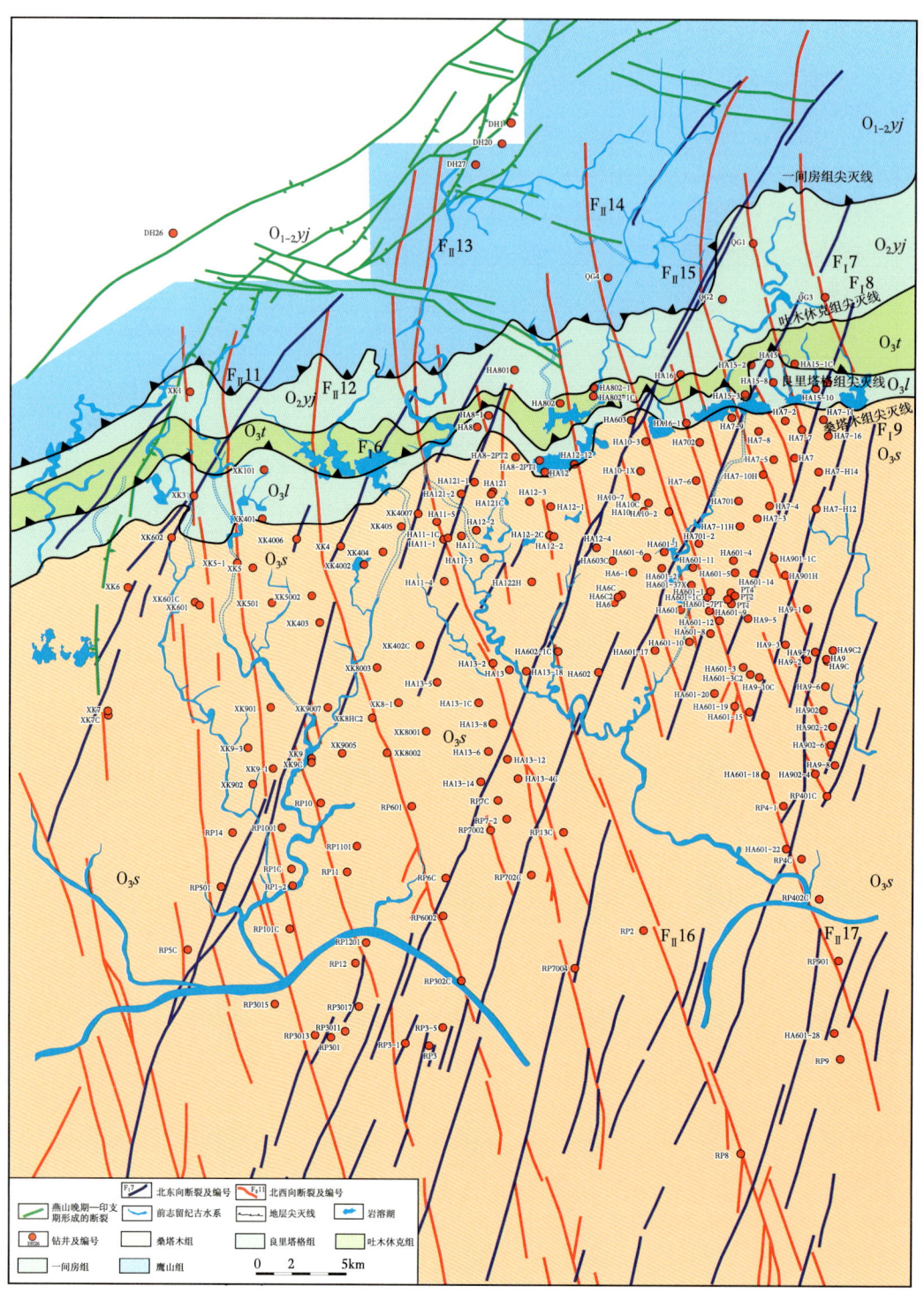

图 1-8 哈拉哈塘地区前志留纪古岩溶地质图

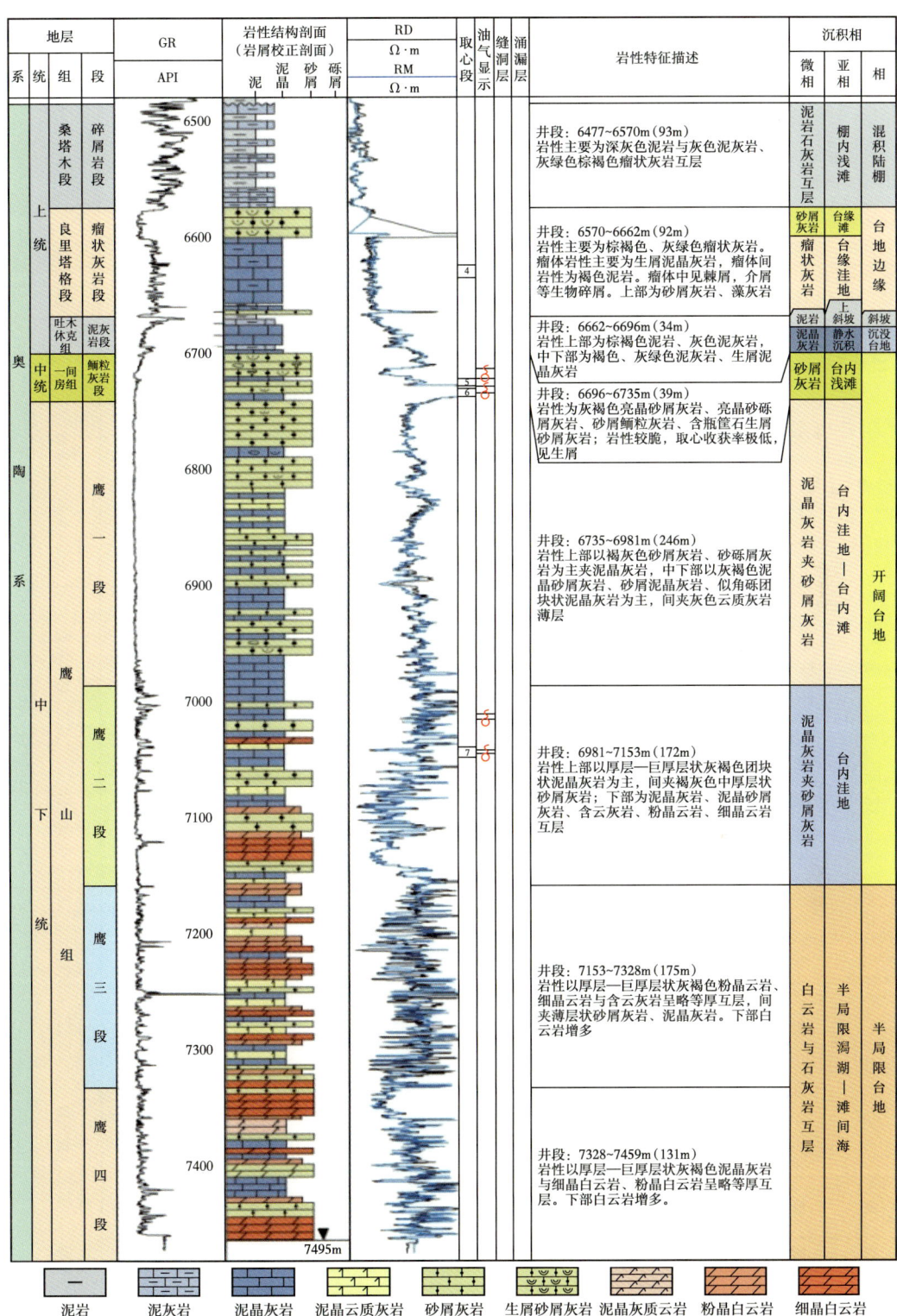

图1-9 哈拉哈塘地区奥陶系地层特征(以HA6井为例)

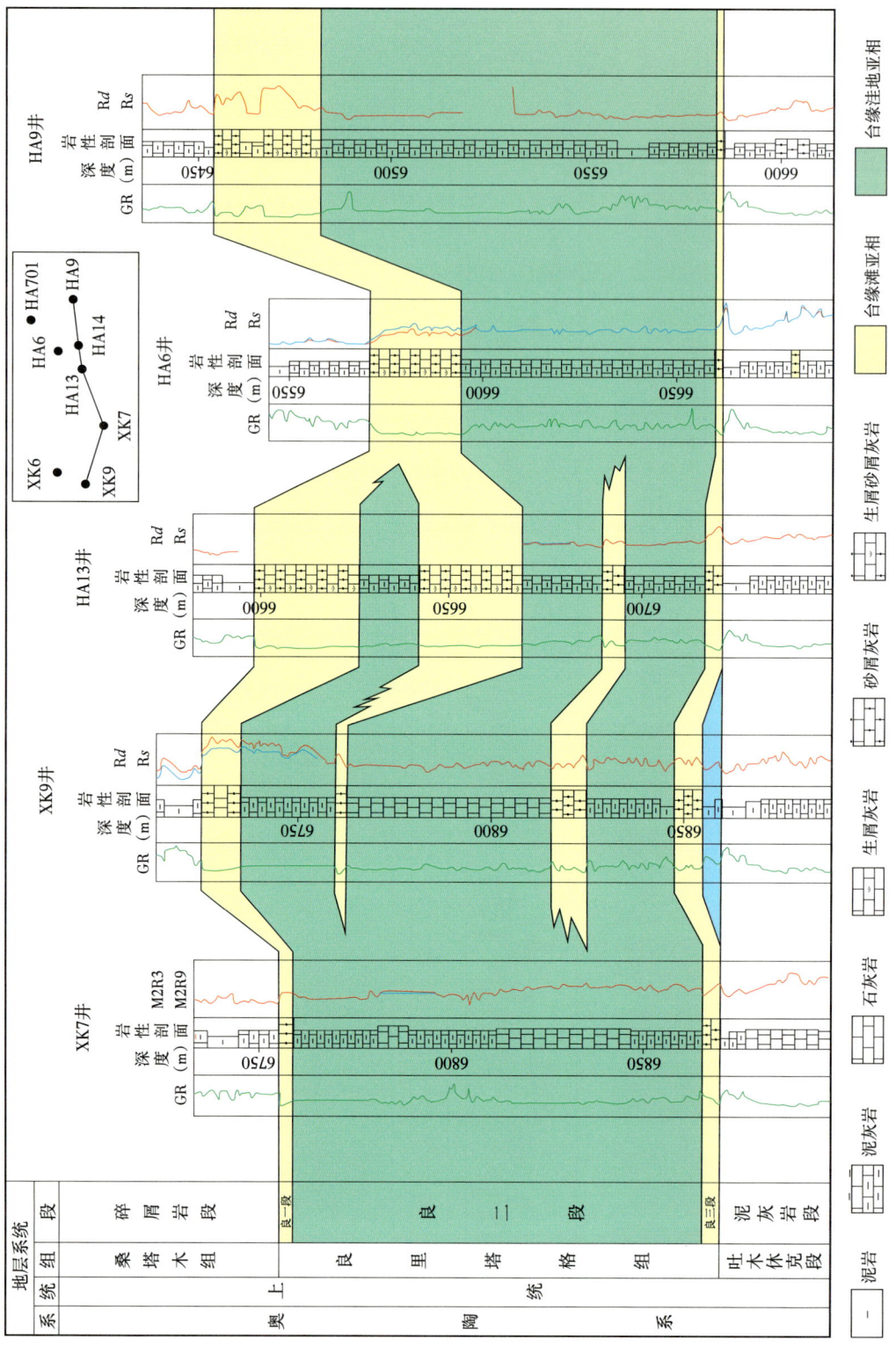

图1-10 哈拉哈塘地区南北向良里塔格组地层对比图

良一段（O_3l_1）：微亮晶砂屑生物碎屑灰岩，亮晶砂屑生物碎屑灰岩，亮晶生物碎屑灰岩，微晶灰岩夹泥岩，为高能滩相沉积，一般厚0~55m。在HA6井中6570~6600m钻遇30m，而在XK101井中却未钻遇滩相沉积，表明该段的发育横向变化较大，且受沉积相影响强烈。据统计，在HA6、HA9、HA13、HA602、XK7、XK9、RP3、RP2等井附近，均发育有良一段台内或台缘礁滩体沉积。

良二段（O_3l_2）：灰色、棕色、绿灰色泥晶灰岩，泥质条带灰岩，瘤状灰岩，是良里塔格组的主要岩石类型。瘤体由泥晶灰岩、泥灰岩、含生屑泥晶灰岩、泥晶藻砂屑生屑灰岩等构成；瘤体间岩性为深灰色、灰绿色、紫红色泥纹层或泥质条带，本段中常见黄铁矿分布。此外在南部RP2、RP3等井中本段中常发育沉积凝灰岩，并含有生物碎屑，在RP2井中累计钻遇约40m。

良三段（O_3l_3）：岩性与良一段类似，为灰色颗亮晶颗粒灰岩，粗晶生物碎屑灰岩，颗粒泥晶灰岩夹泥微晶灰岩，为高能滩相沉积产物。本段厚度较薄，为0~10m，横向变化大，且明显比良一段薄，也常含泥岩夹层。本段在XK7、XK9、HA13、HA6等井分布。

吐木休克组（O_3t）：厚度17.5~35.5m，岩性以紫红色瘤状、浅褐灰色泥晶灰岩为主，夹褐色泥岩。自然伽马和电阻率曲线均表现为漏斗形特征，厚度稳定，是本区的一个重要的地层对比标志层。

一间房组（O_2y）：厚度0~65m，岩性以浅褐灰、灰褐色亮晶砂屑灰岩，亮晶鲕粒灰岩、亮晶藻屑砂屑灰岩为主。生物颗粒以蓝绿藻及其藻屑为主，少量薄壳腕足类和介形虫及棘皮、三叶虫、海绵骨针碎片，具生物潜穴和扰动构造。HA9井发现托盘类生物礁。电性上，跟上覆地层相比，具有低的自然伽马和较高的电阻率值。

鹰山组（$O_{1-2}y$）：鹰山组从上到下分为四段，鹰一段、鹰二段属于中奥陶统，以石灰岩为主；鹰三段、鹰四段为下奥陶统以石灰岩与细晶白云岩为主，下部白云岩含量增加。鹰一段厚约234m。主要为巨厚层灰色泥晶灰岩夹亮晶砂屑灰岩薄层。岩石性脆、易溶，为后期的岩溶、破裂等建设性改造作用奠定了良好的物质基础，是区内优质岩溶型储层之一。鹰山组仅HA6井钻遇较全，其余钻井一般仅钻至鹰一段。

蓬莱坝组（O_1p）：中细晶白云岩，细晶结构、中晶结构，块状构造，这套地层仅在研究区北部潜山岩溶区钻井（东河塘井区）中钻遇，而在南部未有钻井钻至该套地层，在北部东河塘井区蓬莱坝组常含火山岩。

1.2 古岩溶作用控制因素

1.2.1 岩石性质

碳酸盐岩的矿物成分对岩溶发育有明显的影响。在自然界中，石灰岩比白云岩易溶蚀，白云岩比硅质灰岩易溶蚀，硅质灰岩又比泥灰岩易溶蚀。这是由于石灰岩的成分以方解石为主的缘故。在裸露岩溶作用环境条件下，石灰岩连续型岩层由于岩石成分单一、结构均匀、构造裂隙的切层性强、延伸远，有利于岩溶发育。而岩石中如矿物成分不均一，将影响岩溶作用，特别是一些不可溶解的杂质，如SiO_2、Fe_2O_3、Al_2O_3等，在岩溶发育的过程中，充填于岩石裂隙中，使地下水通过困难。它不但使岩溶发育的程度减弱，并对岩溶地貌产生影响。

对于白云岩溶解性，前人实验研究表明：在含 CO_2 的水溶液中，若令方解石的溶解度为 1，随着岩石中 CaO 和 MgO 比值的增加，相对溶解度也增加。当 CaO 和 MgO 比值在 1.2~2.2 之间（相当于白云岩）时，相对溶解度变化最大，为 0.35~0.82；当 CaO 和 MgO 比值在 2.2~10.0 之间（相当于白云质灰岩）时，相对溶解度界于 0.80~0.99 之间；当 CaO 和 MgO 比值大于 10.0（相当于石灰岩）时，相对溶解度趋近于 1。

根据井下岩心观察、岩样选送及测试分析结果统计，哈拉哈塘地区早古生代奥陶系碳酸盐岩化学常量百分含量、CaO/MgO 及岩石泥质百分含量（约等于 $SiO_2+ Al_2O_3+ Fe_2O_3$）见表 1-2。哈拉哈塘地区其余各地层泥质含量统计发现（图 1-11）：O_3l_2、O_3t 平均泥质含量较高，O_3l_2 达到 28.85%，O_3t 达到 17.3%，为泥质碳酸盐岩；其次 O_3l_3、O_1p 泥质含量也达到 11%，为含泥质碳酸盐岩；O_2yj、$O_{1-2}y$ 泥质含量极低，为纯碳酸盐岩。CaO/MgO 统计发现：除 $O_{1-2}y_{3+4}$ 及 O_1p 的 CaO/MgO 较低外，其余各地层 CaO/MgO 均大于 10.0。O_1p 值在 1~2 之间，为白云岩。$O_{1-2}y_{3+4}$ 中变化较大，部分样品值在 1~2 之间，部分值 2.2~10.0，部分值大于 10.0。因此 $O_{1-2}y_{3+4}$ 组发育白云岩段、白云质灰岩段及石灰岩段。

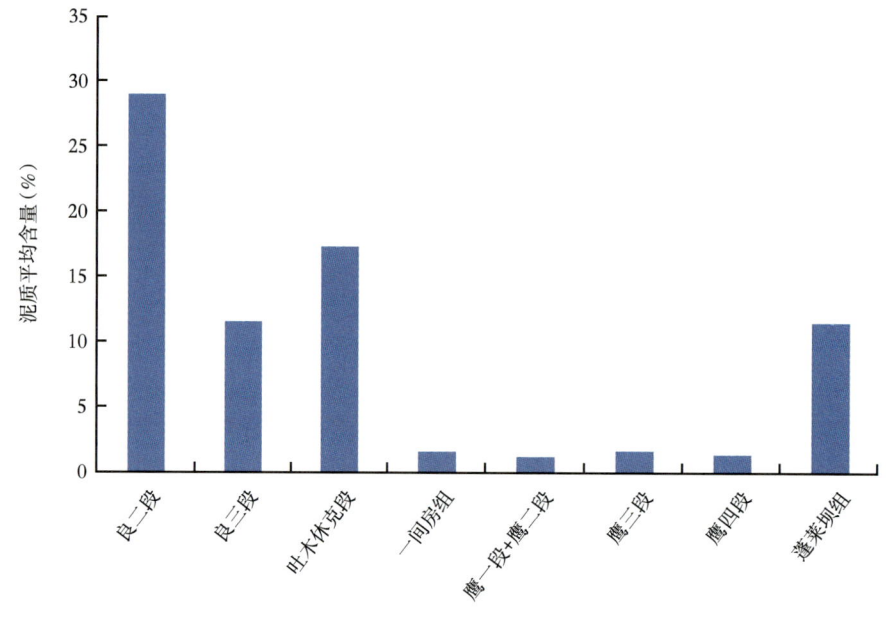

图 1-11 哈拉哈塘地区地层平均泥质含量分布图

1.2.2 岩溶层组类型

不同岩性碳酸盐岩形成的组合类型是岩溶作用类型的基础。根据石灰岩、白云岩和不纯碳酸盐岩的厚度比例及其组合形式，层组结构类型可以划分为连续型、夹层型、互层型、间层型等。根据哈拉哈塘地区早古生代奥陶系碳酸盐岩岩性、地球化学特征和层组组合特征，奥陶系岩溶层组类型可划分为 2 类 3 型 5 个亚型，其特征见表 1-3。

1 古岩溶形成条件与控制因素

表1-2 哈拉哈塘地区奥陶系岩石化学常量分析统计表

地层	样号	深度(m)	化学成分含量检测结果(%)											CaO/MgO	泥质含量*(%)
			SiO_2	Al_2O_3	Fe_2O_3	CaO	MgO	K_2O	Na_2O	TiO_2	P_2O_5	MnO	CO_2		
O_3l_2	HA6 4 (29/61)	6625	39.47	10.03	55.29	23.21	2.19	3.62	0.24	0.89	0.1	0.038	15.07	10.60	55.29
	RP1 4 (24/62)	6846.5	4.64	1.34	6.84	50.07	1.06	0.44	0.042	0.12	0.035	0.069	40.37	47.24	6.84
	RP1 4 (51/62)	6850	3.42	0.91	5.56	50.48	1.88	0.23	0.044	0.073	0.021	0.079	40.8	26.85	5.56
	RP2 2 (7/52)	6808.66	26.26	7.58	40.8	25.04	7.4	1.14	1.17	1.16	0.26	0.13	19.41	3.38	40.8
	RP2 3 (5/17)	6817.36	31.36	10.16	50.27	16.67	9.6	1.65	1.82	1.4	0.28	0.11	13.23	1.74	50.27
O_3l_3	RP4 1 (13/47)	6632.5	16.18	3.62	21.94	41.04	1.16	1.08	0.14	0.29	0.048	0.052	32.36	35.38	21.94
	RP7 2 (27/48)	6823.5	16.22	3.5	21.28	40.97	0.67	1.16	0.16	0.21	0.059	0.043	32.81	61.15	21.28
	HA803 3 (41/61)	6582.7	12.33	3.76	17.31	44.01	0.7	1	0.1	0.2	0.02	0.086	35.1	62.87	17.31
	XK101 1 (38/56)	6762.8	10.55	2.66	14.71	45.63	0.58	0.74	0.078	0.17	0.1	0.04	36.08	78.67	14.71
	XK101 1 (52/56)	6764.5	1.68	0.82	2.88	54.34	0.26	0.22	0.02	0.056	0.022	0.068	42.35	209.00	2.88
	HA12-3 3 (34/34)	6720.78	0.76	0.5	1.41	54.72	0.3	0.074	0.022	0.024	0.0028	0.0043	43.48	182.40	1.41
	HA601-2 1 (34/48)	6638	4.2	1.28	5.79	51.17	0.51	0.35	0.034	0.062	0.027	0.062	40.57	100.33	5.79
	HA803 5 (4/54)	6598.2	4.32	2.28	7.08	50.51	0.54	0.55	0.038	0.1	0.023	0.056	40.06	93.54	7.08
	HA803 5 (43/54)	6598.7	1.97	1.08	3.29	53.15	0.43	0.24	0.021	0.059	0.026	0.03	41.58	123.60	3.29
	HA803 6 (63/68)	6609.2	1.08	0.48	1.88	54.26	0.44	0.12	0.021	0.048	0.004	0.0089	42.36	123.32	1.88
	HA803 7 (10/71)	6610	1.44	0.63	4.51	52.1	0.4	0.17	0.028	0.044	0.0031	0.012	40.3	130.25	4.51
	HA902 1 (61/64)	6638.5	0.79	0.3	1.23	55.2	0.38	0.069	0.017	0.012	0.0051	0.0076	43.91	145.26	1.23
O_3t	RP4 2 (62/78)	6730	34.21	8.76	46.56	24.67	1.99	3.21	0.19	0.52	0.055	0.079	20.62	12.40	46.56
	XK101 5 (47/61)	6799.5	2.67	0.54	3.81	53.16	0.48	0.14	0.023	0.056	0.0066	0.03	42.09	110.75	3.81
	XK101 6 (44/49)	6809	5.99	0.28	6.69	51.85	0.35	0.06	0.028	0.02	0.0041	0.014	40.72	148.14	6.69
	XK101 7 (6/57)	6811	1.82	0.31	2.52	54.01	0.36	0.076	0.02	0.027	0.0037	0.011	42.26	150.03	2.52
	XK5 2 (12/31)	6880.8	1.28	0.42	2.74	53.58	0.42	0.13	0.023	0.046	0.017	0.016	41.67	127.57	2.74

续表

地层	样号	深度(m)	化学成分含量检测结果(%)										CaO/MgO	泥质含量(%)
			SiO_2	Al_2O_3	Fe_2O_3	CaO	MgO	K_2O	Na_2O	TiO_2	P_2O_5	MnO	CO_2		
O_2yj	HA12-1 1（13/28）	6693.7	0.71	0.28	0.078	54.59	0.27	0.048	0.023	0.0058	0.0027	0.0049	42.7	202.19	2.74
	HA12-3 1（35/61）	6704.5	1.25	0.33	0.051	53.75	0.34	0.025	0.012	0.0048	0.0027	0.0027	43.31	158.09	1.068
	HA15 1（22/50）	6587.5	0.72	0.44	0.083	54.6	0.36	0.09	0.021	0.031	0.0039	0.0088	42.63	151.67	1.631
	HA601-1 1（38/57）	6638.3	0.52	0.24	0.52	54.93	0.33	0.059	0.02	0.011	0.0065	0.01	41.94	166.45	1.243
	HA601-18 1（9/27）	6756.1	1.6	0.28	0.1	54.73	0.3	0.1	0.017	0.0081	0.0024	0.005	42.19	182.43	1.28
	HA601-18 1（17/27）	6756.6	0.7	0.19	0.067	54.92	0.3	0.038	0.02	0.0033	0.0026	0.0022	42.62	183.07	1.98
	HA601-18 2（13/13）	6761	0.59	0.13	0.066	55.43	0.35	0.035	0.017	0.0064	0.0032	0.002	42.63	158.37	0.957
	HA601-4 1（34/69）	6650.9	0.22	0.21	0.054	54.87	0.22	0.018	0.022	0.0031	0.0043	0.0036	43.3	249.41	0.786
	HA601-4 1（48/69）	6652.5	0.77	0.4	0.15	55.13	0.28	0.092	0.017	0.02	0.0042	0.0046	42.29	196.89	0.484
	HA702 1（44/51）	6657	1.18	0.55	0.24	54.36	0.44	0.15	0.018	0.075	0.0054	0.006	42.53	123.55	1.32
	HA702 2（23/50）	6662.2	0.82	0.44	0.13	54.85	0.35	0.1	0.018	0.03	0.0046	0.0048	42.46	156.71	1.97
	HA7-1 1（36/54）	6574.3	0.62	0.36	0.34	54.89	0.3	0.067	0.019	0.03	0.0044	0.0056	42.54	182.97	1.39
	HA7-1 2（37/56）	6582	0.91	0.22	0.21	54.56	0.32	0.034	0.023	0.0099	0.0044	0.0045	43.14	170.50	1.64
	HA7-2 1（14/56）	6592.1	1.85	0.44	0.23	53.66	0.38	0.076	0.023	0.038	0.0049	0.0058	42.12	141.21	1.34
	HA7-2 1（42/56）	6597.1	0.44	0.23	0.06	55.21	0.28	0.028	0.021	0.0048	0.0038	0.0039	43.14	197.18	2.52
	HA7-3 1（36/61）	6639.2	4.93	0.27	0.51	51.51	0.3	0.042	0.029	0.0097	0.0044	0.0078	40.92	171.70	0.73
	HA7-3 2（38/70）	6645.8	0.72	0.2	0.09	54.74	0.25	0.026	0.022	0.0025	0.003	0.0038	43.05	218.96	5.71
	HA802 1（58/72）	6667	0.93	0.17	0.062	55.05	0.27	0.03	0.022	0.0057	0.0029	0.0036	42.97	203.89	1.01
	HA803 7（59/71）	6615.6	1.28	0.47	0.2	54.58	0.4	0.12	0.021	0.043	0.0046	0.0099	43.31	136.45	1.162
	HA803 8（54/61）	6624	0.36	0.23	0.32	54.98	0.33	0.038	0.021	0.01	0.0038	0.0062	43.48	166.61	1.95
	HA902 2（13/52）	6640.5	1	0.31	0.29	54.61	0.48	0.083	0.017	0.022	0.0003	0.013	42.8	113.77	0.91
	HA902 3（64/71）	6653	0.31	0.17	0.058	55.43	0.32	0.026	0.02	0.0037	0.0034	0.0094	43.3	173.22	1.6
	HA9（25/45）	6622.3	0.92	0.17	0.059	54.62	0.33	0.023	0.022	0.0049	0.0032	0.0058	43.48	165.52	0.538
	RP7 3（1/19）	6853.5	1.68	0.22	0.11	53.98	0.6	0.047	0.024	0.0082	0.0039	0.0089	42.86	89.97	1.149
	RP7 4（59/59）	6865.8	2.21	0.13	0.084	54.18	0.34	0.02	0.021	0.0041	0.0035	0.0076	42.78	159.35	2.01

1 古岩溶形成条件与控制因素

续表

地层	样号	深度(m)	化学成分含量检测结果（%）										CaO/MgO	泥质含量(%)
			SiO_2	Al_2O_3	Fe_2O_3	CaO	MgO	K_2O	Na_2O	TiO_2	P_2O_5	MnO	CO_2		
O_2yj	XK1 1（1/7）	6695	0.59	0.2	0.12	55.33	0.25	0.029	0.022	0.0063	0.0028	0.0032	44.42	221.32	0.91
	XK101 11（6/13）	6842.9	0.8	0.24	0.066	55.01	0.32	0.039	0.018	0.0097	0.0035	0.0079	43.29	171.91	1.106
	XK101 9（6/52）	6825.8	0.49	0.17	0.067	55.49	0.27	0.034	0.0014	0.0051	0.0034	0.0069	42.95	205.52	0.727
	XK4 1（48/48）	6843	1.96	0.3	0.12	54.36	0.3	0.072	0.022	0.02	0.004	0.0092	42.63	181.20	2.38
	XK7 1（8/59）	6916	0.94	0.21	0.065	54.64	0.29	0.027	0.021	0.0049	0.0038	0.005	43.3	188.41	1.215
	XK7 2（14/50）	6924.5	1.7	0.28	0.086	54.65	0.38	0.053	0.021	0.0066	0.0041	0.0047	41.75	143.82	2.066
	XK8H1（13/14）	6812	7.83	0.7	0.34	50.13	0.28	0.14	0.037	0.038	0.0038	0.013	39.86	179.04	8.87
$O_{1-2}y_{1+2}$	HA6 7（40/133）	7037.5	0.99	0.48	0.19	53.37	1.2	0.12	0.023	0.015	0.0057	0.003	42.45	44.48	1.66
	HA7-3 3（23/66）	6653.8	1.46	0.28	0.14	54.04	0.19	0.02	0.023	0.0084	0.0031	0.0044	42.46	284.42	1.88
	HA801 1（10/35）	6729.5	0.57	0.16	0.05	55.48	0.22	0.029	0.016	0.0056	0.0012	0.003	42.45	252.18	0.78
	HA801 2（26/27）	6734.1	0.96	0.13	0.04	55.32	0.21	0.016	0.023	0.0039	0.0026	0.0034	42.62	263.43	1.13
	QG1 1（9/58）	6690	0.77	0.28	0.16	54.95	0.38	0.026	0.018	0.0053	0.0035	0.015	43.3	144.61	1.21
	QG1 2（24/24）	6701	0.81	0.15	0.14	55.02	0.32	0.02	0.017	0.0044	0.0032	0.014	42.96	171.94	1.1
	XK101 12（33/55）	6848	0.84	0.26	0.082	54.9	0.32	0.048	0.016	0.014	0.0024	0.0076	42.74	171.56	1.182
$O_{1-2}y_3$	DH20 15（4/16）	6011	0.4	0.25	0.13	48.81	6.19	0.047	0.03	0.01	0.0049	0.012	44.32	7.89	0.78
	DH20 16（18/39）	6014	1.87	0.19	0.2	34.48	17.05	0.048	0.094	0.0098	0.0062	0.018	45.01	2.02	2.26
	DH20 17（15/27）	6021	1.66	0.24	0.32	33.64	18.04	0.067	0.098	0.014	0.0011	0.019	45.11	1.86	2.22
	DH20 17（2/27）	6018	0.63	0.28	0.1	52.02	3	0.061	0.028	0.011	0.0051	0.0065	43.47	17.34	1.01
	DH20 18（20/45）	6026	1.78	0.31	0.26	32.4	18.84	0.083	0.13	0.015	0.0068	0.014	45.2	1.72	2.35
	DH20 18（29/45）	6028	1.46	0.21	0.12	50.04	4.56	0.041	0.029	0.0077	0.0041	0.0077	43.64	10.97	1.79
$O_{1-2}y_4$	DH2 13（17/51）	5815	2.11	0.56	0.23	32.77	18.32	0.18	0.13	0.024	0.0072	0.0096	45.02	1.79	2.9
	DH2 13（38/51）	5825	0.62	0.18	0.078	54.27	1.44	0.051	0.022	0.0074	0.0033	0.0055	43.47	37.69	0.878
	DH20 19（4/26）	6091.6	0.51	0.22	0.18	55.22	0.61	0.048	0.018	0.011	0.0039	0.0086	43.22	90.52	0.91
O_1p	DH12 19（23/44）	5764.23	3.72	0.85	1	29.53	19.18	0.32	0.2	0.12	0.019	0.067	43.64	1.54	5.57
	DH24 6（6/39）	5721	7.58	0.74	2.65	29.74	16.2	0.24	0.059	0.088	0.022	0.2	41.57	1.84	10.97
	DH3 10（6/10）	5935	17.35	0.63	0.34	24.73	16.82	0.2	0.59	0.031	0.0061	0.024	37.79	1.47	18.32

* 本书所取岩石泥质百分含量近似等于 SiO_2、Al_2O_3、Fe_2O_3 百分含量之和。

表 1-3 哈拉哈塘地区早古生代奥陶系碳酸盐岩岩溶层组类型划分表

类	型	亚型	地层代号	岩性特征	岩溶化层组划分
非均匀状纯碳酸盐岩类	灰岩夹碎屑岩型	灰岩夹泥质灰岩亚型	O_3l_{2+3}（相当于良二段、良三段），O_3t	为褐色、灰色、深灰色、灰绿色泥晶灰岩、瘤状灰岩（泥灰岩段），夹薄层生屑灰岩	弱岩溶化层组
均匀状纯碳酸盐岩类	石灰岩连续型	泥晶、粉晶颗粒灰岩亚型	O_3l_1（相当于良一段），O_2yj，$O_{1-2}y_{1+2}$	厚—巨厚层的灰色、浅灰色、浅褐灰色、褐灰色粉晶颗粒灰岩，局部夹中—厚层状泥晶—粉晶灰岩（纯灰岩段）	强岩溶化层组
		石灰岩、白云质灰岩夹白云岩亚型	$O_{1-2}y_{3+4}$（相当于鹰三段、鹰四段）	为厚—巨厚层状灰岩与硅质灰岩、白云质灰岩等厚互层，间夹中厚—巨厚层白云岩（云岩段）	中等至强岩溶化层组
	白云岩连续型	白云岩、灰质白云岩互层亚型	O_1p 上部	为深灰色、褐灰色、浅褐灰色、灰色厚—中层状云岩、含灰云岩、灰质云岩与中—厚层状含燧石结核云岩不等厚互层	弱至中等岩溶化层组
		白云岩亚型	O_1p 下部	为中厚—巨厚层状白云岩，间夹薄层泥质白云岩	弱岩溶化层组

依据前人研究、岩矿鉴定及测试分析结果，结合哈拉哈塘地区钻井岩性地层特征，对本区奥陶系蓬莱坝组到良里塔格组岩溶化程度进行划分：其中强岩溶化层位为 O_2yj、$O_{1-2}y_{1+2}$（相当于鹰一段），O_3l 顶部（相当于良一段）岩溶以溶蚀裂缝或具规模的缝洞为主；中等至强岩溶化层位为：$O_{1-2}y_{3+4}$（相当于鹰三段、鹰四段），古岩溶发育中等—强，岩溶以溶蚀裂缝、溶蚀孔洞为主，局部发育具规模的缝洞；弱至中等岩溶化层位为：O_1p 上部、O_3l_3，古岩溶发育较弱，主要发育一些中小型溶蚀裂缝和小型溶孔；弱岩溶化层位为：O_3l_2、O_3t 基本不发育或很少发育溶蚀裂缝及小溶蚀孔洞，很难见到有一定规模的岩溶现象。

1.2.3 构造演化与古岩溶作用期次

哈拉哈塘地区位于塔里木盆地塔北隆起，塔北隆起经受多期构造运动，最剧烈的时期为晚加里东—早海西期。受加里东晚期区域不均衡的构造抬升影响，轮南—哈拉哈塘—英买力地区形成一大型南倾斜坡；早海西期受北西—南东向的挤压运动，在大斜坡的背景上形成了北东—南西走向的轮南大型背斜，哈拉哈塘地区主体位于轮南大型背斜的西断裂控储区；晚海西期和印支期由于持续挤压英买力低凸起形成，寒武系盐岩受挤压力隆起发育成英买地区的局部古构造带；印支末期英买力低凸起与轮台凸起夹持着哈拉哈塘凹陷形成了与现今近似的基本构造格局；燕山和喜马拉雅期受库车坳陷整体沉降的影响，轮台低凸起—哈拉哈塘凹陷—英买力低凸起整体北倾，地层由正常沉积逐渐形成南高北低的沉积特征，形成了现今塔北地区构造格局（沈安江等，2010；张丽娟等，2012；倪新峰等，2011）。

塔北地区多期次的构造运动造成了多期次暴露，奥陶系经历了多期次岩溶作用。根据张学丰等人研究塔北奥陶系碳酸盐经历了 5 次较大规模岩溶作用：一间房组沉积末期、吐木休克组沉积早期（加里东中期Ⅰ幕）、良里塔格组沉积末期（加里东中期Ⅱ幕）、桑塔木组沉积末期（加里东中期Ⅲ幕）、海西早期（泥盆纪早期）和海西晚期（石炭纪晚期）。其中哈拉哈塘奥陶系碳酸盐岩主要经历了3期岩溶作用：分别为加里东中期Ⅰ、Ⅱ、Ⅲ幕运动后的岩溶（图1-12）。

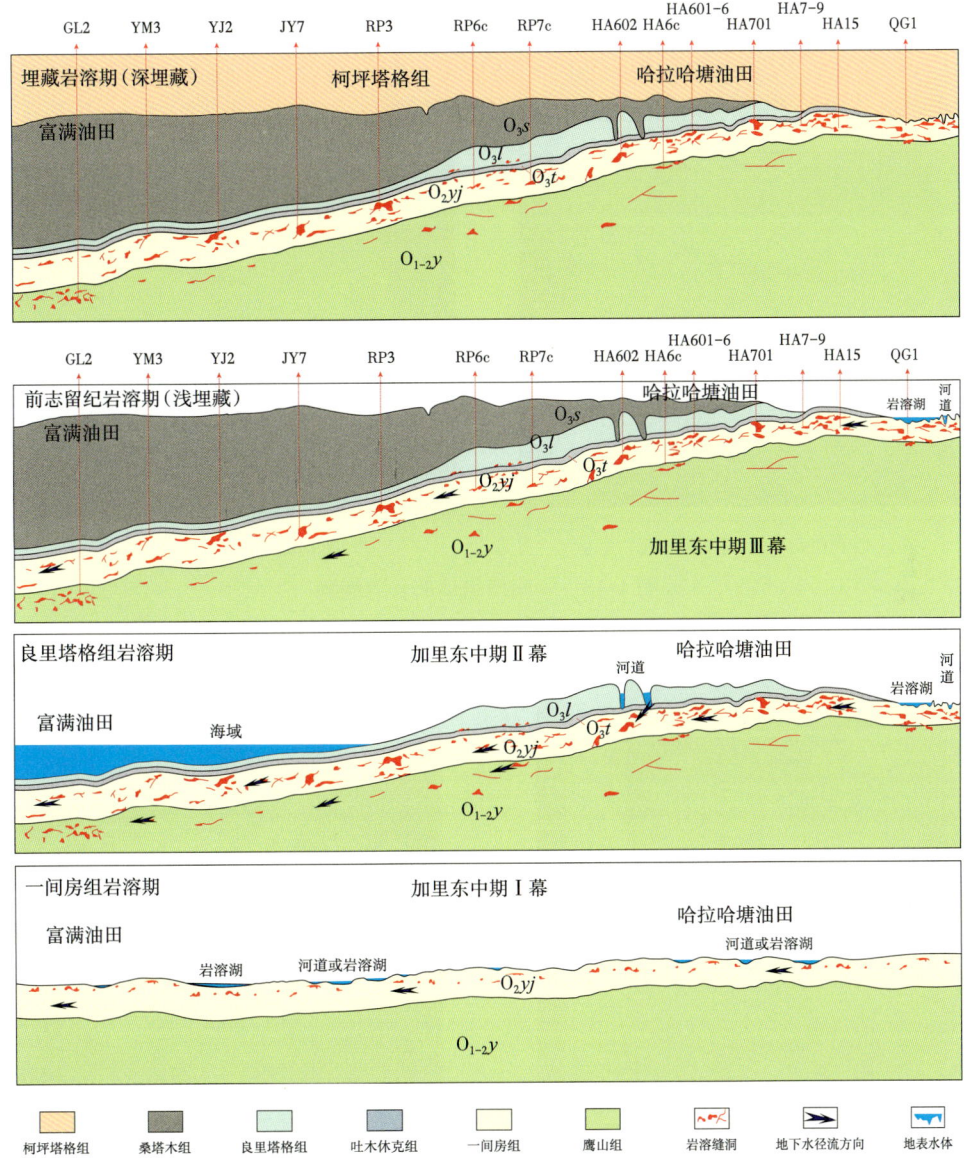

图1-12　哈拉哈塘地区岩溶作用期次模式图

根据地震层位解释、勘探成果及构造演化分析，哈拉哈塘古岩溶作用期次厘定如下：

加里东中期第Ⅰ幕运动在哈拉哈塘表现为一间房组与吐木休克组间的沉积间断。但目前认识尚未一致。根据哈拉哈塘地区邻区塔河油田相关资料（塔河地区一间房组与上覆恰尔巴克组间的沉积间断，缺失2~4个牙形刺带，间断时间为1.5~2Ma，地层缺失200~300m），认为吐木休克组与一间房组之间存在假整合的沉积间断；根据哈拉哈塘地区一间房组顶部层位地震解释及岩溶发育特征，一间房组顶部存在微丘丛洼地特征及小规模水系分布，同时一间房组顶部0~20m范围内岩溶缝洞比较发育（图1-13）；岩心上连续取心的XK101井在一间房组顶附近发现角砾岩（图1-14），反映一间房组顶部沉积时期存在一定的岩溶作用，说明吐木休克组与一间房组之间可能存在沉积间断。此外，张学丰等人在显微薄片下发现：（1）选择性或非选择性溶蚀孔洞的发育；（2）渗流带渗流粉砂充填物、重力悬垂胶结物；（3）潜流带胶结物；（4）虫孔构造、微亮晶藻灰岩、钙结壳、微不整合面等地表暴露岩溶标志，从一方面佐证了吐木休克组与一间房组之间应存在沉积间断。

（a）泥质充填缝，HA803井　　　　　　（b）垂向缝，钙泥质充填，HA803井

图1-13　一间房组顶部岩溶缝洞

（a）褐灰色粉晶灰岩，角砾岩充填，　　　（b）褐灰色粉晶灰岩，角砾岩充填，
　　含少量黄铁矿，XK101　　　　　　　　　　含少量黄铁矿，XK101

图1-14　一间房组顶部角砾岩

加里东中期第Ⅱ幕运动在哈拉哈塘表现为良里塔格组与桑塔木组间的沉积间断（根据前人对塔河的研究（张一伟，2000）O_3s/O_3l之间缺失厚度为120~200m，缺失2个牙形刺带）。上统桑塔木组与良里塔格组呈角度不整合，表现为O_3s假整合超覆在O_3l不同层位之上，说明奥陶系上统桑塔木组与良里塔格组之间存在沉积间断。此外，岩心观察发现O_3l顶部有明显淡水岩溶现象，溶孔发育（图1-15）。地震剖面上良里塔格组顶部常发育"U"或"V"形反射结构，反映了良里塔格组沉积末期发育大量河流，良里塔格组整体暴露。

（a）O_3s 与 O_3l 界面特征，O_3s 为泥质灰岩，O_3l 为含溶孔灰岩，HA803 井 2 回次

（b）O_3l 顶部含溶孔灰岩（O_3l），HA803 井 2 回次

图 1-15　良里塔格组岩溶现象

加里东中晚期Ⅲ幕运动在哈拉哈塘表现为志留系与奥陶系间的沉积间断。哈拉哈塘地区奥陶系自北向南地层分布为：中—下奥陶统鹰山组、中奥陶统一间房组及上奥陶统吐木休克组、良里塔格组、桑塔木组；志留系超覆或不整合于奥陶系之上。奥陶系桑塔木组、良里塔格组、吐木休克组、一间房组、鹰山组均有不同程度剥蚀，可见前志留纪存在岩溶剥蚀，说明志留系与奥陶系之间存在沉积间断。

1.2.4　地形地貌条件

地形、地貌主要通过控制水动力条件和局部地下水流场的分布格局来制约岩溶的发育。地形较缓的山坡或洼地中，容易在表层岩溶带形成局部水循环；而在河间地块、河谷岸坡、峰丛谷地、峰丛洼地、岩溶盆地边缘，表层岩溶带最发育。

在补给区，碳酸盐岩出露在地形较高的位置，由于其表面遭受长期的风化剥蚀，岩石表面的风化裂隙较发育，水动力条件优越，降水入渗地下表层带形成具有较高侵蚀和溶蚀能力，对原存的风化裂隙进行溶蚀改造，形成表层岩溶带；随着表层岩溶带地下水径流路径增长，水力坡度减小，水的侵蚀能力相应减小，碳酸盐饱和程度的增加，溶蚀能力也相应减慢，因此，低洼地带的表层岩溶带发育强度相应减弱。

在不同地貌部位，岩溶发育强度存在明显的差异，主要表现为：

（1）在山体顶部、山脊及山体斜坡等地形较为陡峻的地带，雨水入渗条件差，多形成坡面流从地面流失，减少了水—岩接触的机会，岩溶作用时间相对减小，此类地段岩溶发育程度相对较低。

（2）在山峰顶部、岩溶台面、洼地周边斜坡及沟谷两岸斜坡上部、山体斜坡地带凸起等为地下水接受补给的部位，水力坡度较大，且其碳酸盐岩表面风化裂隙相对发育，水动力条件优越，刚入渗地下的雨水形成具有较高的侵蚀和溶蚀能力的地下径流，岩溶作用强烈，故表层岩溶带发育较为强烈。

（3）在山底坡脚、洼地周边斜坡下部及洼地底部、沟谷底部等部位，常为地下水排泄区。随着地下水径流途径的增长，水中碳酸盐饱和程度不断增加以及水力坡度的减缓，地下径流的溶蚀和侵蚀能力减弱，岩溶作用弱化，表层岩溶带发育程度较低。

（4）在地势较高的地下水分水岭附近的补给区，地形高差大、岩溶发育深度大，岩溶主要表现为垂向溶蚀裂缝和小型溶蚀洞；在地下水径流带，岩溶发育深度随地势高度的降低逐渐减小，地表多发育落水洞、地下则发育管道型地下河；在排泄区，地势较低、地形较平缓，岩溶发育程度相对较弱，很难见到大规模的岩溶，但经常会出现成片的岩溶塌陷等。

1.2.5 地下水动力条件

根据前人水动力分带研究成果，垂向渗滤溶蚀带是水动力最活跃的地带，是沟通地表—地下水的垂向通道。地表水主要通过节理、裂隙、落水洞等入渗补给地下水，垂向溶蚀发育而水平方向缝洞连通性差是垂向渗滤溶蚀带缝洞发育的最主要特征；径流溶蚀带是岩溶地下水集中运移与排泄的场所，水流集中、水循环快，水平向水动力条件优越，主要发育大型岩溶管道系统；深部潜流溶蚀带位于区域排泄基准面附近，水动力条件弱，水循环交替缓慢，水的溶蚀能力也弱，从而岩溶发育较弱，多发育连通性较差的中小型溶蚀裂隙。

水是岩溶发育的基本条件之一，只有在水循环体系内，岩溶才得以发育。水通过其物理、化学特性和水动力条件来控制岩溶缝洞的发育。水动力对岩溶发育控制作用可用图1-16所示的网状发育模型来表示。

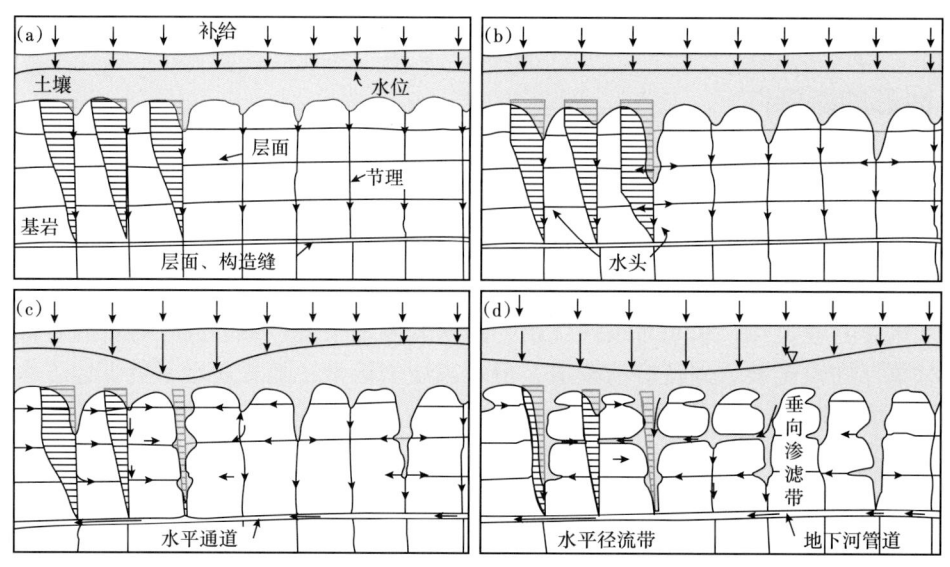

图1-16 岩溶网状发育模型（据Ewers，1982，有修改）

图1-16（a）显示出土壤层底部因扩溶作用导致岩体上部垂向节理的渗透率增加，此时上部土壤层水与下部水平通道水基本上没有直接的水力联系；随着溶蚀过程的发展，不但垂向节理继续扩溶，沿层面也开始出现溶蚀现象（图1-16b），但各垂向节理间还没有出现水平方向的水力联系，土壤层水与下部水平通道水仍没有直接的水力联系，水位也基本保持不变；当个别垂向节理与下部水平通道连通时（图1-16c），通过连接部位的水流迅速增加，土壤层水与下部水平通道水之间就有了直接的水力联系，并在该处形成水位降落漏斗，同时，沿层面的溶蚀也在不断扩展，但各垂向节理间仍没有水力联系；最后，当呈网

状发育的大部分垂向节理与下部水平通道连通且沿层面也有水力联系时（图 1-16d），土壤水位整体下降，在垂向节理溶开较窄的部位，常常形成瓶颈效应而截留部分下渗水，形成了表层岩溶带水；而在下部随着管道的逐渐扩溶，就形成了地下河管道系统。

哈拉哈塘地区良里塔格组岩溶期，自西向东发育 6 个地表水子系（图 1-17）。各水系均具有自北向南或南偏东方向径流汇入古海洋的特点。各水系北部一般位于层间岩溶—顺

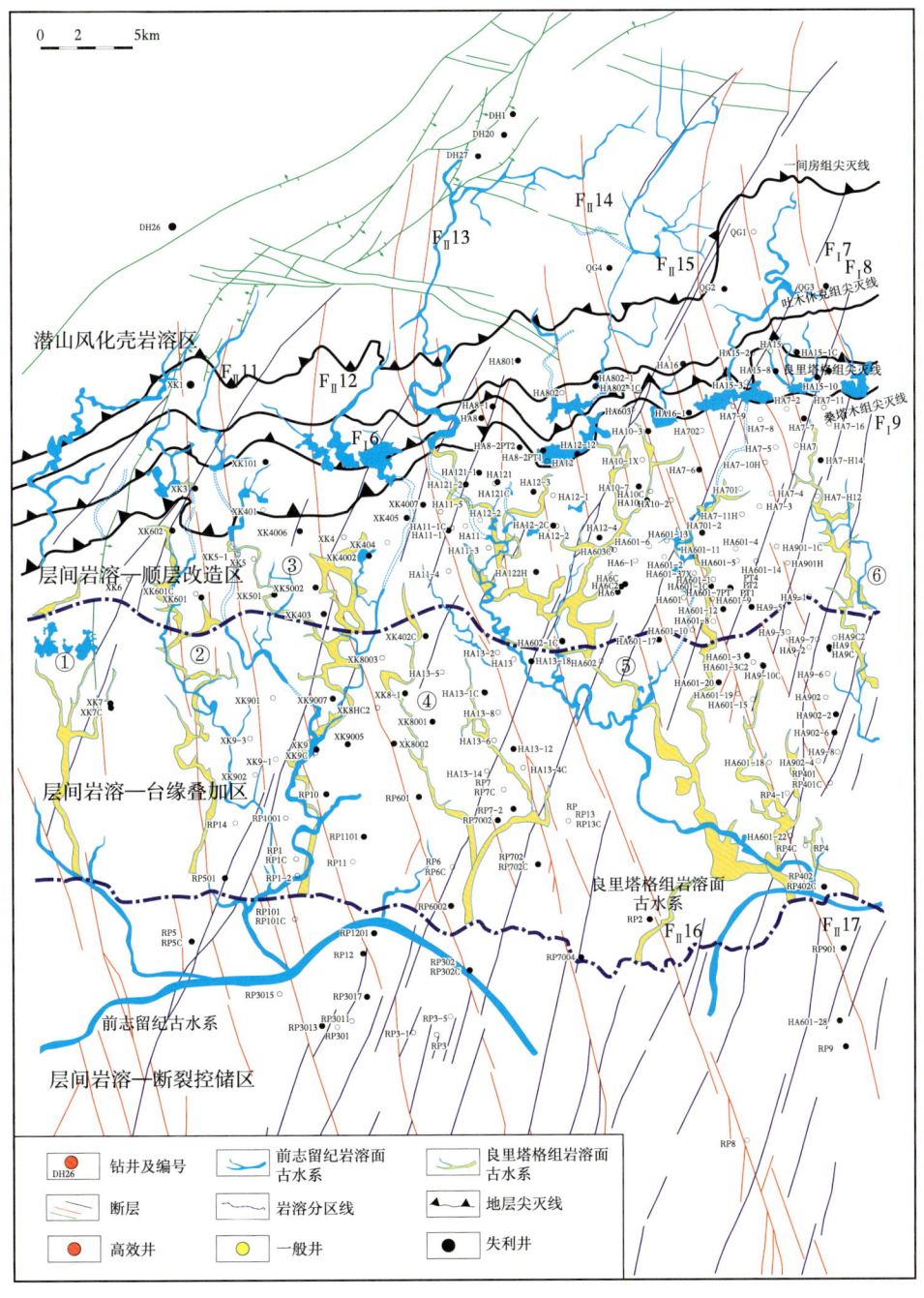

图 1-17　哈拉哈塘地区前志留纪、良里塔格组岩溶期古水系叠加特征图

层改造区，河流多弯曲状，支流较多，河床相对宽阔，支流较多，河床地势平坦，水力坡度相对较小，各水系均发育于奥陶系良里塔格组碳酸盐岩中，水系北部切深较大，部分河段河床已切深至一间房组碳酸盐岩：如③、④号水系在XK4—XK403井、HA122H—HA602井河段河床已切深至一间房组碳酸盐岩，形成潜山岩溶区岩溶地下水局部径流排泄基准，是一间房组岩溶缝洞形成的水动力条件。南部水系河床相对较窄，未见明显支流汇入，切深相对较浅，一般至良里塔格组一段、二段碳酸盐岩，受下伏吐木休克组弱岩溶层组的影响，古水系构成河间地段岩溶水相对排泄基准，岩溶作用主要位于良里塔格组浅部。

1.3　不同岩溶作用期次岩溶地质条件

岩溶作用一般与以下因素相关：暴露程度、气候、岩性和相对海平面变化的速度（Mylroie和Carew，1995）。前面对哈拉哈塘地区奥陶系地层岩性进行了叙述，此外，据张学丰等研究哈拉哈塘地区奥陶纪气候与其东侧塔河地区相近，整体为温暖潮湿气候。以下对暴露程度、相对海平面变化分期次讨论：

加里东中期Ⅰ幕岩溶：加里东中期晚奥陶世早期，哈拉哈塘发生了一次较大规模的海退（俞仁连，2005；张涛等，2005；鲍志东等，2006，2007）。一间房组地层由于构造隆升而发生大范围暴露。此时一间房组刚刚经历沉积—弱固结成岩过程，发生了部分海底胶结作用，由于岩石未经强烈埋藏压实、压溶和胶结作用，仍具较高的基质孔隙度和渗透率（倪新锋等，2010）。此类岩石在暴露后，一方面发生风化和大气淡水溶蚀；另一方面也同时发生胶结，并固结成岩。岩石风化过程中，会产生风化缝，可能对准同生期岩溶的发育起到较大的促进作用（Guidry等，2007）。但是，由于本期暴露岩溶作用持续时间较短，虽然在巴楚地区表现强烈（可见风化黏土层），但在塔北地区仅造成2~4个牙形刺带的缺失（俞仁连，2005；张涛等，2005；鲍志东等，2006，2007；吕海涛等，2009），没有发生古土壤化，暴露时间（为1.5~2Ma）相对较短，无法发育大型岩溶作用。但该期暴露后形成大量的河流，可形成一定规模的短期岩溶。河流总体自地势较高的北部向南流动，局部河流走向受控于沉积古地貌，起源于沉积高地（滩），汇聚于沉积洼地（滩间），之后台地迅速被淹没并沉积了吐木休克组。

加里东中期第Ⅱ幕岩溶：加里东中期晚奥陶世中期，发生一次构造运动，表现为区域不均衡的构造抬升。其中北部明显抬升褶皱，南部相对较缓，哈拉哈塘地区再次发生海退作用。此次暴露时间造成2个牙形刺带缺失。尽管此次暴露时间并不长，但由于研究区北部持续抬升，良里塔格组顶部发育了多条深切河流，河流总体由北向南，这些河流对本期岩溶具有明显控制作用。之后台地迅速被淹没并沉积了桑塔木组地层。

加里东中晚期Ⅲ幕岩溶：桑塔木组沉积末期，受构造运动影响哈拉哈塘被整体抬升，并以北部为甚，形成山区；南部地势较平缓。吐木休克组尖灭线以北桑塔木组、良里塔格组由于被剥蚀而依次出露地表，发生潜山岩溶；吐木休克组尖灭线以南地层则受北部水体顺层进入的影响，发生顺层岩溶。北部一间房组在表生成岩期由于构造作用而抬升，直接接受大气淡水岩溶作用。在此过程中，一方面，抬升会产生较多构造裂缝；另一方面，会形成大量河流，总体向地势较平缓的南部发育。

2 不同岩溶期古岩溶地貌与古水动力特征

岩溶地貌、岩溶缝洞都是在特定条件下经历一定时期岩溶作用所形成的地貌景观及溶蚀空间。在诸多控制因素中，地层岩性是基础，地质构造是主导，而水动力条件是决定性的因素。不同的岩溶古地貌形态，水动力条件不同，进而决定着岩溶缝洞发育规律及充填特征的差异性。哈拉哈塘地区奥陶系碳酸盐岩存在 3 次沉积间断，不同期次的沉积间断形成的古岩溶地貌特征、古水动力条件差异性造成不同期次沉积间断的岩溶作用方式、岩溶作用途径具有明显差异。不同期次沉积间岩溶作用的差异性控制不同期次岩溶缝洞发育特征。根据哈拉哈塘地区 3 次沉积间断面上覆地层、下伏地层沉积特征，选择合适的古地貌恢复方法，恢复不同期次沉积间断古岩溶地貌，精细刻画古水动力条件，分析岩溶缝洞形成的水动力特征，揭示不同期次沉积间断岩溶储层形成机理。

2.1 不同岩溶期古岩溶地貌识别方法

根据哈拉哈塘地区奥陶系碳酸盐岩古岩溶作用期次厘定，前志留纪（主要是奥陶纪）可能存在 3 次沉积间断的古岩溶作用时期，即：志留系与奥陶系之间沉积间断的岩溶作用期；奥陶系上统桑塔木组与良里塔格组之间沉积间断的岩溶作用期；吐木休克组与一间房组之间沉积间断的岩溶作用期。不同期次沉积间断的岩溶作用期，由于下伏地层及上覆地层特征限制，其古岩溶地貌恢复方法具有明显的差异。

对于海西早期岩溶古地貌的恢复，主要是以石炭系双峰灰岩为标志层。由于缺乏双峰灰岩那样稳定的标志层，恢复加里东中期岩溶地貌难度很大。塔河油田用恰尔巴克组（吐木休克）厚度来恢复加里东中期第一幕的岩溶地貌；在桑塔木组内部寻找一个相对稳定的波组，用该波组至桑塔木组底部的厚度来恢复加里东中期第二幕的岩溶地貌（图 2-1）。因为在哈拉哈塘地区桑塔木组内部很难寻找一个相对稳定的波组，这种方法在哈拉哈塘地区恢复加里东期古岩溶地貌难以实现。

根据哈拉哈塘地区目前地震数据应用情况，拟利用印模法、残厚与地层古构造趋势面组合法、残厚与残厚趋势面组合法对加里东不同期次古岩溶地貌进行恢复（李绍虎等，1990，2000，2001），各种方法应用及存在问题分析如下。

2.1.1 印模法

由于志留系/奥陶系沉积间断之前，奥陶系顶至鹰山组之间存在吐木休克组/一间房组沉积间断及桑塔木组/良里塔格组沉积间断，因而残厚与地层古构造趋势面组合法、残厚与残厚趋势面组合法不适合恢复前志留纪古岩溶地貌。根据奥陶系顶面上覆地层特点，志留系下统柯坪塔格组超覆于奥陶系之上，至塔塔埃尔塔格组基本呈泛海沉积，塔塔埃尔塔格组厚度区域上分布相对稳定，可作为恢复前志留纪古岩溶地貌的标志层，因而可根据塔塔埃尔塔格组底与奥陶系顶面构造数据（图2-2），利用印模法恢复前志留纪古岩溶地貌。

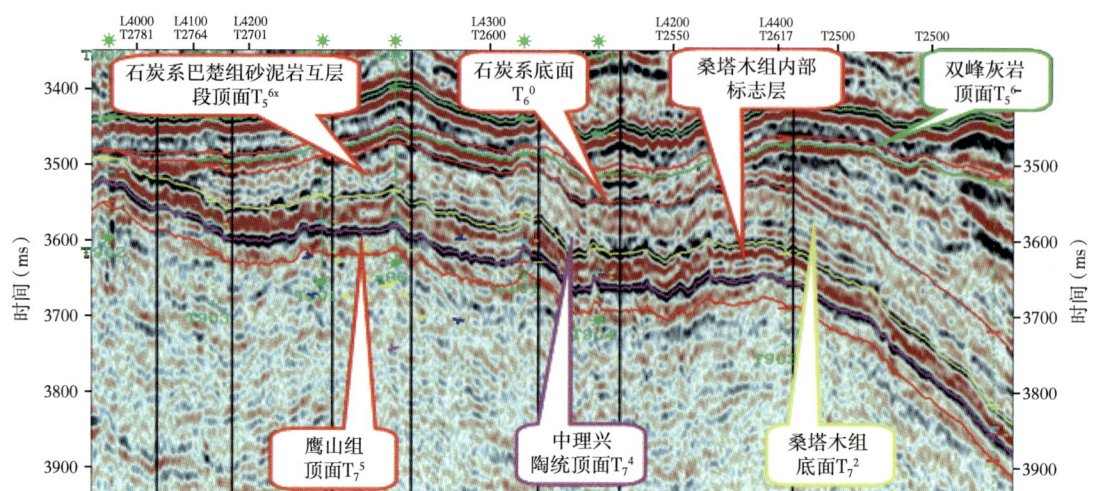

图2-1 塔河地区加里东期古岩溶地貌恢复地震解释分层特征图

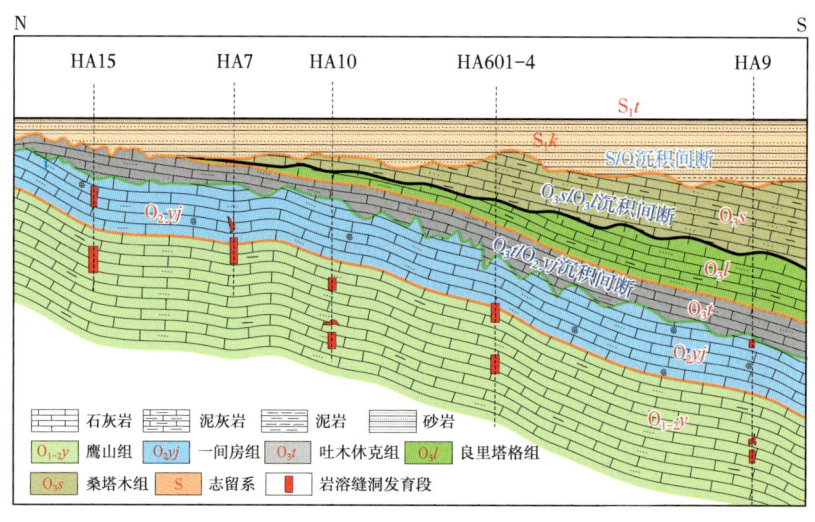

图2-2 哈拉哈塘北—南向地质剖面示意图

根据地震及实钻资料，依据印模法，通过对古风化壳上下地层对应关系的分析，以塔塔埃尔塔格组标志层—塔塔埃尔塔格组底至奥陶系潜山面填平补齐沉积厚度，恢复该区前志留纪古地貌，从而进行古地貌识别。

目前钻井及根据地震资料得到塔塔埃尔塔格组底面至奥陶系顶面的厚度，为现今地层的厚度（压实厚度）。而不同类型沉积物在埋深压实过程中，在相同的外界条件下，其压实程度不同，因此在横向不均一地层中常形成差异压实构造，不同厚度的地层，其压实量具有明显的差异。因而利用现今塔塔埃尔塔格组底面至奥陶系顶面的厚度尚未完全反映塔塔埃尔塔格组沉积前真实的古地貌形态，由此有必要对塔塔埃尔塔格组底面至奥陶系顶面的古厚度进行恢复，恢复方法如下：

（1）压实量计算。

压实量（$H_压$）是指某地史时期沉积层的古厚度（$H_古$）与现今地层厚度（$H_今$）之差，即 $H_压=H_古-H_今$。

（2）压实校正方法。

压实校正采用地层骨架体积、骨架质量不变压实校正方法，主要方法如下：

利用现今地层顶底埋深建立孔隙度与埋深的函数、密度与埋深的函数关系，设现今地层顶埋深为 Z、现今厚度 h、古厚度为 S，建立的孔隙度与深度函数 $\varphi(Z)$、密度与深度函数 $\rho(Z)$ 的关系式，即：

$$\int_0^S [\rho(Z)-\varphi(Z)]\mathrm{d}Z = \int_z [\rho(Z)-\varphi(Z)]\mathrm{d}Z \qquad (2-1)$$

利用上式，通过迭代解法方程，即可求出地层的古厚度 S。

由于哈拉哈塘地区井较多，且各井塔塔埃尔塔格组底面至奥陶系顶面的地层相关数据不全，因而本次压实校正部分井主要利用上式计算统计的经验数据（压实量为 0.225 m/m）来恢复地层的古厚度。

根据塔塔埃尔塔格组底面至奥陶系顶面的现今厚度，利用压实校正恢复哈拉哈塘地区志留系塔塔埃尔塔格组底面至奥陶系顶面地层的古厚度，利用印模法编制了塔塔埃尔塔格组底面至奥陶系顶面的厚度等值线图，即哈拉哈塘地区前志留纪古地貌形态。

当塔塔埃尔塔格组底面至奥陶系顶面的厚度较薄时（即上覆志留系充填沉积厚度较小时），为相对岩溶正地形；当塔塔埃尔塔格组底面至奥陶系顶面的厚度较大（即上覆志留系充填沉积厚度较大时），为相对岩溶负地形。当奥陶系保存较全，上覆志留系充填沉积厚度比周围有明显增厚时，表明该区处于古构造低部位；当奥陶系剥蚀明显，而上覆志留系充填沉积厚度亦较小时，表明该区处于古构造高部位。

2.1.2 残厚—残厚趋势面组合法

吐木休克组／一间房组沉积间断之上存在志留系／奥陶系沉积间断、桑塔木组／良里塔格组沉积间断，桑塔木组、良里塔格组无泛海沉积存在，形成不了印模法恢复古地貌的所需标志层，在哈拉哈塘地区由于吐木休克顶面及在良里塔格组内部寻找一个相对稳定波组面的地震数据较难获得，因而利用印模法无法恢复一间房组顶的古岩溶地貌。

吐木休克组／一间房组沉积间断之下，一间房组区域分布稳定，鹰山组、蓬莱坝组未见明显沉积间断，因而利用残厚与趋势面结合方法恢复吐木休克组／一间房组沉积间断古岩溶地貌比较适合。

残厚与趋势面结合方法：（1）利用鹰二段底至沉积间断面（吐木休克组底）的厚度（残厚）；（2）建立一间房组构造趋势面与一间房组顶面构造数据之间的残差；（3）建立残厚趋势面及残厚趋势面镜像面；（4）然后利用残厚趋势面镜像面加入残差的结合方法，恢复一间房组顶面沉积间断面的古岩溶地貌（图2-3）。

残厚法适用条件为：构造相对不太复杂，地层视为等厚。残厚与残厚趋势面结合方法存在的问题：能反映古地貌残丘、洼地特征、古地貌相对趋势，但把地层古构造趋势面作水平考虑，未考虑沉积间断前的地层古构造趋势面变化特征及局部构造特点，因而未能反映沉积间断面的古地貌的构造形态，对古岩溶地貌、古岩溶流域水系刻画均具有一定的影响。

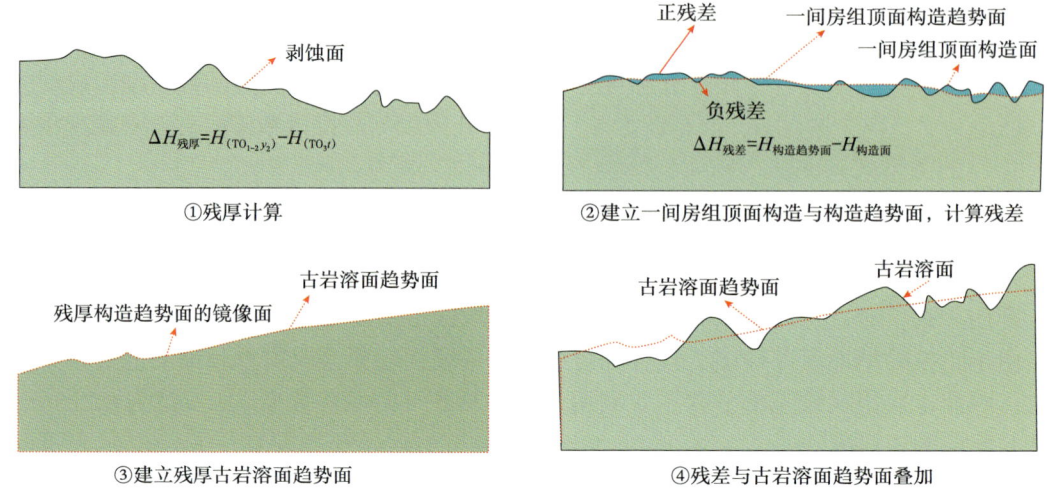

图 2-3　残厚与趋势面方法恢复过程

2.1.3　残厚—构造趋势面组合法

桑塔木组／良里塔格组沉积间断位于吐木休克组／一间房组沉积间断至志留系／奥陶系沉积间断之间，上覆桑塔木组无泛海沉积存在，寻找相对稳定的波阻层较难，形成不了印模法恢复古地貌所需的标志层，且桑塔木组顶存在志留系（S）／奥陶系（O）沉积间断（图 2-2），因而利用印模法无法恢复良里塔格组顶的古岩溶地貌。

同时，良里塔格组下存在吐木休克组／一间房组沉积间断，良里塔格组呈超覆于吐木休克组、一间房组之上，良里塔格组厚度区域分布不稳定，因而利用残厚与残厚趋势面结合方法也不适合。

根据上下地层分布特点及沉积间断特征，拟利用残厚与地层古构造趋势面结合方法恢复良里塔格组岩溶期古岩溶地貌：即利用吐木休克组底至良里塔格组顶面沉积间断面的厚度，然后结合良里塔格组顶面沉积间断时吐木休克组顶面古构造趋势面方法，恢复良里塔格组顶面沉积间断面的古岩溶地貌。

由于吐木休克组与一间房组厚度区域分布相对稳定，吐木休克组构造数据虽难以取得，但利用一间房组顶面构造数据，可恢复良里塔格组沉积间断时期下伏地层的古构造趋势面。具体恢复方法如下：

（1）利用塔塔埃尔塔格组底至吐木休克组底构造数据，恢复前志留系一间房组顶面构造趋势面；利用塔塔埃尔塔格组底至奥陶系顶面构造数据，恢复前志留纪奥陶系顶面构造趋势面（图 2-4a）。

（2）利用前志留系奥陶系顶面构造趋势面数据与一间房组顶面构造趋势面数据之差，恢复一间房组顶面古构造趋势面。

（3）利用桑塔木组底至吐木休克组底构造数据，计算良里塔格组至一间房组顶面的残厚；然后用残厚与古地层构造趋势面结合，即可恢复良里塔格组岩溶期古岩溶地貌（图2-4b）。

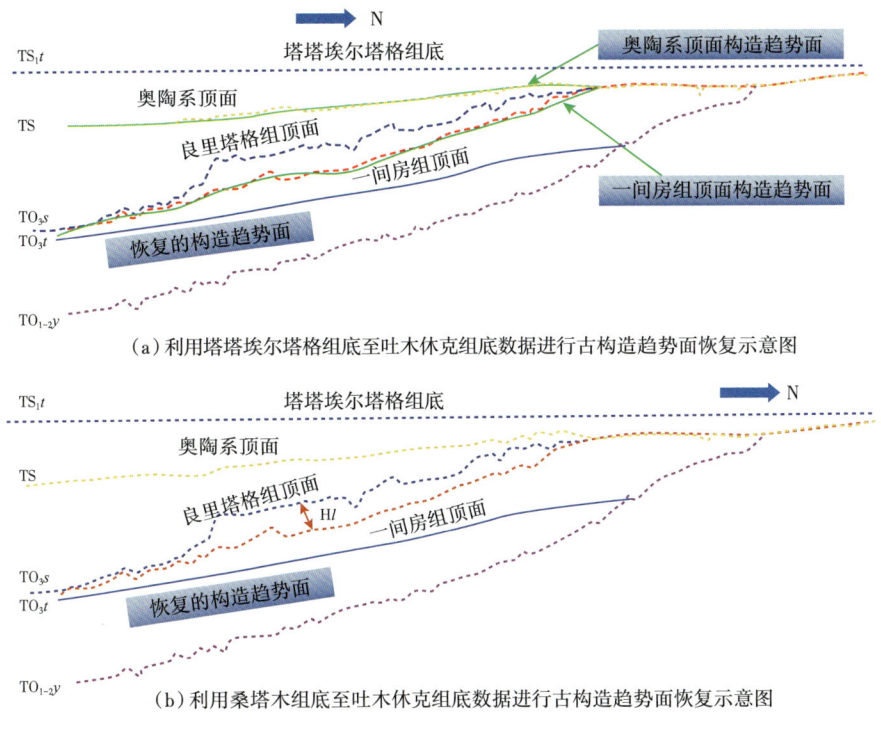

图 2-4　古构造趋势面恢复示意图

此方法虽存在一定问题，但恢复良里塔格组岩溶期古岩溶面目前是比较接近的。

残厚法适用构造相对不太复杂，无大规模断裂与紧密褶皱存在条件。利用残厚与地层古构造趋势面结合方法能较好恢复其古岩溶地貌，但要解决沉积间断时期地层古构造趋势面（产状）问题及沉积间断后区域不均匀构造抬升或沉降问题。

2.1.4　古地貌成因组合识别法

古地貌成因组合识别法是以印模法和残厚法为基础，通过在碳酸盐岩古风化壳表面寻找古地貌蚀余形迹恢复古地貌，如古风化壳顶部侵蚀形态和残积物（角砾岩、铁铝层等）类型、厚度与分布特征，溶沟、漏斗等溶蚀形态特征。

利用古地貌成因组合识别法恢复古岩溶地貌的主要依据有：（1）风化壳上覆（或下伏）标志层的厚度及分布趋势；（2）风化壳残余厚度及风化性质；（3）风化壳表面侵蚀、溶蚀特征及沉积物性质；（4）古水动力场特征；（5）地形起伏地震响应特征。

依据野外调查、岩心观察和测试鉴定结果，结合古岩溶环境条件分析和裸露风化环境条件下的岩溶形态组合与发育特征，建立了古地貌成因组合识别法恢复古岩溶地貌的指标体系（表2-1至表2-3）。

（1）前志留纪岩溶期二级地貌单元成因组合识别指标体系。

根据前志留纪古地势、地形展布特征，结合奥陶系顶面至志留系塔塔埃尔塔格组底的标志层厚度，划分指标体系如下（表2-1）：Ⅰ.岩溶缓坡地，标志层厚度30~100m；Ⅱ.岩溶台地，标志层厚度为100~130m；Ⅲ.丘丛谷地，标志层厚度为130~150m。

表2-1 前志留纪二级地貌单元成因组合识别指标体系

类别	主要指标
岩溶缓坡地（Ⅰ）	30m ≤ H_c < 100m
岩溶台地（Ⅱ）	100m ≤ H_c < 130m
丘丛谷地（Ⅲ）	130m ≤ H_c < 150m

注：H_c为志留系塔塔埃尔塔格组底至奥陶系顶部的厚度。

划分说明：30m ≤ H_c < 100m，地形、地势有一定起伏，地形坡度较小，地势整体向西南方向倾斜，坡度小于5°，属哈拉哈塘潜山高部位地区；100m ≤ H_c < 130m时，地形、地势平坦，地势展布平缓，山体的夷平面高程相近，相对高差一般小于25m，属哈拉哈塘潜山岩溶台地区；130m ≤ H_c < 150m，地形、地势平坦，地形坡度较小，山体较少，相对高差较较小，区域地势较低，岩溶谷地发育，属哈拉哈塘潜山低部位地区。

（2）良里塔格组岩溶期二级地貌单元成因组合识别指标体系。

根据哈拉哈塘地区良里塔格组岩溶期古地势、地形展布特征，其划分指标体系如下：Ⅰ.岩溶坡地，良里塔格组岩溶期古地势相对高程360~650m；Ⅱ.岩溶盆地，良里塔格组岩溶期古地势相对高程100~360m（表2-2）。

表2-2 良里塔格组岩溶期二级地貌单元成因组合识别指标体系

类别	主要指标
岩溶坡地（Ⅰ）	360m ≤ H_x < 650m
岩溶盆地（Ⅱ）	100m ≤ H_x < 360m

注：H_x为良里塔格组岩溶期古地势相对高差（m）。

划分说明：100m ≤ H_x < 360m时，地形、地势平坦，地势展布平缓，整体向南缓慢倾斜，无明显山体起伏，相对高差一般小于10m，属哈拉哈塘良里塔格组岩溶期古水系排泄区；360m ≤ H_x < 650m，良里塔格组岩溶期古地形起伏较大，河谷深切，峰与洼或河谷相对高差达50~100m，古地势向南倾斜，相对高差达300~350m，被深切河谷分为向南延伸的岩溶垄岗地貌单元。

（3）三级地貌单元成因组合识别指标体系。

根据现代岩溶理论，结合哈拉哈塘潜山岩溶区、良里塔格组岩溶期古岩溶地貌特点，岩溶地貌个体形态及组合形态的划分指标体系如下（表2-3）：

①溶丘：山体高小于25m（山体高差5~10m为微丘），高/基座直径小于0.5，山体一般呈浑圆状（山体边坡一般小于30°）。

②溶峰：山体高大于25m（山体高差25~35m为微峰），高/基座直径大于0.5，山体多呈圆锥状，山体边坡相对较陡（一般大于30°）。

表 2-3 哈拉哈塘地区古地貌三级地貌类型划分指标体系

类别	主要指标	描述
溶丘	山体高小于25m，高/基座直径小于0.5，山体一般呈浑圆状（山体边坡一般小于30°）	
溶峰	山体高大于25m，高/基座直径大于0.5，山体多呈圆锥状，山体边坡相对较陡（一般大于30°）	
岩溶槽谷	谷底坡度小于15°，宽度大于5m，长大于50m。若两岸地形坡度较陡（一般大于60°），且两岸地形变坡处高度与谷底宽比大于2倍，则称为溶峰峡谷；若岩溶槽谷长度大于100m、宽大于10m，称为岩溶谷地。	属长条形溶蚀谷地，底部地势相对平坦，并向一端倾斜，断面多呈"U"字形，两岸地形坡度相对平缓，上部较开阔
岩溶沟谷	沟谷底部坡度大于15°，宽度小于5m，长大于50m；沟谷两岸斜坡坡度大于30°	属长条形溶蚀沟谷，底部地势相对平坦，并向一端倾斜，断面多呈"V"字形，沟谷上一般无覆盖层
洼地	底部直径小于200m；溶峰与洼地底部相对高度小于25m，称为浅洼地（或"碟状"洼地）；相对高差大于25m，称为深洼地（或"漏斗状"洼地）	属负地形，形状不规则，一般为近圆形、椭圆形，平面上多属"倒圆锥"形，洼地底部多分布有落水洞，洼地底部一般具有覆盖层
山间岩溶盆地	底部直径大于200m	多属岩溶洼地演变而成，其底部地势平坦，地形起伏较小，其上部一般有覆盖层，周边多为峰丛洼地或溶丘洼地
峰丛	山体基座底部直径大于200m	溶峰山体基座相连，由三个或三个以上溶峰组成，为无规则排列
峰丛垄脊	山体基座底部直径大于200m，延伸长度一般大于250m	溶峰山体基座相连，由三个或三个以上溶峰组成，并按一定方向排列，垄脊走向波状平缓、丘峦起伏不大或向一端倾斜降低
丘丛垄脊	山体基座底部直径大于200m，延伸长度大于250m	溶丘、溶峰山体基座相连，由三个溶峰或溶丘以上组成，并按一定方向排列，垄脊走向波状平缓、丘峦起伏不大或向一端倾斜降低
溶丘洼地	溶丘顶至洼地底相对高差小于25m	由溶丘、洼地组成
峰丛洼地	溶峰顶至洼地底相对高差一般大于25m	由溶峰、洼地组成，溶峰山体基座相连，峰之间多为洼地

③岩溶槽谷（溶峰峡谷、岩溶谷地）：岩溶槽谷属长条形溶蚀谷地，底部地势相对平坦，并向一端倾斜（谷底坡度一般小于15°），其宽度一般大于5m，长一般大于50m，断面多呈"U"字形，两岸地形坡度相对平缓，上部较开阔；若两岸地形坡度较陡（一般大于60°），且两岸地形变坡处高度与谷底宽比大于2倍，则称为溶峰峡谷；若岩溶槽谷长度大于100m、宽大于10m，则称为岩溶谷地。参照南方现代岩溶谷地特征，此类岩溶地貌特点主要是：a. 一般在有流水作用参与下而形成的长条形溶蚀谷地，谷底较为平坦，并向一端倾斜，其规模较大，长达数千米，宽达数百米；b. 岩溶槽谷内具有长年性地表溪流或季节性溪流时伏时出，最终都消于落水洞中；c. 部分岩溶槽谷为干河槽，岩溶槽谷内洼地、漏斗比较发育；d. 上部一般有覆盖层；e. 分布明显受构造控制。

④岩溶沟谷：属长条形溶蚀沟谷，底部地势相对平坦，并向一端倾斜（坡度一般大于15°），宽度一般小于5m，长一般大于50m，沟谷两岸斜坡坡度一般大于30°，断面多呈"V"字形，沟谷上一般无覆盖层。

⑤洼地：属负地形，形状不规则，一般为近圆形、椭圆形，平面上多属"倒圆锥"形，洼地底部多分布有落水洞，其个体形态底部直径一般小于 200m。如溶峰与洼地底部相对高差小于 25m，一般称为浅洼地（或"碟状"洼地）；如相对高差大于 25m，一般称为深洼地（或称"漏斗状"洼地），洼地底部一般具有覆盖层。

⑥山间岩溶盆地：多属岩溶洼地演变而成，其底部地势平坦，地形起伏较小，底部直径一般大于 200m，其上部一般有覆盖层，周边多为峰丛洼地或溶丘洼地。

⑦峰丛：溶峰山体基座相连，由三个或三个以上溶峰组成，多为无规则排列，如按一定方向规则排序则称为峰丛垄脊。

⑧峰丛垄脊：溶峰山体基座相连，由三个或三个以上溶峰组成，并按一定方向排列，垄脊走向波状平缓、丘峦起伏不大或向一端倾斜降低，延伸长度一般大于 250m。

⑨丘丛垄脊：溶丘、溶峰山体基座相连，由三个溶峰或溶丘以上组成，并按一定方向排列，垄脊走向波状平缓、丘峦起伏不大或向一端倾斜降低，延伸长度一般大于 250m。

⑩溶丘洼地：由溶丘、洼地组成，溶丘顶至洼地底相对高差一般小于 15m，此类地貌的洼地多为浅洼地；

⑪峰丛洼地：由溶峰、洼地组成，溶峰山体基座相连，峰之间多为洼地，溶峰顶至洼地底相对高差一般大于 25m，此类地貌洼地多为深洼地。

⑫峰林平原、孤峰平原：由溶峰、岩溶盆地组成，溶峰多以个体出现（也有溶峰山体基座相连），岩溶盆地地形起伏较小、地势平坦，溶峰顶至盆地相对高差一般大于 25m，此类地貌，洼地分布较多，多为浅洼地。根据南方现代岩溶特征，峰林平原的溶峰个数一般大于 3 个 /km^2；如溶峰个数小于 3 个 /km^2，则称孤峰平原。

⑬溶丘平原、残丘平原：由溶丘、岩溶盆地组成，溶丘多以个体出现（溶丘山体基座相连相对较少），盆地地形起伏较小，地势平坦，溶丘顶至盆地相对高差一般小于 25m，此类地貌，洼地分布较多，多为浅洼地。根据南方现代岩溶特征，溶丘个数一般大于 3 个 /km^2；如溶峰个数一般小于 3 个 /km^2，则称残丘平原。

2.2 不同岩溶期古岩溶地貌特征与岩溶发育条件

2.2.1 一间房组岩溶期古岩溶地貌特征与岩溶发育条件

一间房组岩溶期古岩溶面位于一间房组尖灭线以南，上覆地层为吐木休克组与良里塔格组碳酸盐岩地层。根据吐木休克组与鹰二段底地震构造数据，利用残厚与残厚趋势面结合方法恢复一间房组岩溶期古岩溶地貌。一间房组岩溶期古岩溶地貌特征如下：奥陶系一间房组岩溶期古岩溶地貌地势南北相对高差 100~150m，地势平坦，地形起伏相对较小，具有一定地势坡降，坡降一般为 1.5%~2.05%，山体不处于同一高程，地势整体向南东向倾斜，区域上属溶丘平原。该类地貌区属古水系补给径流或径流排泄区，以错综复杂的微丘、丘丛、岩溶洼地（浅洼地）、岩溶沟（谷）为特点，岩溶沟谷、小型岩溶槽谷极为发育，洼（底）丘（丘丛顶）相对高差 10~15m，沟谷走向多以南东向为主，且向南东方向倾斜，地貌形态极不规则，类型划分较难，多属微丘洼地、微丘丛谷地及微峰洼地为主，属岩溶地貌形成演化过程中初期的岩溶地貌特征（图 2-5）。

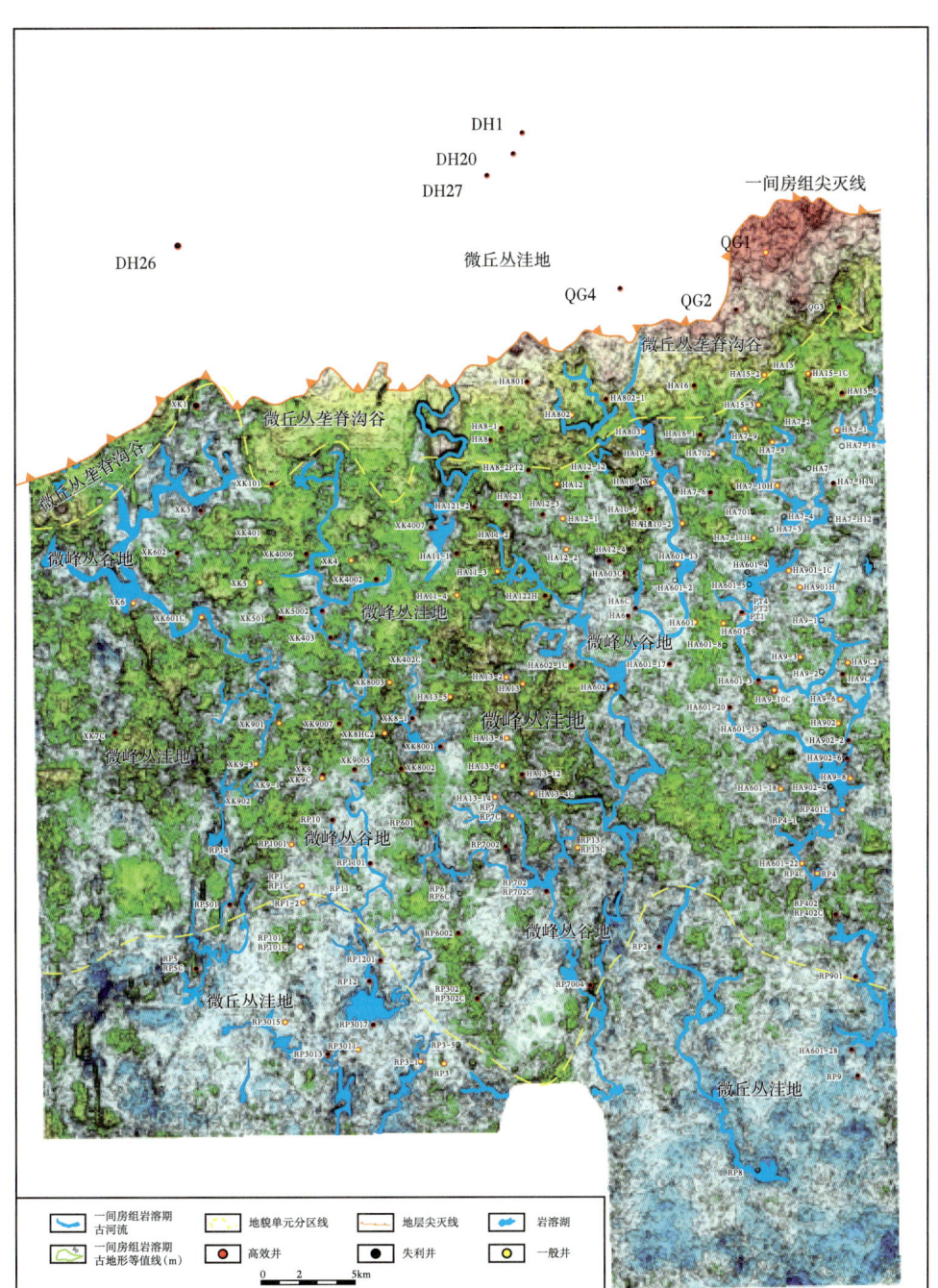

图 2-5　一间房组岩溶期古岩溶地貌特征图

总体而言，一间房组岩溶期古岩溶面地势平坦，岩溶地貌以溶丘洼地、丘丛谷地为主，南北相对高差较小，反映古水动力径流条件缓慢、地下水位较浅，岩溶作用主要位于地下水位附近（即一间房组顶面下 20~40m 范围），岩溶缝洞以溶蚀孔洞、小规模溶洞为主，岩溶管道系统不发育。

2.2.2 良里塔格组岩溶期古岩溶地貌特征与岩溶发育条件

根据良里塔格组岩溶期古岩溶面古地势及地形特征，结合古地理环境、古水动力分析，将良里塔格组岩溶期古地貌划分为2类二级地貌类型（表2-4，图2-6）。

表2-4 良里塔格组岩溶期古岩溶地貌类型划分表

古岩溶地貌类型			分布位置
二级	三级	主要微地貌形态	
岩溶缓坡地	丘丛洼地	溶丘、溶峰、沟谷、洼地	XK401—HA12-3—HA7-8 井一带
	丘峰洼地	洼地、溶丘、沟谷	XK601—HA13—HA9-1 井一带
	丘丛垄脊沟谷	溶丘、洼地、沟谷	XK9-3—HA13-2—HA9-8 井一带
	丘丛谷地	溶丘、洼地、谷地	RP702—RP401 井一带、HA11—HA6 井一带
	岩溶谷地	谷地	古水系分布区域
	岩溶陡坡	陡坡地	RP501—RP1-2 井一带
岩溶盆地	岩溶盆地	岩溶平原、溶丘、洼地	RP12—RP9 井一带

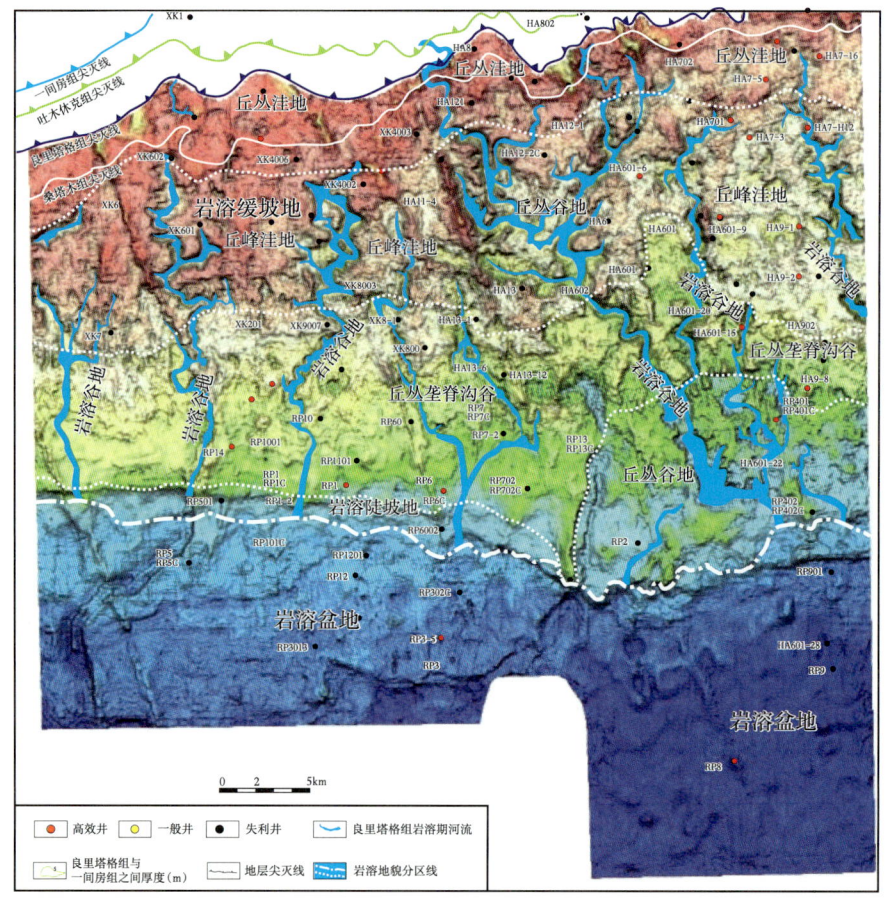

图2-6 良里塔格组岩溶期古岩溶地貌特征图

结合哈拉哈塘良里塔格组岩溶期古地貌的微地貌组合形态，又可分为若干种形态组合类型（即三级地貌单元）。

良里塔格组岩溶期岩溶面位于良里塔格组尖灭线以南，上覆地层为桑塔木组碎屑岩地层。根据O_3s、O_3t层位地震构造数据，利用残厚与地层古构造趋势面结合方法恢复了良里塔格组岩溶期古岩溶地貌。良里塔格组岩溶期古岩溶地貌特征如下：地形、地势整体向南缓慢降低（坡降一般为0.5%~1.5%），并具有自中部（HA11—HA13井一带）向东、向西降低特点，整体地势、地形起伏相对较大，地形相对高差一般30~50m，局部达50~100m。南部RP1—RP6—RP2—RP4井一带南侧地形相对高差达50~100m，形成陡坡（古海岸）。山体峰顶高程具有向南部逐步降低特点，地表水系发育，自西向东发育6条地表水系，地表水系均自北向南径流汇入古海洋，古水系深切，把良里塔格组岩溶地貌分割成4个近南北延伸的垄岗地貌区。每个地貌区具有自分水岭地带向两侧河谷排泄特征，受下伏吐木休克组弱岩溶层组的影响，层间岩溶区地表降水难以渗至一间房组，因而岩溶作用主要位于良里塔格组碳酸盐岩，只有河流切深至一间房组的区段，接受潜山岩溶区岩溶地下水径流排泄，对一间房组岩溶缝洞的形成具有明显的控制作用。每个垄岗地貌自北向南，峰洼相对高差一般为5~30m，局部达30~50m，整体属微地貌形态。根据微地貌组合形态，岩溶地貌主要为丘峰洼地、丘丛洼地、丘丛垄脊沟谷、岩溶谷地、岩溶陡坡、丘丛谷地、岩溶盆地等7种古岩溶地貌类型（表2-4）。不同岩溶地貌特征与岩溶发育条件如下：

（1）岩溶缓坡地—丘丛洼地。

丘丛洼地位于桑塔木组尖灭线以南（即XK401—HA12-3—HA7-8井一带）（也即层间岩溶—改造区），地势缓慢向南方向倾斜，地形略有起伏，峰洼相对高差一般为30~50m，属微地貌形态，地表水系不发育，具有较多岩溶槽谷。地层为良里塔格组碳酸盐岩，属中等—强岩溶层组，良里塔格组下伏地层为吐木休克组弱岩溶层组。受南侧岩溶谷地及下伏奥陶系吐木休克组弱岩溶层组的影响，此地貌单元岩溶作用主要位于良里塔格组碳酸盐岩，岩溶以垂向渗滤溶蚀作用为主，由于良里塔格组在此区块厚度相对较小，岩溶缝洞规模较小，且上覆地层为桑塔木组碎屑岩，岩溶缝洞较易充填。

此区属古岩溶流域径流区，潜山岩溶区岩溶地下水受吐木休克组的限制，主要顺层或沿断裂向南部运移，具有顺层岩溶作用特征。

（2）岩溶缓坡地—丘峰洼地。

丘峰洼地位于XK601—HA13—HA9-1井一带的河间地带（也即层间岩溶—改造区），地势缓慢向南方向倾斜，地形起伏较大，峰洼相对高差一般为50~80m，此区地表水系发育，水系切深较大（80~100m），具有较多岩溶槽谷，古水系切割把良里塔格组岩溶地貌分割成4个近南北延伸的丘峰洼地与4个岩溶谷地和1个峰丛谷地地貌单元。丘峰洼地地貌具有自分水岭地带向两侧岩溶谷地排泄特征，受下伏吐木休克组弱岩溶层组的影响，地表降水难以渗至一间房组，因而岩溶作用主要位于良里塔格组碳酸盐岩，岩溶以垂向渗滤溶蚀作用为主，由于良里塔格组在此区块厚度相对较小，且每个丘峰洼地地貌单元面积较小，接受大气降水有限，因而岩溶缝洞规模一般较小，且上覆地层为桑塔木组碎屑岩，岩溶缝洞较易充填。只有河流切深至一间房组的区段（岩溶谷地、丘丛谷地地貌区），接受潜山岩溶区岩溶地下水径流排泄，对一间房组岩溶缝洞的形成具有明显的控制作用。此区也属良里塔格组岩溶期古岩溶流域的径流区，潜山岩溶区岩溶地下水受吐木休克组的限制，主要顺层或沿断裂向南部运移，具有顺层岩溶作用特征。

（3）岩溶缓坡地—丘丛垄脊沟谷。

丘丛垄脊沟谷位于XK9-3—HA13-2—HA9-8井一带（也即层间岩溶—台缘叠加区）的河间地带，地势缓慢向南方向倾斜，地形起伏明显，丘峰洼相对高差一般为20~50m（局部达50~80m），此区地表水系发育，具有较多岩溶槽谷、沟谷，古水系切割把良里塔格组岩溶地貌分割成5个近南北延伸的丘丛垄脊沟谷与5个岩溶谷地地貌单元。丘丛垄脊沟谷地貌具有自分水岭地带向两侧岩溶谷地排泄特征，受良里塔格组岩性特征及下伏吐木休克组弱岩溶层组的影响，且良里塔格组较厚、河流切深较浅（一般切至良里塔格组二段或三段），地表降水难以入渗径流至一间房组，因而岩溶作用主要位于良里塔格组碳酸盐岩，岩溶以垂向渗滤溶蚀作用及侧向岩溶作用为主，由于河间地段较小，水动力条件有限，岩溶缝洞规模较小，且上覆地层为桑塔木组碎屑岩，浅部岩溶缝洞较易充填。河流切深至良里塔格组二段或三段，使良里塔格组二段或三段岩溶地下水具有局部径流排泄条件，是良里塔格组二段或三段岩溶缝洞主要控制因素。此区也属良里塔格组岩溶期面古岩溶流域的径流区，潜山岩溶区岩溶地下水受吐木休克组的限制，主要顺层或断裂向南部运移，因而顺层或沿断裂发育岩溶缝洞。

（4）岩溶缓坡地—丘丛谷地。

丘丛谷地位于RP702—RP401井一带及HA11—HA6井一带。

HA11—HA6井一带：位于两个丘峰洼地地貌单元之间，地势沿古水系径流方向缓慢倾斜，丘峰与岩溶谷地相对高差一般为50~80m，是古水系分布区带，微地貌个体主要有岩溶槽谷、沟谷、谷地、丘峰等。地表以良里塔格组碳酸盐岩分布为主，由于古水系切深较大，局部已切深至一间房组碳酸盐岩。此区带属地表径流活动区，水动力条件较好，因而丘峰岩溶作用较强。河道切深至一间房组，形成潜山岩溶区岩溶地下水局部排泄基准，从而使此区带一间房组、鹰山组岩溶缝洞或岩溶管道比较发育。

RP702—RP401井一带：此区属古水系排泄区带，地势向南方向缓慢倾斜，丘峰与岩溶谷地相对高差一般为30~50m，微地貌个体主要有岩溶槽谷、沟谷、谷地、丘峰等。地表以良里塔格组碳酸盐岩分布为主，由于古水系切深较浅，一般切深至良里塔格组一段、二段碳酸盐岩。此区带属地表径流活动区，水动力条件较好，因而浅部岩溶作用较强，是良里塔格组上部岩溶缝洞形成的基础。

（5）岩溶缓坡地—岩溶谷地。

岩溶谷地沿古水系分布，良里塔格组岩溶期自西向东分布有6条地表水系：①沿XK7井西侧发育的地表水系；②沿XK602—XK601—RP14井一带发育的地表水系；③沿XK4—XK403—XK9—XK10—XK1井一带发育的地表水系；④沿XK402c—XK8-1—RP6（HA13-2—HA13-6—RP6）—RP302井一带发育的地表水系；⑤沿HA8—HA122H—HA602（HA803—HA603—HA602）与（HA701—HA601—HA601—20井）—RP402井一带发育的地表水系；⑥沿HA7—HA9井一带发育的地表水系。各水系均发育于奥陶系良里塔格组碳酸盐岩中，各水系北部切深较大，部分河段河床已切深至一间房组碳酸盐岩：如③、④号水系在XK4—XK403井、HA122H—HA602井河段河床已切深至一间房组碳酸盐岩，形成潜山岩溶区岩溶地下水局部径流排泄基准，是一间房组岩溶缝洞形成的水动力条件；南部切深相对较浅，一般切深至良里塔格组一段、二段碳酸盐岩，受下伏吐木休克组弱岩溶层组的影响,古水系构成河间地段岩溶水相对排泄基准,岩溶作用主要位于良里塔格组浅部。

(6)岩溶盆地。

岩溶盆地位于RP12—RP9井一带,属良里塔格组岩溶期的岩溶流域排泄区带。根据岩溶盆地的地形特点,认为岩溶盆地属良里塔格组岩溶期的古海洋。此区带地势缓慢向南方向倾斜,地形起伏较小。地层为良里塔格组、吐木休克组碳酸盐岩,厚度较小(20~40m),由于吐木休克组碳酸盐岩属弱岩溶层组,构成海盆底部相对隔水层,因而自潜山岩溶区径流补给的地下水,只能通过具有断裂部位形成排泄点,因而在此区域沿断裂形成的岩溶缝洞较多,且处于径流排泄区,属流出型岩溶管道系统,后期不易充填。

2.2.3 前志留纪岩溶期古岩溶地貌特征与岩溶发育条件

利用印模法恢复的前志留纪古岩溶地貌特征如下(图2-7):古岩溶风化壳位于桑塔木组尖灭线以北,属奥陶系上统缺失区域。地形、地势向南、向西南缓慢降低,具有明显地势坡降,坡降一般为1.5%~2%,山体峰顶多不处于同一高程,局部地表水系发育,地势整体向西南倾斜。丘洼相对高差一般为5~30m,局部达40~50m,属微地貌形态。岩溶地貌主要为微丘洼地、微峰洼地、微丘丛谷地、岩溶谷地等4种古岩溶地貌类型。整体属岩溶地貌形成演化过程中初期岩溶地貌特征(山体峰顶与洼地相对高差较小,地形起伏相对较小、切割深度小)。不同岩溶地貌特征与岩溶发育条件如下:

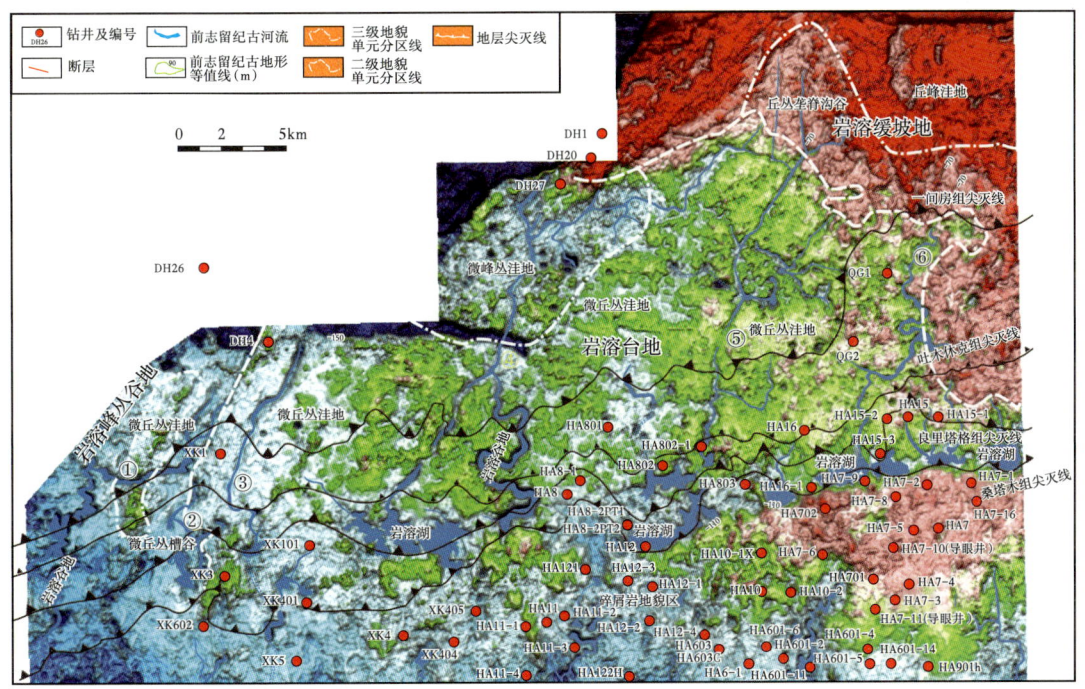

图2-7 前志留纪岩溶期古岩溶地貌特征图

（1）岩溶缓坡地。

岩溶缓坡地位于潜山风化壳区东北部（QG1—DH1井一线东北），地势缓慢向南西方向倾斜，奥陶系顶面至志留系塔塔埃尔塔格组底的厚度为40~90m，地形起伏较小，峰洼相对高差小于20m，属微地貌形态，地表水不发育，岩溶地貌个体形态以溶丘、洼地、岩溶沟谷为主，地貌组合形态可划分为：丘丛龙脊沟谷、微丘峰洼地两类地貌单元。此区属奥陶系鹰山组碳酸盐岩分布区，地表水系不发育，反映岩溶作用方式：浅部以垂向渗滤溶蚀作用为主，下部存在径流溶蚀作用。岩溶地下水自地表渗入后，于径流带附近向南西方向径流，汇入岩溶台地地表水水系或继续潜流。

（2）岩溶台地。

岩溶台地位于桑塔木组尖灭线北部（即XK3—XK401—HA8—HA803—HA7-9—HA7-1井一线以北），地势平坦、缓慢向南西、南方向倾斜。奥陶系顶面至志留系塔塔埃尔塔格组底的厚度为90~130m（岩溶谷地、岩溶湖为150~160m），地形起伏较小，峰洼相对高差一般小于20m（局部洼地发育较深达30~50m），属微地貌形态。发育5条地表水系，近南北方向延伸，向南径流，在桑塔木组尖灭线附近形成多个岩溶湖。岩溶地貌个体形态以溶丘、溶峰、洼地、岩溶槽谷为主，地貌组合形态可划分为微丘丛洼地、微丘峰洼地、岩溶谷地、岩溶湖等4类微地貌单元。此区属奥陶系碳酸盐岩分布区，地层自北—向南分布为鹰山组、一间房组、吐木休克组、良里塔格组。此区域经历良里塔格组岩溶期岩溶作用与前志留纪岩溶作用，由于受南部非碳酸盐岩及吐木休克组弱岩溶层组的影响，不同岩溶期，潜山岩溶区（岩溶台地）的岩溶作用方式具有明显的差异：

①前志留纪岩溶期：此时期岩溶面地势平坦、地形起伏较小，受南部桑塔木组碎屑岩阻隔的作用，沿碳酸盐岩与碎屑岩边界附近形成了一系列岩溶湖，构成岩溶台地地下水的排泄基准。由于岩溶湖与岩溶台地相对高差为30~50m，因而此时期岩溶作用主要位于浅部50~60m范围（即岩溶作用主要作用于地下水面附近），可见此时期浅部岩溶缝洞比较发育。

②良里塔格组岩溶期：此时期属良里塔格组岩溶期岩溶流域补给区，受南部吐木休克组弱岩溶层组的影响，沿吐木休克组弱岩溶层组附近也可能形成了一系列岩溶湖或深切的河谷（切穿吐木休克组，出露一间房组），深切河谷或岩溶湖构成岩溶台地地下水的局部排泄基准，但良里塔格组岩溶期岩溶流域排泄区位于南部RP3—RP8井一带区域，造成岩溶台地区的岩溶作用方式较为复杂：浅部岩溶作用以垂向渗滤溶蚀作用为主，此时期形成的岩溶洼地相对较深，受深切河谷的影响，浅部岩溶作用也可能形成一系列岩溶管道系统；下部岩溶地下水受吐木休克组弱岩溶层组的影响，岩溶地下水向下潜流顺层（沿一间房组或鹰山组）或断裂向南部排泄区径流排泄，从而形成层间岩溶缝洞。

（3）岩溶峰丛谷地。

岩溶丘丛谷地位于桑塔木组尖灭线以北、潜山岩溶区西部（即XK1—XK3井一线以西），地势缓慢向南西方向倾斜，奥陶系顶面至志留系塔塔埃尔塔格组底的厚度为130~170m（岩溶谷地为160~200m），地形略有起伏，峰洼相对高差一般为30~50m，属微地貌形态，发育2条地表水系。岩溶地貌个体形态以溶丘、溶峰、洼地、岩溶谷地、岩溶槽谷为主，地貌组合形态可划分为微丘丛洼地、微丘丛槽谷、岩溶谷地等3类微地貌单元。受岩溶谷地的影响，微丘丛洼地、微丘丛槽谷地貌单元浅部以垂向渗滤溶蚀作用为主，下部岩溶水系主要向岩溶谷地方向排泄，造成浅部岩溶缝洞发育，沿岩溶谷地或岩溶槽谷局部形成岩溶管道系统。

2.3 不同岩溶期次古水动力条件与演变特征

2.3.1 不同岩溶期次地表水系发育特征

2.3.1.1 一间房组岩溶期地表水系发育特征

根据所恢复的加里东中期第一幕的古岩溶地貌特征（一间房组岩溶期）及古地貌形态及岩溶沟谷展布的特点，构建哈拉哈塘地区一间房组岩溶期地表水系，其分布特征如图2-8所示，地表水系主要可划分为4个地表水子系统，自西向东分别为：

（1）沿 XK6—XK601—XK901—RP14—RP501—RP5 井一带发育的地表水系；

（2）沿 XK4—XK403—XK8HC—RP1101—RP12—RP301 井一带发育的地表水系；

（3）沿 HA803—HA601—13—HA602（支流 HA121C—HA122H—HA6027）—RP13—RP7004 井（支流 RP7—RP702—RP7004）一带发育的地表水系；

（4）沿 HA7-2—HA7-10H—HA7-3—HA6015—HA6013—HA9-6（支流 HA901H—HA9-7—HA9-6）—HA902-2—RP401—RP4—RP901 井一带发育的地表水系。

各水系均自北向南延伸径流，支河流较多，河流弯曲程度大、河道较窄，多呈"V"字形，切深程度较小，河流连续性较差，水系多与岩溶洼地或岩溶湖相通，体现古岩溶地貌地势平坦、地形起伏较小，地下水位较浅、水力坡度较小、水径流相对缓慢，因而岩溶作用主要位于地下水面附近及上方，岩溶缝洞规模较小，岩溶管道系统不发育。

2.3.1.2 良里塔格组岩溶期地表水系发育特征

根据所恢复的加里东中期第二幕的古岩溶地貌特征（良里塔格组岩溶期）及古地貌形态及岩溶沟谷展布的特点，构建哈拉哈塘地区良里塔格组岩溶期地表水系，其分布特征如图2-9所示，地表水系主要可划分为6个地表水子系统，自西向东分别为：

（1）沿 XK7 井西侧发育的地表水系；

（2）沿 XK602—XK601—XK14 井一带发育的地表水系；

（3）沿 XK4—XK403—XK9—RP10—RP1 井一带发育的地表水系；

（4）沿 XK402c—XK8-1—RP6（HA13-2—HA13-6—RP6）—RP302 井一带发育的地表水系；

（5）沿 HA8—HA122H—HA602（HA803—HA603—HA602）与（HA701—HA601—HA601-20井）—RP402 井一带发育的地表水系；

（6）沿 HA7—HA9 井一带发育的地表水系。

各水系均具有自北向南或南偏东方向径流汇入古海洋的特点，各水系北部多弯曲状，河床相对宽阔，支流较多，河床地势平坦，水力坡度相对较小；各水系南部多呈线状，河床相对较窄，未见明显支流汇入。

2.3.1.3 前志留纪岩溶期地表水系发育特征

根据所恢复的前志留纪古岩溶地貌特征，哈拉哈塘地区前志留纪古风化壳整体表现为轮南低凸起向西倾没的斜坡，地势自北东向南西方向倾斜，奥陶系桑塔木组、良里塔格组、吐木休克组由南向北方向依次削蚀尖灭。根据古地形、地势特征及鼻状山梁、岩溶沟谷（槽）、岩溶洼地在平面上的分布和相互之间的配置关系，构建哈拉哈塘地区前志留纪古风化壳地表水系（图2-10），自西向东划分为6条地表水系：

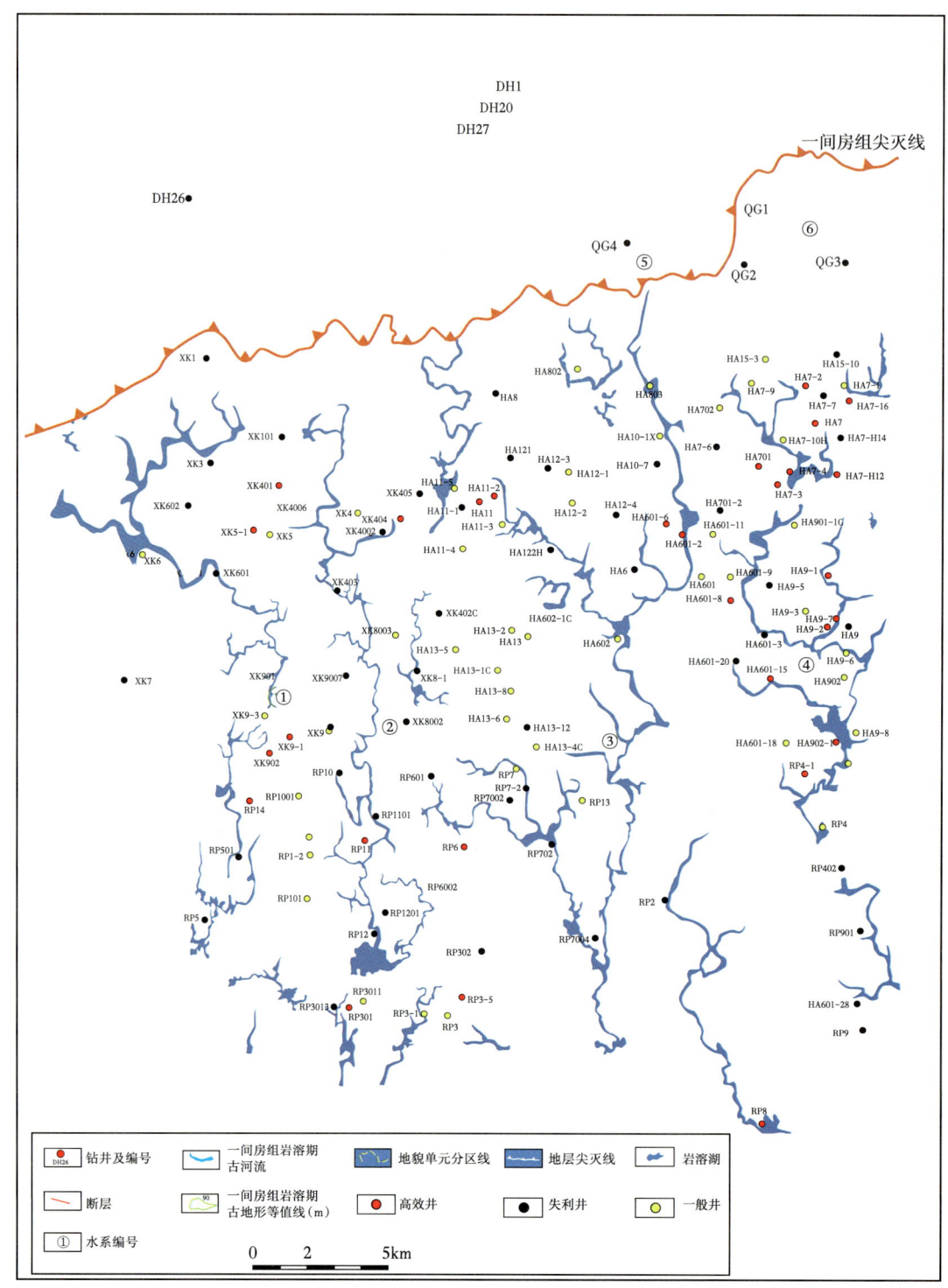

图 2-8　一间房组岩溶期古岩溶流域特征图

2 不同岩溶期古岩溶地貌与古水动力特征

图2-9　良里塔格组岩溶期古岩溶流域特征图

（1）XK1—XK3井一线以西发育的地表水系，北东—南西方向延伸，向南西方向径流，河谷宽畅；

（2）XK1—XK3井一线发育的地表水系，近南北方向延伸，向南方向径流；

（3）沿XK1—XK401井发育的地表水系，近南北方向延伸，向南部方向径流；

（4）沿DH27—HA8井发育的地表水系，水系切深较大（可能与良里塔格组岩溶期有关），近南北方向延伸，向南部方向径流；

（5）沿HA802-1井北东部发育的地表水系，近北北东—南南西方向延伸，向南南西方向径流；

（6）沿QG1—HA15-2井发育的地表水系，水系切深较浅，近北北东—南南西方向延伸，向南南西方向径流。

39

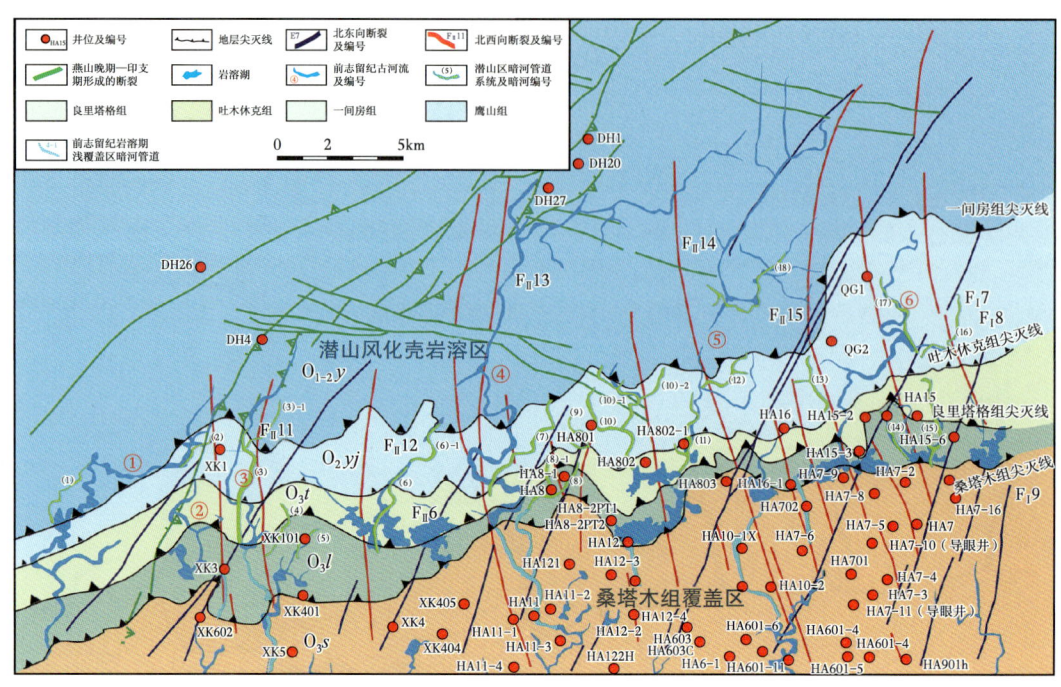

图 2-10　前志留纪岩溶期潜山风化壳古岩溶流域特征图

2.3.2　不同岩溶期次古水动力条件分析

2.3.2.1　良里塔格组岩溶期古水动力条件分析

（1）潜山岩溶区。

潜山岩溶区属良里塔格组岩溶期岩溶流域补给区，受南部吐木休克组弱岩溶层组的影响，沿吐木休克组弱岩溶层组附近也可能形成了一系列岩溶湖或深切的河谷（切穿吐木休克组，出露一间房组），深切河谷或岩溶湖构成岩溶台地下水的局部排泄基准，但良里塔格组岩溶期岩溶流域排泄区位于南部 RP3—RP8 井一带区域，造成岩溶台地区的岩溶作用方式较为复杂：浅部岩溶作用以垂向渗滤溶蚀作用为主，此时期形成的岩溶洼地相对较深，受深切河谷的影响，浅部岩溶作用也可能形成一系列岩溶管道系统；下部岩溶地下水受吐木休克组弱岩溶层组的影响，岩溶地下水向下潜流顺层（沿一间房组或鹰山组）或断裂向南部排泄区径流排泄，从而形成较为发育的层间岩溶缝洞。

（2）层间岩溶区。

根据水系刻画，自西向东可发育 6 个地表水系，地表水系均自北向南径流汇入古海洋，古水系深切，把良里塔格组岩溶地貌分割成 4 个近南北延伸的垄岗地貌区，每个地貌区具有自分水岭地带向两侧河谷排泄特征，受下伏吐木休克组弱岩溶层组的影响，地表降水难以入渗径流至一间房组，因而岩溶作用主要位于良里塔格组碳酸盐岩，只有河床切深至一间房组的河段，接受潜山岩溶区岩溶地下水径流排泄，对一间房组岩溶缝洞的形成具有明显的控制作用。总体而言，不同地表水系统，由于河流流经地质条件及河流切深程度不同，其对碳酸盐岩的岩溶作用的水动力条件具有一定的差异：

①沿XK7井西侧发育的地表水系：水系自XK6井西侧向南延伸，在XK7井附近有3条支流，河流延伸长度约15km，水力坡度1%~1.3%，河流自北向南径流，于层间岩溶—断裂控储区汇入海盆。河流位于层间岩溶—台缘叠加区，河床呈"V"字形，河谷相对较宽50~100m，河流切深为30~50m，此区出露的碳酸盐岩为良里塔格组一段、二段碳酸盐岩，河流切深较浅，是两侧岩溶地貌地下水径流排泄通道，因而岩溶作用主要位于良里塔格组一段、二段碳酸盐岩。

②沿XK602—XK601—RP14井一带发育的地表水系：水系自XK602井向南延伸，河流延伸长度约25km，水力坡度0.5%~1.0%，河流自北向南径流，于RP501井附近汇入海盆。河流北段位于层间岩溶—改造区，河谷呈"U"字形，河谷相对较宽50~200m，河谷切深为40~60m，出露的碳酸盐岩为良里塔格组1段及吐木休克组碳酸盐岩，河流切深较大，部分河段已切穿良里塔格组，距一间房组较近，河流深切是两侧岩溶地貌地下水径流排泄通道，是良里塔格组碳酸盐岩岩溶发育的水动力条件，同时因吐木休克组地层较薄，在断裂影响下，潜山岩溶区岩溶地下水沿一间房组径流，沿断裂在此河段排泄，从而造成一间房组岩溶缝洞较为发育。河流南段位于层间岩溶—台缘叠加区，河谷呈"V"字形，河床宽度30~50m，河流切深为20~30m，此区出露的碳酸盐岩为良里塔格组一段、二段碳酸盐岩，河流切深较浅，是两侧岩溶地貌地下水径流排泄通道，因而岩溶作用主要位于良里塔格组一段、二段碳酸盐岩。

③沿XK4—XK403—XK9—RP10—RP1井一带发育的地表水系：水系自新垦401（新垦404井）井向南延伸，河流延伸长度约23km，水力坡度0.5%~0.8%，河流自北向南径流，于热普1井南侧汇入海盆。河流北段位于层间岩溶—改造区，呈"U"字形，河谷相对较宽50~300m，河流切深为40~80m，河流，出露的碳酸盐岩为良里塔格组一段及吐木休克组碳酸盐岩，河流切深较大，部分河段已切穿良里塔格组、吐木休克组。河流深切是两侧岩溶地貌地下水径流排泄通道，是良里塔格组碳酸盐岩岩溶发育的水动力条件。河流切至一间房组，使潜山岩溶区岩溶地下水径流得以排泄，从而造成一间房组岩溶缝洞较为发育。河流南段河谷呈"V"字形，河床宽度20~50m，河流切深为30~40m，河流位于层间岩溶—台缘叠加区，此区出露的碳酸盐岩为良里塔格组一段、二段碳酸盐岩，河流切深较浅，是两侧岩溶地貌地下水径流排泄通道，因而岩溶作用主要位于良里塔格组一段、二段碳酸盐岩。

④沿XK402c—XK8-1—RP6（HA13-2—HA13-6—RP6）—RP302井一带发育的地表水系：水系自XK402c井向南南东延伸，在RP6井附近有1条支流，主河流延伸长度约18km、支流延伸长度15km，水力坡度1.0%~1.2%，河流自北向南南东径流，于RP302附近汇入海盆。河流位于层间岩溶—台缘叠加区，河床呈"V"字形，河谷宽度30~50m，河流切深为20~30m，此区出露的碳酸盐岩为良里塔格组一段、二段碳酸盐岩，河流切深较浅，是两侧岩溶地貌地下水径流排泄通道，岩溶作用主要位于良里塔格组一段、二段碳酸盐岩。

⑤沿HA8—HA122H—HA602（HA803—HA603—HA602）与（HA701—HA601—HA601—20井）—RP402井一带发育的地表水系：水系自HA8井沿HA122H—HA602—RP402井向南东方向延伸，河流延伸长度约37km，水力坡度0.5%~1.0%，河流自北向南东径流，

于 RP402 井南侧汇入海盆。主河流北部与潜山岩溶区沿 DH27—HA8 井发育的地表水系相连，发育良里塔格组岩溶期属同一水系。主河流东侧发育 3 条支流：沿 HA803—HA603—HA602 井一带发育的支流，自 HA803 井向南西方向发育，于 HA602 井附近汇入主河流，延伸长度约 11km；沿 HA701—HA601—HA601—20 井一带发育的支流，自哈 701 井向南方向发育，于哈 601—20 井南侧汇入主河流，延伸长度约 15km；沿 HA901-10c—HA601-15—HA601-20 井一带发育的支流，自 HA901-10c 井向南方向发育，于 HA601—22 井南侧汇入主河流，延伸长度约 13km。

主河流北段、HA803—HA603—HA602 井发育的支流及沿 HA701—HA601—HA601—20 井一带发育的支流位于层间岩溶—顺层改造区，呈"U"字形，河谷相对较宽 50~500m，河流切深为 30~60m，出露的碳酸盐岩为良里塔格组 1 段及吐木休克组碳酸盐岩，河流切深较大，部分河段已切穿良里塔格组、吐木休克组至一间房组。河流深切是两侧岩溶地貌地下水径流排泄通道，是良里塔格组碳酸盐岩岩溶发育的水动力条件；河流切至一间房组，使潜山岩溶区岩溶地下水径流得以排泄，从而造成一间房组岩溶缝洞较为发育。主河流南段、沿 HA901-10c—HA601-15—HA601-20 井发育的支流，河谷部分河段呈"V"字形、部分河段呈"U"字形，河床宽度 50~1000m，河流切深为 20~50m，河流位于层间岩溶—台缘叠加区，此区出露的碳酸盐岩为良里塔格组一段、二段及三段碳酸盐岩，河流切深较浅（局部切深至良里塔格组三段），是两侧岩溶地貌地下水径流排泄通道，因而岩溶作用主要位于良里塔格组一段、二段、三段碳酸盐岩。

⑥沿 HA7—HA9 井一带发育的地表水系：水系自 HA7 井向南南东方向延伸，河流延伸长度约 16km，水力坡度 0.5%~0.8%，河流自北向南南东径流，于 HA9 井东南侧流出研究区。河流位于层间岩溶—改造区，呈"U"字形，河谷宽度 50~80m，河流切深为 30~60m，河流，出露的碳酸盐岩为良里塔格组一段及吐木休克组碳酸盐岩，河流切深较大，部分河段已切穿良里塔格组、吐木休克组至一间房组。河流深切是两侧岩溶地貌地下水径流排泄通道，是良里塔格组碳酸盐岩岩溶发育的水动力条件；河流切至一间房组，使潜山岩溶区岩溶地下水径流得以排泄，从而造成一间房组岩溶缝洞较为发育。

2.3.2.2 前志留纪岩溶期古水动力条件分析

根据前志留纪潜山风化壳岩溶地貌特征，前志留纪岩溶面地势平坦、地形起伏较小，受南部桑塔木组碎屑岩阻隔的作用，沿碳酸盐岩与碎屑岩边界附近形成了一系列岩溶湖，构成潜山岩溶区岩溶地下水的排泄基准，由于岩溶湖、古水系与潜山岩溶地貌相对高差为 30~50m，因而此时期岩溶作用主要位于浅部 50~60m 范围（即岩溶作用主要作用于地下水面附近及上方），可见此时期浅部岩溶缝洞比较发育，水动力条件特征如下：

（1）沿 XK1 井及西侧发育的地表水系，水系明显，水系自北东向南西方向径流，流域面积超 60km^2，河流长约 20km，河床平坦，下游段河床相对宽阔，河床具有一定切割深度（30~50m）。河流流经鹰山组、一间房组、吐木休克组、良里塔格组碳酸盐岩，是奥陶系碳酸盐岩岩溶作用的水动力条件。受南部奥陶系桑塔木组碎屑岩阻隔影响，岩溶地下水主要向河谷方向径流，构成微丘丛洼地、微丘丛槽谷、岩溶谷地等 3 类地貌单元岩溶地下水的排泄基准，岩溶作用浅部以垂向渗滤溶蚀作用为主，下部以径流溶蚀作用为主，造成浅部岩溶缝洞发育，沿岩溶谷地或岩溶槽谷局部形成岩溶管道系统。

（2）沿XK1—XK3井一线发育的地表水系，近南北方向延伸，向南方向径流，汇入新3井西侧的岩溶湖；沿XK3—XK101井及北侧发育的地表水系，水系自北向南方向径流，汇入XK401、XK3井一带的岩溶湖，然后通过潜流或地下河向南部径流。这两个地表水系河床平坦，相对较窄，切割较浅（<10m），未能形成岩溶地下水排泄基准，其南侧岩溶湖与岩溶地貌相对高差20~30m，属此区域地下水汇流点，然后通过潜流或地下河向南部径流。

（3）沿XK405井北部、HA8井西侧发育的地表水系，水系北段自北东向西南方向径流，支流较多，河床相对较窄，河床切割较浅（<10m）；水系南段自北向南径流，河床相对宽阔，河床具有一定切割深度（30~60m），河流弯曲，河床地势平坦；水系在HA8井成伏流或汇入XK3、XK405井北侧的岩溶湖，然后通过潜流或地下河向南部径流。此水系切深较大，构成岩溶地下水排泄基准。

（4）沿QG1井西侧及HA802井一带发育的地表水系，水系自北东向西南方向径流，支流较多，河床相对较窄，河床切割较浅（<15m），水系在HA802、HA12井附近汇入岩溶湖，然后通过潜流或地下河向南部径流。

（5）沿QG1—HA7-9井一带发育的地表水系，水系自北东向西南方向径流，支流较多，河床相对较窄，河床切割较浅（<10m），水系在HA7-9、HA15-3井附近汇入岩溶湖，然后通过潜流或地下河向南部径流。

2.3.3 不同岩溶期次古水动力条件演变及对岩溶作用的影响

根据不同期次岩溶面的古水系恢复与图层叠加分析，不同岩溶期次古水系的发育程度、发育特征可体现古岩溶面的构造演变特征及古水动力条件的演变（图2-11）。

一间房组岩溶面自西向东发育4条水系：（1）沿XK6—XK601—XK901—RP14—RP501—RP5井一带发育的地表水系；（2）沿XK4—XK403—XK8HC—RP1101—RP12—RP301井一带发育的地表水系；（3）沿HA803—HA601-13—HA602（支流HA121C—HA122H—HA6027）—RP13—RP7004井（支流RP7—RP702—RP7004）一带发育的地表水系；（4）沿HA7-2—HA7-10H—HA7-3—HA6015—HA6013—HA9-6（支流HA901H—HA9-7—HA9-6）—HA902-2—RP401—RP4—RP901井一带发育的地表水系。各水系均自北向南延伸径流，支河流较多，河流弯曲程度大、河道较窄，多呈"V"字形，切深程度较小，河流连续性较差，水系多与岩溶洼地或岩溶湖相通，体现古岩溶地貌地势平坦、地形起伏较小、地下水位较浅、水力坡度较小、水径流相对缓慢，因而岩溶作用主要位于地下水面附近及上方，岩溶缝洞规模较小，岩溶管道系统不发育。

良里塔格组岩溶面，自西向东发育6个地表水系。各水系均具有自北向南或南偏东方向径流汇入古海洋的特点。各水系北部一般位于层间岩溶—顺层改造区，河流多弯曲状，支流较多，河床相对宽阔，支流较多，河床地势平坦，水力坡度相对较小，各水系均发育于奥陶系良里塔格组碳酸盐岩中，各水系北部切深较大，部分河段河床已切深至一间房组碳酸盐岩：如③、④号水系在XK4—XK403井、HA122H—HA602井河段河床已切深至一间房组碳酸盐岩，形成潜山岩溶区岩溶地下水局部径流排泄基准，是一间房组岩溶缝洞形成的水动力条件。南部水系河床相对较窄，未见明显支流汇入，切深相对较浅，一般切深至良里塔格组一段、二段碳酸盐岩，受下伏吐木休克组弱岩溶层组的影响，古水系构成河间地段岩溶水相对排泄基准，岩溶作用主要位于良里塔格组浅部。

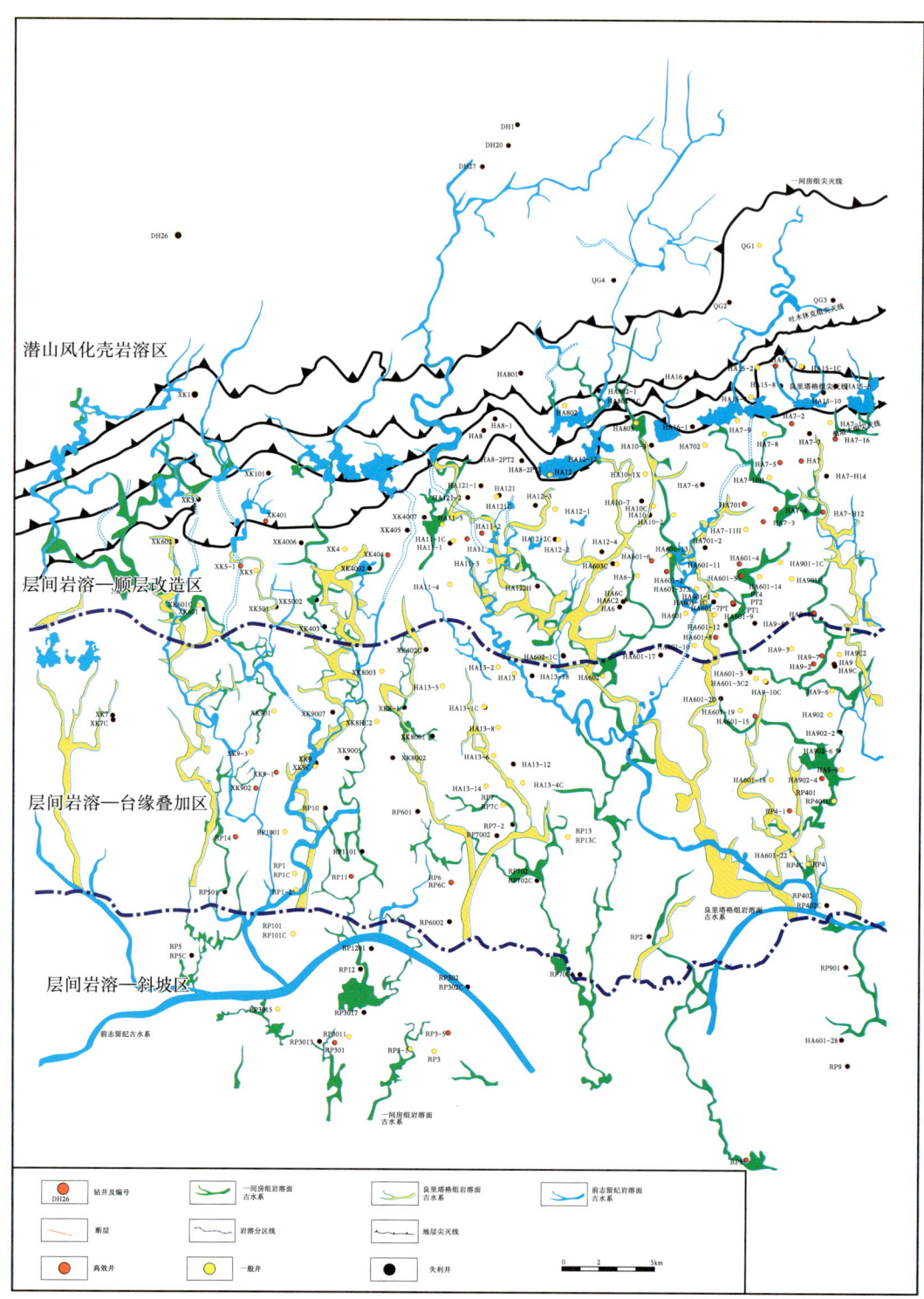

图 2-11 哈拉哈塘地区不同岩溶期古水动力演化特征图

前志留纪潜山岩溶区，自西向东发育6条地表水系。前志留纪岩溶面地势平坦、地形起伏较小，受南部桑塔木组碎屑岩阻隔的作用，沿碳酸盐岩与碎屑岩边界附近形成了一系列岩溶湖及古水系，构成潜山岩溶区岩溶地下水的排泄基准，由于岩溶湖、古水系与潜山岩溶地貌相对高差为30~50m，因而此时期岩溶作用主要位于浅部50~60m范围。

前志留纪奥陶系桑塔木组碎屑岩覆盖区，属丘陵地貌区。自西向东发育3条地表水系：（1）沿XK602—XK601—XK9-3—RP14井发育的地表水系，接受潜山岩溶区②号地表径流补给；（2）沿XK5—XK9—RP1井发育的地表水系，接受潜山岩溶区③号地表径流补给；（3）沿HA121-2—HA13—HA602井（支流HA7-9—HA601-13—HA601-10井）—RP4井发育的地表水系，接受潜山岩溶区④、⑤、⑥号地表径流补给）。各水系均具有自北西向南东径流汇入沿RP5C—RP302C—RP4C发育的主河流的特点，各水系切深较浅，且桑塔木覆盖区碎屑岩厚度较大，未能形成潜山岩溶地下水排泄口，因而南部地表水系统对奥陶系碳酸盐岩岩溶作用影响较小。仅在层间岩溶—顺层改造区，由于覆盖层厚度较小，河流可能切穿桑塔木组切至良里塔格组，形成良里塔格组岩溶水的排泄通道，对良里塔格组岩溶缝洞发育具有一定的水动力条件。

对比不同期次岩溶面古水系分布与发育特点，各期次古水系均具有自北向南或南东方向发育、径流排泄特点，发育虽经历了多期次岩溶作用，但哈拉哈塘地区各期次古岩溶趋势面自北向南或南东方向倾斜，反映构造以抬升、沉降为主，岩溶作用途径、作用方向无明显的变化。

一间房组、良里塔格组岩溶期，潜山岩溶区属古岩溶流域补给区，南部属区域排泄区。但一间房组岩溶面地势平缓，岩溶地貌以丘丛洼地为主，水力坡度较小，地下水径流缓坡，岩溶作用主要位于浅部。

良里塔格组岩溶面南北地势相差较大，区域水动力条件较强，但受吐木休克组弱岩溶层组的影响，潜山岩溶区岩溶地下水主要通过潜流顺一间房组或鹰山组向南部径流排泄，局部在河流切深至一间房组的河段构成局部排泄，造成层间岩溶缝洞的发育。

由于受吐木休克组弱岩溶层组的影响，顺层径流的岩溶地下水与上部古地貌无明显的联系，主要受断裂及区域地势的控制，断裂构成岩溶地下水集中径流带通道，因而沿断裂岩溶缝洞比较发育。根据断裂分布、良里塔格组岩溶区一间房组岩溶期区域地势及排泄区的特点，把良里塔格组岩溶期层间岩溶区岩溶地下水径流划分为3个集中径流带：Ⅰ号集中径流带，位于XK602—XK4井→RP301井一带；Ⅱ号集中径流带，位于HA11-1—HA601井→RP3井一带；Ⅲ号集中径流带，位于HA12—HA7井→RP4井一带，各集中径流带地下水径流方向具有自北西向南东方向径流的特点，沿北西断裂形成集中径流比较明显，因而沿北西向断裂，岩溶缝洞比较发育。

在良里塔格组尖灭线以南，发育的地表水系，除部分河段切深至一间房组碳酸盐岩外，大部分河段只切深至良里塔格组一段、二段，局部到三段，构成良里塔格组碳酸盐岩地下水的排泄通道，是良里塔格组碳酸盐岩岩溶缝洞发育的基础。

潜山岩溶区前志留纪岩溶期受周边桑塔木组碎屑岩阻隔，岩溶作用主要位于潜山岩溶区及周边浅覆盖区。桑塔木组尖灭线以南，地表水系虽比较发育，但由于桑塔木组覆盖层较厚，河流切深除尖灭线附近切至良里塔格组碳酸盐岩，对良里塔格组碳酸盐岩缝洞的形成具有水动力条件外，其余大部分区域均未切深至奥陶系碳酸盐岩，对奥陶系碳酸盐岩岩溶作用影响较小。

2.4 哈拉哈塘地区古岩溶地貌形成与演化

2.4.1 地层岩性对古岩溶地貌的影响

巨厚的海相碳酸盐岩地层为岩溶地貌发育提供了物质基础和空间，但由于所处沉积环境的不同，地层岩性差异较大，其可溶性也有较大的差异。一般来说，质纯层厚的碳酸盐岩分布区有利于形成溶蚀作用为主的岩溶地貌，而层薄及不溶物含量高的碳酸盐岩或可溶岩与非可溶岩间互分布的地区则有利于形成溶蚀—侵蚀地貌。

根据哈拉哈塘地区加里东期第一幕古剥蚀面（一间房组顶面剥蚀面）、加里东中期第二幕古剥蚀面（良里塔格组顶面剥蚀面）及潜山风化壳（奥陶系顶面剥蚀面）分析：

一间房组顶面剥蚀面分布地层主要为奥陶系一间房组碳酸盐岩，岩性主要为中厚层灰色、褐灰色亮晶砂屑灰岩、鲕粒灰岩、生屑灰岩、砂砾屑灰岩。因而岩溶地貌的形成主要以溶蚀作用为主。根据相关研究资料表明：塔河地区一间房组（O_2yj）与上覆恰尔巴克组（O_3q）间的沉积间断，缺失 2~3 个牙形刺带，造成本区间断时间为 1.5~2Ma，地层缺失 200~300m。可见加里东期第一幕沉积间断时间相对比较短，岩溶地貌仅显示初期特征，未发育至成熟的如峰丛洼地、峰丛谷地等岩溶地貌状态（南方现代岩溶地貌），岩溶地貌正、负地貌相对高差较小，呈微地貌特征，岩溶地貌以微丘洼地、局部丘峰洼地为主。岩溶缝洞仅发育于浅部 0~20m，主要为溶蚀裂缝或溶蚀孔洞，具规模的岩溶洞穴、岩溶管道较少。

良里塔格组顶面剥蚀面分布地层主要为奥陶系良里塔格组碳酸盐岩，岩性主要为浅绿灰色、灰白色、褐灰色混杂的瘤状灰岩、泥质灰岩，瘤体间为灰绿色泥质充填，岩溶作用条件相对较弱，岩溶地貌的形成以溶蚀作用为主。良里塔格组岩溶面地势相对高差较大，地形起伏也较大，岩溶地貌主要为丘峰洼地、丘丛洼地、丘丛垄脊沟谷、岩溶谷地、岩溶陡坡、丘丛谷地、岩溶盆地等 7 种古岩溶地貌类型。良里塔格组岩溶期地表水系发育，地表水系均自北向南径流汇入古海洋，古水系深切，把良里塔格组岩溶地貌分割成 4 个近南北延伸的垄岗地貌区，每个地貌区具有自分水岭地带向两侧河谷排泄特征，受下伏吐木休克组弱岩溶层组的影响，地表降水难以入渗径流至一间房组，因而岩溶作用主要位于良里塔格组碳酸盐岩。

潜山风化壳（奥陶系顶面剥蚀面）分布地层主要为：鹰山组"褐灰色砂屑灰岩段"（$O_{1-2}y_1$）岩性以褐灰色、浅褐灰色泥晶砂屑灰岩为主，夹亮晶砂屑、生屑、藻凝块灰岩、团块状泥晶灰岩、泥晶藻球粒灰岩；鹰山组"含云质砂屑灰岩段"（$O_{1-2}y_2$）岩性为泥晶、亮晶砂屑灰岩互层，中下部含白云质。鹰山组"褐灰色砂屑灰岩段"、鹰山组"含云质砂屑灰岩段"就岩性特征而言具有较好的岩溶作用条件。奥陶系良里塔格组、吐木休克组、一间房组、鹰山组在桑塔木组尖灭线以北，各地层均有不同程度剥蚀，志留系超覆或不整合于奥陶系之上，说明潜山岩溶区岩溶作用具有一定的周期。根据潜山区前志留纪古岩溶地貌特征，峰洼相对高差一般为 5~30m，局部达 40~50m，整体属微地貌形态，岩溶地貌主要为微丘洼地、微峰洼地、微丘丛谷地、岩溶谷地等，前志留纪古岩溶地貌属岩溶地貌形成演化过程中初期岩溶地貌特征，受南部良里塔格组、吐木休克组相对隔水层浅覆盖影响，潜山区岩溶地下水运移主要位于中浅部向南部运移，中上部岩溶缝洞比较发育（深度一般在奥陶系顶面下100m范围内），岩溶缝洞规模相对较小，局部发育岩溶管道系统。

2.4.2 构造在古地貌演化中的作用

构造运动使碳酸盐岩岩体发生破裂，是岩溶作用得以进行的先决条件。各种岩溶负形态（如洼地、消水洞、岩溶谷地或槽谷等）的发育主要与层间裂隙、构造裂隙（包括断层）有关。层间裂隙、构造裂隙（包括断层）密集发育和交会处是岩溶负形态形成的有利部位，背斜核部及转折端也是岩溶发育有利部位（洼地、消水洞分布较多）。构造运动对岩溶地貌的影响主要是通过断层、构造裂缝和褶皱来控制其发育。

（1）断裂（裂缝）对古岩溶地貌的控制。

断裂（裂缝）对不同期次岩溶地貌的控制表现在如下：

①大型断裂对区域地貌整体趋势的控制作用：哈拉哈塘地区断层发育，以北东—南西向、北北西—南南东向和近南北向的走滑断层为主，且平面多形成"X"形组合，断开寒武系至二叠系。其中北东—南西向断层为走滑断裂的主断层，延伸长度长，断距20~50m，可能与邻区二叠系的火山活动有关系，其他断层延伸范围一般为1~10km，断距不大。这些断裂形成于加里东末期—海西初期，对奥陶系碳酸盐岩溶蚀作用有较大的控制作用。但由于断层断距较小，对区域地势变化影响较小，断层两侧岩溶地貌差别不大，反映大型断裂对区域岩溶地貌影响相对较小。

②中小型断裂作用对沟谷的控制作用：区域大型断裂形成的同时常伴有中小型断裂活动，这种断裂对沟谷具有很好的控制作用。此类沟谷比较平直，两侧伴生大量裂缝和溶洞。根据恢复的古岩溶地貌图，可以清楚地观察到一间房组顶面、潜山风化壳区、良里塔格组顶面发育的水系与断裂具有明显的关系，地表水沿断裂形成的裂缝下渗，断裂控制了古岩溶微地貌的发育。

③裂缝的控制作用：裂缝是沟的最基本的形成条件，可谓"逢沟必裂"。另外，裂缝还是形成陡崖和峭壁的主要因素，裂缝发育带往往是破碎的沟谷和斜坡，而裂缝不太发育的地区往往成为山峰或山梁。"X"形节理成因沟就是在区域构造缝的控制下形成的。

（2）构造运动对古岩溶地貌的控制。

根据哈拉哈塘地区奥陶系分布情况及盖层特点，受加里东中、晚期区域不均衡的构造抬升，哈拉哈塘地区形成一大型南倾斜坡，在一间房组、良里塔格组碳酸盐岩形成剥蚀面，即岩溶地貌，根据一间房组剥蚀面、良里塔格组剥蚀面特征来看，一间房组、良里塔格组剥蚀量相对较小，反映岩溶地貌形成时间相对较短，属岩溶作用初期的岩溶地貌，因而岩溶地貌以微丘洼地为主。

早海西期受北西—南东向的挤压运动，在大斜坡的背景上形成了北东—南西向的轮南大型背斜，哈拉哈塘地区主体位于轮南大型背斜的西断裂控储区，地势平坦，岩溶作用周期较短，岩溶地貌以微地貌（微丘洼地）为主，地形相对高差较小；晚海西期和印支期由于持续挤压英买力低凸起形成，寒武系盐岩分布厚度则受挤压力隆起发育成英买地区的局部古构造带，哈拉哈塘地区地势坡降加大，良里塔格组岩溶期、前志留纪岩溶期造成局部河流深切，岩溶地貌以岩溶谷地、丘丛洼地为主；印支末期英买力低凸起与轮台凸起夹持着哈拉哈塘凹陷形成了与现今近似的基本构造格局；燕山和喜马拉雅期受库车坳陷整体沉降的影响，轮台低凸起—哈拉哈塘凹陷—英买力低凸起整体北倾，地层由正常沉积逐渐形成南高北低的沉积特征，形成了现今哈拉哈塘地区的构造格局。

2.4.3 水动力条件对古岩溶地貌的影响

水的溶蚀性能是岩溶作用得以进行的必要条件，而水的循环交替是溶蚀能力的决定因素；同时，水动力条件也决定了水流侵蚀能力。可见，水流是碳酸盐岩风化壳地貌形成的重要因素。

奥陶纪末开始，区域不均衡的构造抬升，哈拉哈塘地区形成一大型南倾斜坡，一间房组与良里塔格组碳酸盐岩在加里东中晚期处于剥蚀状态，但由于斜坡坡度相对较小，水力坡度不大，地表水流溶蚀和侵蚀能力相对较小，且由于裸露剥蚀时间相对较短，因而没有形成深度较大的槽谷与地形相对高差较大的峰丛洼地等岩溶地貌。从哈拉哈塘地区一间房组顶面、良里塔格组岩溶期古岩溶地貌分布特征来看，从补给区至排泄区，由于所处的古岩溶流域水动力条件的不同，岩溶作用强度及作用方式也不同，从而形成不同的岩溶地貌类型。地貌分布特点具有如下特征：补给区以微丘洼地、峰丘洼地为主；补给、径流区以丘峰洼地（或丘丛谷地）、微丘洼地等类型地貌为主；径流、排泄区则以岩溶平原等为主。

3 古岩溶特征与控制因素

哈拉哈塘地区奥陶系碳酸盐岩存在 3 次沉积间断，古岩溶发育演化主要经历了加里东中期Ⅰ幕岩溶（表生岩溶）、加里东中期Ⅱ幕岩溶（风化壳岩溶）、加里东中期Ⅲ幕岩溶（风化壳岩溶）和埋藏期层状岩溶等多期次岩溶作用过程。由于不同地貌单元处于不同的水动力条件，其岩溶作用方式（降水补给方式、地下水径流方式）、岩溶作用条件（水岩作用周期、岩溶作用强度）等也不同，因而不同期次岩溶所形成的岩溶缝洞发育特征具有明显差异。加里东中期表生岩溶发育于奥陶系中统一间房组，构造运动使沉积台地振荡抬升，地形高差较小，水循环深度较浅，在浅地表形成了小溶洞和溶蚀缝洞为主的顺层岩溶。加里东中期Ⅱ幕岩溶、加里东中期Ⅲ幕属早期裸露风化岩溶，主要发育于中下奥陶统鹰山组，并对一间房组表生岩溶进行了改造。构造运动使沉积台地大幅抬升，断裂构造十分发育，碳酸盐岩长时间广泛暴露地表，经受强烈剥蚀，发生了强烈岩溶作用，形成了规模较大的以岩溶洞穴和宽大溶缝为主的裸露风化岩溶、层间—断控岩溶。埋藏岩溶为奥陶系碳酸盐岩被不断埋藏后所产生的溶蚀和充填改造作用，志留纪后期构造运动使盆地不断沉降，早期岩溶以沉积充填为主。同时，深部热液作用形成了以层状分布为特征的溶蚀孔洞。

3.1 古岩溶区带划分

3.1.1 古岩溶区带划分依据

不同的岩溶古地貌形态，水动力条件不同，进而决定着岩溶缝洞发育规律及充填特征的差异性。根据不同岩溶期次厘定，哈拉哈塘地区岩溶缝洞主要形成于良里塔格组岩溶期，因而根据良里塔格组岩溶期古地貌形态、古水动力场特征、岩溶作用方式及岩溶缝洞形成主控因素对岩溶区带进行了划分（图3-1）。

桑塔木组尖灭线以北地区为潜山岩溶区；桑塔木组尖灭线以南地区至良里塔格组100m等厚线之间区域为层间岩溶—顺层改造区；良里塔格组 100m 等厚线至良里塔格组台缘坡折线之间的区域为层间岩溶—台缘叠加区；良里塔格组台缘坡折线以南地区为层间岩溶—断裂控储区。

3.1.2 古岩溶区带分区特征

潜山岩溶区：奥陶系桑塔木组尖灭线以北。桑塔木尖灭线以北桑塔木组碎屑岩被剥蚀殆尽，属奥陶系碳酸盐岩分布区，经历一间房组、良里塔格组及前志留纪岩溶期岩溶作用，为岩溶高部位，发育潜山风化壳岩溶，为哈拉哈塘地区古岩溶流域补给区。岩溶缝洞、地下河管道发育，岩溶垂向分带清楚，表层岩溶带和径流溶蚀带岩溶缝洞比较发育，地下河管道主要发育在径流溶蚀带，岩溶作用具有"古地貌＋古水动力条件"控制特征。

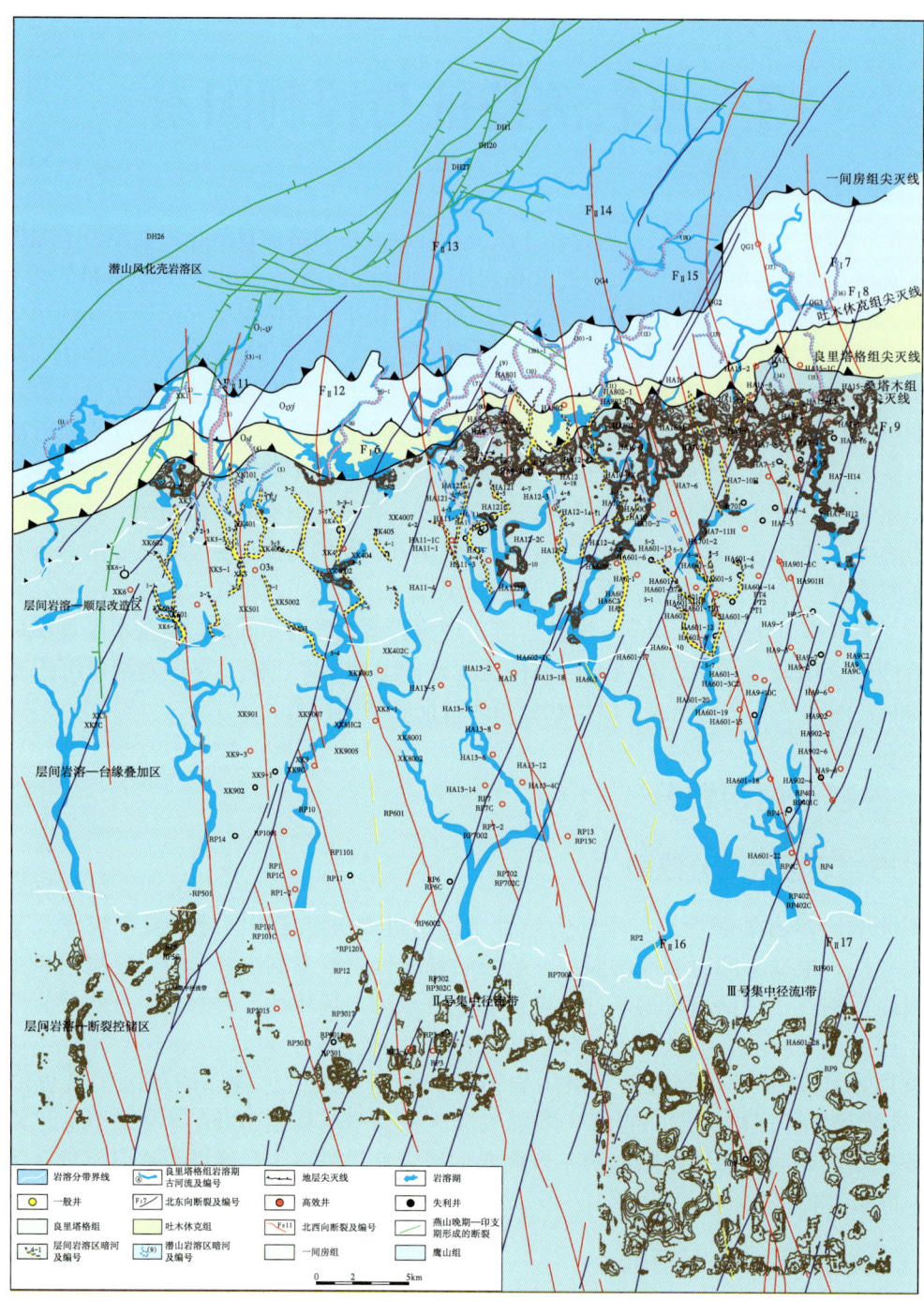

图 3-1 哈拉哈塘地区古岩溶区带划分图

层间岩溶—顺层改造区：奥陶系桑塔木组尖灭线以南属碎屑岩覆盖区，近风化壳岩溶区的覆盖区覆盖厚度较薄。良里塔格组岩溶期，受吐木休克组、良里塔格组岩溶层组控制，岩溶地下水主要沿一间房组碳酸盐岩顺层向南径流，但河流切深较大、部分河段切深至一间房组，一间房组出露区段多构成岩溶地下水径流局部排泄基准；前志留纪具有较多地表河流发育源头，部分河段切至良里塔格组碳酸盐岩。浅覆盖区岩溶储层受良里塔格组岩溶期、前志留纪岩溶期改造，前志留纪岩溶期地表河流发育源头及良里塔格组岩溶期地表河流在河流深切部位切至一间房组，使得一间房组碳酸盐岩出露，构成局部排泄基准，因而河流深切一间房组出露前端趋势线至桑塔木组尖灭线区块划分为层间岩溶—顺层改造区。层间岩溶缝洞、暗河管道系统发育，岩溶缝洞（暗河管道系统）形成与古河道深切至一间房组碳酸盐岩构成局部排泄具有明显关系，缝洞发育层位主要集中于一间房组，岩溶作用具有"层控+断控+集中径流带"特征。

层间岩溶—台缘叠加区：前志留纪地表河流发育源头及良里塔格组岩溶期地表河流切至一间房组出露前端趋势线至良里塔格组岩溶期岩溶盆地边界，划分为层间岩溶—台缘叠加区。良里塔格组岩溶期，良里塔格组碳酸盐岩地层厚度向南变厚，地表河流均未切至一间房组，受吐木休克岩溶层组控制，顺层改造区岩溶地下水向南部（台缘叠加区）运移主要沿一间房组、鹰山组层间面或沿断裂带集中径流向南部运移，岩溶储层主要顺层（一间房组、鹰山组）或沿断裂破碎带发育；近地表良里塔格组碳酸盐岩受淋滤岩溶作用影响，局部岩溶缝洞相对比较发育（良里塔格组三段），岩溶缝洞规模相对较小。前志留纪岩溶期，桑塔木组覆盖层较厚，潜山区岩溶地下水向南径流较弱，在台缘叠加区岩溶作用较弱。良里塔格组（O_3l）高部位发育缝洞集合体；一间房组、鹰山组大型缝洞体发育受断裂控制，局部发育岩溶管道系统，具有"层控+断控+集中径流带"特征。

层间岩溶—断裂控储区：岩溶盆地边界以南，位于哈拉哈塘凹陷的低部位，上覆盖层较薄、断裂发育。良里塔格组沉积时期，部分沿断裂附近良里塔格组碳酸盐岩地层被剥蚀，出露一间房组碳酸盐岩，断裂与地表沟通构成为古水系的排泄基准，沿断裂易形成排泄型岩溶缝洞。径流型、流出型暗河管道系统或缝洞体储层发育，主要位于一间房组，与断裂构成排泄具有明显关系，岩溶作用具有"断控+集中径流带"特征。此区由于与大气淡水的水力联系较弱，距离岩溶潜山大气降水补给区较远，上奥陶统完整的地层形成了较好的盖层，为该区岩溶储层的保存提供了保障，岩溶缝洞后期不易充填。据统计，该区一间房组发育的大缝大洞多为未充填，且放空漏失率较高。

3.2 潜山岩溶区古岩溶特征与控制因素

潜山风化壳岩溶区古岩溶发育必备条件分别是可溶岩石、具有溶解性的水及水必须是流动的。地下水的运动是潜山古岩溶发育的重要条件，地表水入渗至地下，形成集中径流带，以地下水的形成赋存并运移。地下水的运移过程受到运移通道差异影响，加之岩性差异，岩溶发育程度也表现出一定差异性。

3.2.1 典型井古岩溶特征

根据岩心观察、钻探、测井及成像测井等相关资料，潜山岩溶区钻井岩溶缝洞比较发育，典型井主要位于岩溶台地—微丘洼地地貌的不同微地貌个体（图3-2），由于钻井所处微地貌、水动力条件不同，岩溶缝洞发育特征具有一定差异，自西向东典型井古岩溶缝洞发育特征见表3-1。

表 3-1 哈拉哈塘潜山岩溶区古岩溶缝洞发育特征表

井号	补心海拔 (m)	奥陶系顶板深 (m)	一间房组顶板深 (m)	完井深度 (m)	岩溶缝洞系统发育特征					缝洞类型及充填特征	备注
					层位	缝洞发育深度 (m)		缝洞发育段厚度 (m)	距一间房组顶面深度 (m)		
						顶	底				
XK1	986.95	6636.0	6636.0	6820.0	O_2yj	6651.0	6666.5	15.5	15.0	溶蚀缝孔洞发育段，测井孔隙度2.5%，成像解释见裂缝17条	该井段属Ⅱ类裂缝孔洞型储层。中途试油：井段6647.36~6666.0m，6mm 油嘴，产油3.32m³，产水7.6m³。结论为差油层
					$O_{1-2}yj$	6740.0	6760.0	20.0	104.0	溶蚀缝孔洞发育段，测井孔隙度3.0%，成像解释见裂缝6条	该两井段均属Ⅱ类裂缝孔洞型储层。完井试油：井段6739.16~6820m，累计气举产水326.91m³，油压0.41~0.55MPa，属水层。
					$O_{1-2}y_1$	6787.0	6798.5	11.5	151.0	溶蚀缝孔洞发育段，测井孔隙度2.5%，成像解释见裂缝1条	中途试油：井段6647.36~6666.0m，6mm油嘴，累计产油4.28m³（0.9627g/cm³/20℃）。完井试油：井段6739.16~6820m，日产水204.54m³，密度1.19g/cm³，气举敞放
XK3	986.66	6706.6	6758.0/6679.34	6767/6688.34	O_2yj	6768.5	6770.0	1.5	10.5	溶蚀缝孔洞发育段	井深6762m发生漏失，至完钻井深6767m共计漏失180.49m³
					O_2y	6808.0	6812.0	4.0	0	溶蚀缝孔洞发育段	测井结果：孔隙度3.2%，裂缝孔隙度0.02%；属Ⅱ类孔洞型储层；综合解释：差油层
					O_2y	6823.0	6828.0	5.0	15.0	溶蚀缝孔洞发育段	测井结果：孔隙度3.0%，裂缝孔隙度0.016%；属Ⅱ类孔洞型储层；综合解释：差油层
					$O_{1-2}y_1$	6854.0	6856.0	2.0	46.0	溶蚀缝孔洞发育段	测井结果：孔隙度2.4%，裂缝孔隙度0.016%；属Ⅱ类孔洞型储层；综合解释：差油层
XK101	984.08	6767.2	6808.0	6862.3	$O_{1-2}y_1$	6862.5	6866.0	3.5	54.5	溶蚀缝孔洞发育段	测井结果：孔隙度0.181%；属Ⅱ类裂缝孔洞型储层；成像解释见裂缝6条，综合解释：水层；钻进至井深6850.80m，发生井漏，漏速10.6m³/h，累计漏失653.1m³

3 古岩溶特征与控制因素

续表

井号	补心海拔 (m)	奥陶系顶板深 (m)	一间房组顶板深 (m)	完井深度 (m)	层位	缝洞发育深度 (m)		缝洞发育段厚度 (m)	距一间房组顶面深度 (m)	缝洞类型及充填特征	备注
XK401	981.56	6736.4	6820.5	6844.0	O_2yj	6821.5	6826.0	4.5	1.0	溶蚀缝孔洞发育段	测井结果：孔隙度2.7%；属II类储层	试油（裸眼常规测试）：井段6733.00~6844.00m，套压27.34~27.39MPa，用4mm油嘴放喷排液，日产油145.44m³（0.8145g/cm³/20℃，0.7931g/cm³/50℃），含水0，累计产油255.8m³，日产气1837m³，累计产气34013m³，气比重0.795，无硫化氢
					O_2yj	6831.5	6835.0	3.5	11.0	溶蚀缝孔洞发育段	测井结果：孔隙度2.3%；属II类储层	
					O_2yj	6838.0	6844.0	6.0	17.5	溶洞发育段。其中6840~6844m为空洞（钻进放空）	测井结果：属I类洞穴型储层	
HA8	984.15	6649.2	6669.0	6679.0	O_3t	6658.0	6664.5	6.5		奥陶系顶部剥蚀溶蚀缝洞发育带，无-半充填	孔隙度32.6%，为I类洞穴型储层，综合解释：油层	①钻进至6653.5m发生井漏，6675~6677m放空，累计漏失量827m³，钻进至6679.0m，因发生溢流，立即关井（完井）；②中途测试：井段6643.33~6679.0m，前期使用5mm油嘴放喷，累计产油234.2m³，累计出水带油花，累计产水352.86m³10062m³；后期射孔酸压掺稀求产
					O_3t	6665.5	6669.0	4.5			孔隙度9.6%，为II类洞穴型储层，综合解释：油层	
					O_2yj	6669.0	6672.0	3.0	0	溶洞发育段	孔隙度18.2%，为I类洞穴型储层，综合解释：油层	
					O_2yj	6675.0	6677.0	2.0	6.0	溶洞（空洞），无充填		
HA801	983.33	6687.6/6665	6687.6/6665	6772/6748	$O_{1-2}y$	6767.0	6771.5	4.5	79.4	溶洞发育段测井：深侧向45Ω·m，浅侧向25Ω·m，为I类储层，综合结论为水层，干6771~6772m钻井漏失液111m³	试油：井段6682~6705m，射孔酸压掺稀求产，累计净产油11.15m³，累计净产油19.95m³，结论：含油水层	

53

续表

井号	补心海拔(m)	奥陶系顶板深(m)	一间房组顶板深(m)	完井深度(m)	岩溶缝洞系统发育特征					缝洞类型及充填特征	备注
					层位	缝洞发育深度 顶	缝洞发育深度 底	缝洞发育段厚度(m)	距一间房组顶面深度(m)		
HA802	980.83	6622.0	6639.0	6718.7/6718.12	O_2yj	6637.5	6649.5	12.0		溶蚀缝孔洞发育段	测井结果：孔隙度1.8%，裂隙孔隙度0.055%，成像解释见溶蚀孔及4条裂缝，属Ⅱ类裂缝孔洞型储层；综合解释：差油层
					$O_{1-2}y$	6679.0	6685.5	6.5	40.00	溶蚀缝孔洞发育段	测井结果：孔隙度2.5%，裂隙孔隙度0.024%，成像解释见溶蚀孔及1条裂缝，属Ⅱ类孔洞型储层；综合解释：差油层
					$O_{1-2}y$	6698.0	6705.0	7.0	59.00	溶蚀缝孔洞发育段	测井结果：孔隙度1.8%，裂隙孔隙度0.045%，成像解释见溶蚀孔及1条裂缝，属Ⅱ类裂缝孔洞型储层；综合解释：油层
					$O_{1-2}y$	6713.5	6716.5	3.0	74.50	溶蚀缝孔洞发育段	测井结果：孔隙度0.1%，裂隙孔隙度0.097%，属Ⅱ类裂缝型储层；综合解释：油层
					$O_{1-2}y$	6716.5	6718.7	2.2	77.50	溶洞发育段（未测井）钻进时漏失，累计漏失钻井液164.9m³	试油：井段6625.4~6650m，裸眼酸压测试，压16.530~15.735MPa，日产油50.71m³，(油嘴密度0.8850g/cm³)20℃，0.8661g/cm³/50℃，累计产油427.47m³，折日产气2360m³；综合解释：差油层
QG1	977.51	6646.8	6646.8	6727.0	$O_{1-2}y$	6682.0	6688.0	6.0	35.2	溶蚀孔洞发育段	测井结果：孔隙度2.3%，裂缝孔隙度0.001%，属Ⅱ类孔洞型储层；综合解释：差油层
					$O_{1-2}y$	6693.97	6695.51	1.54	47.17	溶洞、淀晶方解石全充填	岩心观察：岩心1(32/58)—1(42/58)见溶洞
					$O_{1-2}y$	6695.0	6698.5	3.5	48.2	溶蚀孔洞发育段	测井结果：孔隙度2.1%，属Ⅰ类孔洞穴型储层；综合解释：差油层
					$O_{1-2}y$	6705.5	6709.0	3.5	58.7	溶洞。无充填。钻进过程中发生放空	测井结果：孔隙度30%，属Ⅰ类孔洞型储层；综合解释：油层
					$O_{1-2}y$	6709.0	6713.0	4.0	62.2	溶蚀孔洞发育段	测井结果：孔隙度2.1%，属Ⅱ类孔洞型储层；综合解释：差油层
					$O_{1-2}y$	6713.0	6718.0	5.0	66.2	溶洞发育段	测井结果：孔隙度35%~70%，属Ⅰ类孔洞穴型储层；综合解释：油层
QG2	973.19	6635.0	6635.0	6776/6754.75	O_2yj	6637.0	6641.0	4.0	2.00	溶蚀孔洞发育段	测井结果：孔隙度2.6%，裂缝孔隙度0.001%，属Ⅱ类孔洞型储层；综合解释：差油层
					$O_{1-2}y$	6747.0	6751.5	4.5	112.00	溶蚀孔洞发育段	测井结果：孔隙度2.4%，裂缝孔隙度0.019%，属Ⅱ类孔洞型储层；综合解释：差油层

3 古岩溶特征与控制因素

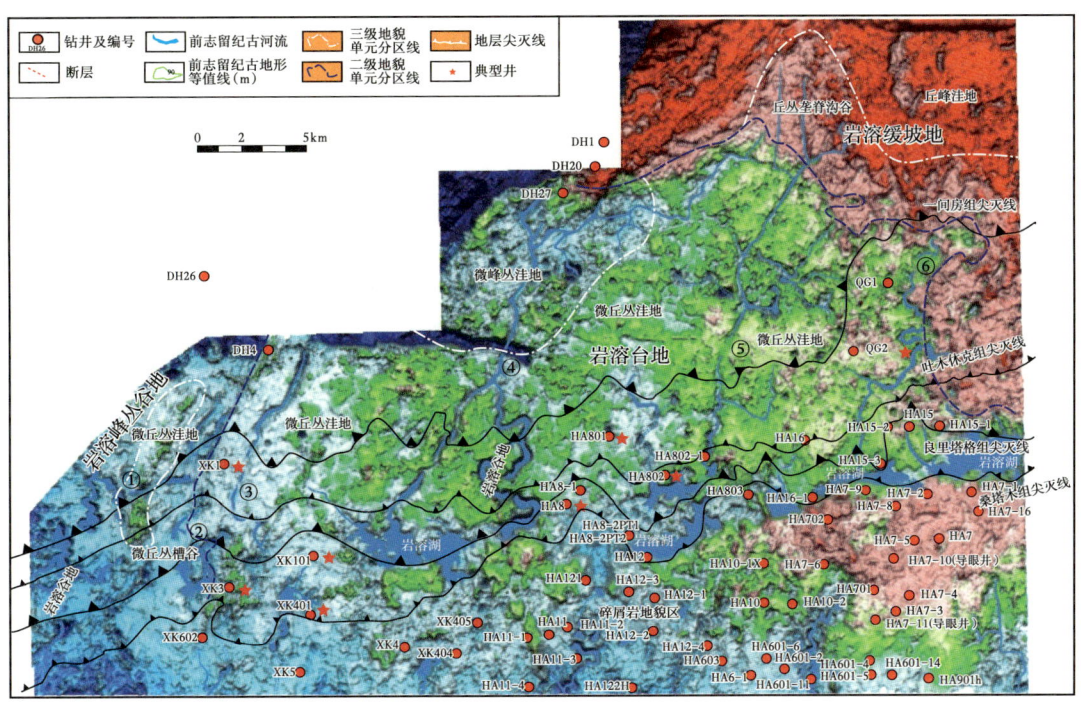

图3-2 潜山岩溶区典型井分布图

（1）XK1井古岩溶特征。

井深6642.0m进入奥陶系，揭露奥陶系深度为178.0m，奥陶系分别为奥陶系一间房组（O_2yj）和鹰山组（$O_{1-2}y$）。于6672.0m深处进入鹰山组（$O_{1-2}y$）。井深6651.0~6666.5m、6740.0~6760.0m、6787.0~6798.5m，为溶蚀裂缝孔洞发育段，成像测井解释裂缝发育；井深6721.7~6729.0m，为大缝发育段（图3-3）。此井前志留纪风化壳岩溶地貌处于岩溶台地—微溶丘洼地地貌单元，就岩溶发育条件而言，由于处于岩溶地貌台地边缘地带，地表补给、汇流条件有限，岩溶发育条件一般，岩溶以垂向溶蚀裂缝及溶蚀孔发为主。岩溶缝洞垂向具有分带性：岩性为灰色泥微晶灰岩，岩溶主要为溶蚀裂缝、溶蚀孔、溶洞，其中孔隙度0.5%~2.8%、渗透率0.014~1.585mD，属裂缝型及裂缝孔洞型岩溶储层；垂向渗滤溶蚀带，岩性为灰色微晶灰岩，局部微晶砂屑灰岩、亮晶砂屑灰岩，岩溶以垂向溶蚀裂缝为主，溶蚀孔洞不发育，基质孔隙度相对较小，溶蚀裂缝多为钙泥质全充填，岩溶储层性能较差；径流溶蚀带，岩性为灰色微晶灰岩，水平溶蚀微裂缝发育，溶蚀孔洞发育，局部发育缝合线，属孔洞型、裂缝孔洞型岩溶储层，储集性能较好；潜流溶蚀带，岩性以微晶灰岩，局部砂屑微晶灰岩、微晶砂屑灰岩为主，溶蚀裂缝、孔洞整体不发育，多被充填，仅在6785~6800m局部发育缝合线、构造微裂缝，较发育，属裂缝型岩溶储层，储集性能相对较差。

（2）XK3井古岩溶特征。

井深6706.6m进入奥陶系，完钻层位一间房组，揭露奥陶系厚度为60.4m。揭露奥陶系分别为良里塔格组（O_3l）、吐木休克组（O_3t）、一间房组（O_2yj），于6758.0m深处进入一间房组（O_2yj）。XK3井前志留纪风化壳岩溶地貌处于岩溶台地—微溶丘洼地边缘地带地貌单元，处于岩溶湖的上缘，为地表径流与排泄过渡地带，岩溶以溶蚀裂缝及溶蚀孔洞发育为主，少见溶洞发育（图3-4）。据测井资料，井深6757.5~6758.5m为溶蚀孔洞缝发育段，孔隙度1.4%，储层评价Ⅲ级；井深6762m发生漏失，至完钻井深6767m共计漏失180.49m³。岩溶缝洞垂向具有分带性：表层岩溶带，岩性为灰色含泥灰岩、泥质灰岩，风化壳为灰绿色泥岩，厚约0.5m，岩溶以垂直裂缝、溶蚀孔为主，属裂缝孔隙型岩溶储层；垂向渗滤溶蚀带，岩性为灰色含泥灰岩、泥质灰岩，岩溶以垂向溶蚀裂缝为主，溶蚀孔洞不发育，基质孔隙度相对较小，溶蚀裂缝多为钙泥质全充填，岩溶储层性能较差；径流溶蚀带，岩性为灰色含泥质灰岩，水平溶蚀裂缝发育，沿缝溶蚀孔洞发育，发育大型溶蚀洞穴，属岩溶洞穴型储层，储集性能相对较好。

（3）XK101井古岩溶特征。

XK101井前志留纪风化壳岩溶地貌处于岩溶台地—微溶丘洼地地貌单元，地表补给、汇流条件有限，岩溶发育条件一般，岩溶以垂向溶蚀裂缝及溶蚀孔洞发育为主。据测井资料，井深6808~6812m为溶蚀孔洞发育段，孔隙度3.2%，裂缝孔隙度0.02%，属Ⅱ类孔洞型储层。井深6823~6828m为溶蚀孔洞缝发育段，孔隙度3.0%，裂缝孔隙度0.016%。井深6854~6856m为溶蚀孔洞缝发育段。井深6850.8m发生井漏，漏速10.6m³/h，累计漏失653.1m³。

井深6862.5~6866.0m，成像解释见裂缝6条。据钻井分析，岩溶主要发育构造溶蚀缝及溶蚀孔、针状孔（图3-5a），高角度缝发育，方解石及黄铁矿全充填或者部分充填（图3-5b）。

（4）XK401井古岩溶特征。

一间房组（O_2yj）：井深6821.5~6826.0m，6831.5~6835.0m，为溶蚀孔洞缝发育段，属Ⅱ类储层。井深6838~6844m，为溶洞发育段。井深6833.7m漏失钻井液0.3m³、漏速56m³/h，累计漏失115.7m³。6840~6844m放空，属Ⅰ类洞穴型储层。在暗河刻画中有条地下暗河经过于此。

（5）HA8井古岩溶特征。

HA8井，井深6648m进入奥陶系、6668.5m进入一间房组，一间房组上覆奥陶系仅有吐木休克组。井深6658~6664.5m、6665.5~6669.0m、6669~6672mm属溶蚀孔洞、溶蚀裂缝发育段、无—半充填；井深6675.0 ~ 6677.0m（放空）属溶洞发育段。岩溶发育段位于奥陶系一间房组（图3-6），属加里东中期第一幕岩溶作用与加里东中期第二幕或加里东晚期深部潜流的岩溶作用叠加改造而成。

HA8井加里东中期第一幕（一间房组岩溶期），岩溶地貌位于岩溶台地—峰丘洼地地貌单元，属古岩溶流域补给区或区域分水岭地带。就岩溶发育条件而言，该类岩溶地貌类型区，局部汇水面积有限，地下水以垂直渗流为主，径流坡降校对较大，虽有利于丘丛、岩溶沟谷、洼地的形成，浅部岩溶发育，且岩溶空间不易被后期充填，但因降水滞留时间短，岩溶作用周期短，因而溶洞发育规模相对其它地带要小，岩溶以垂向溶蚀裂缝、溶孔为主，溶洞发育条件校对较弱。

加里东中期第二幕（良里塔格组岩溶期）或加里东晚期（前志留纪岩溶期），岩溶地貌位于岩溶台地—微丘洼地地貌单元，属古岩溶流域河间地带，大气降水以垂直渗流为主，受两期岩溶作用叠加改造，表层岩溶缝洞比较发育，岩溶以溶蚀裂缝、小规模溶蚀孔洞为主。

3 古岩溶特征与控制因素

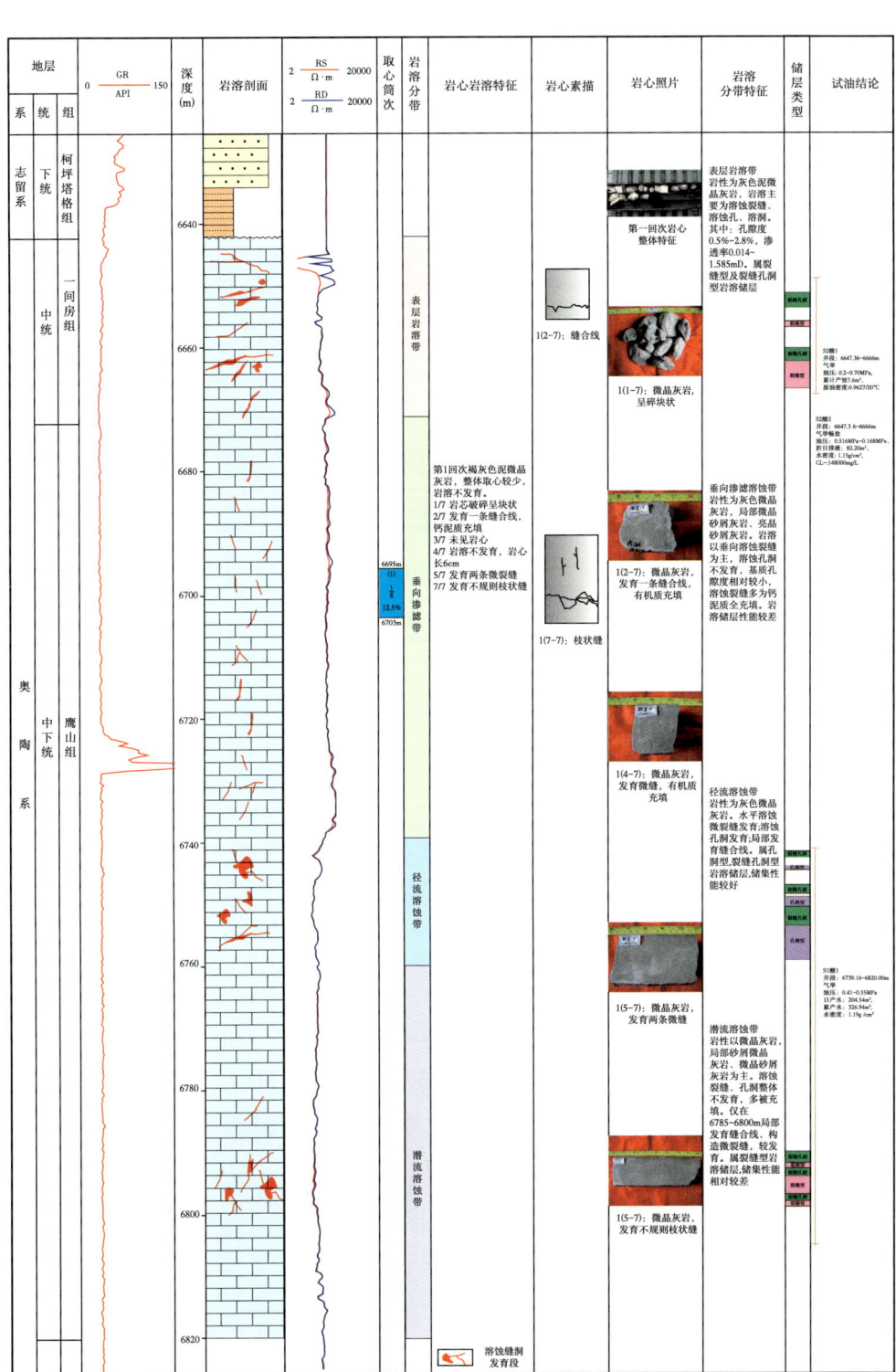

图 3-3　XK1 井奥陶系古岩溶结构剖面图

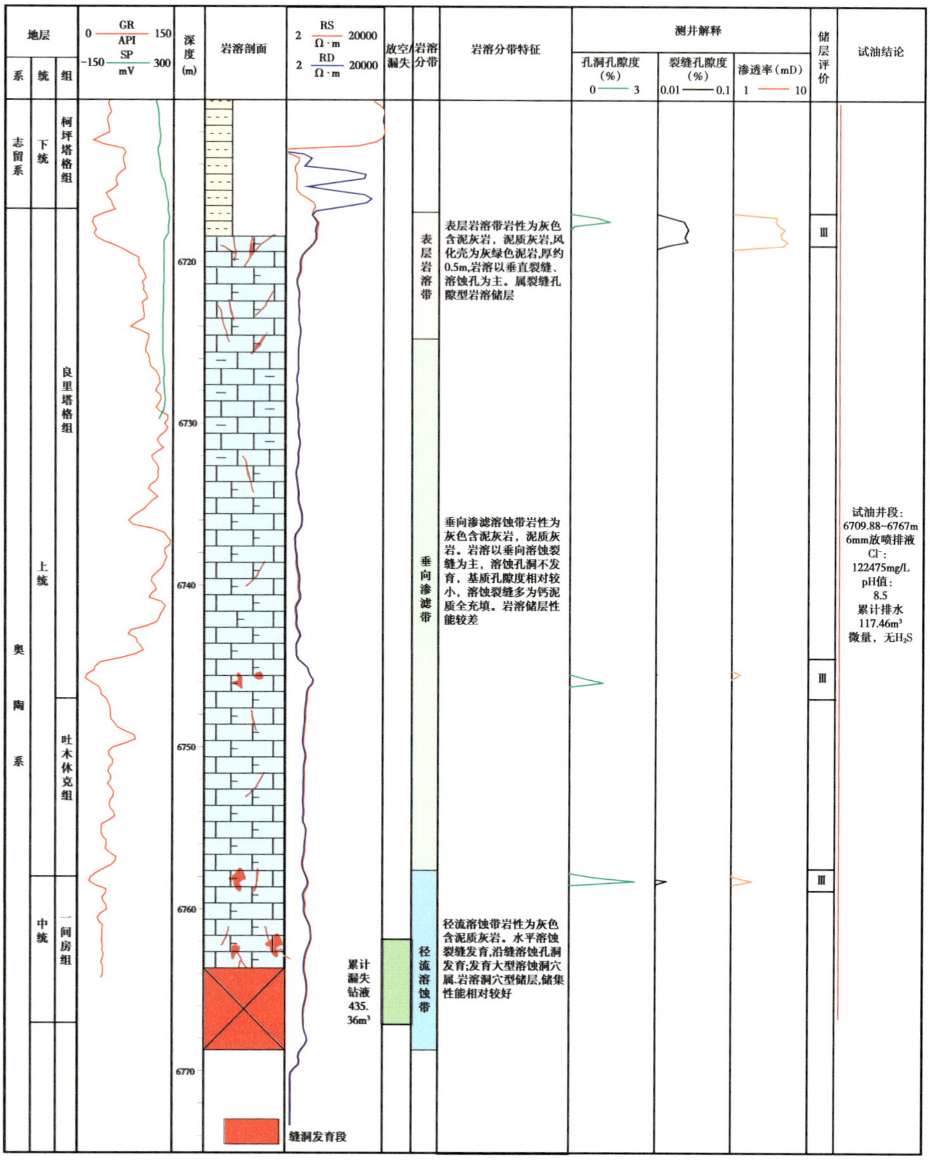

图 3-4　XK3 井奥陶系古岩溶结构剖面图

（a）针状溶蚀孔，方解石半充填

（b）构造溶蚀缝，方解石、黄铁矿全充填

图 3-5　XK3 井岩溶特征

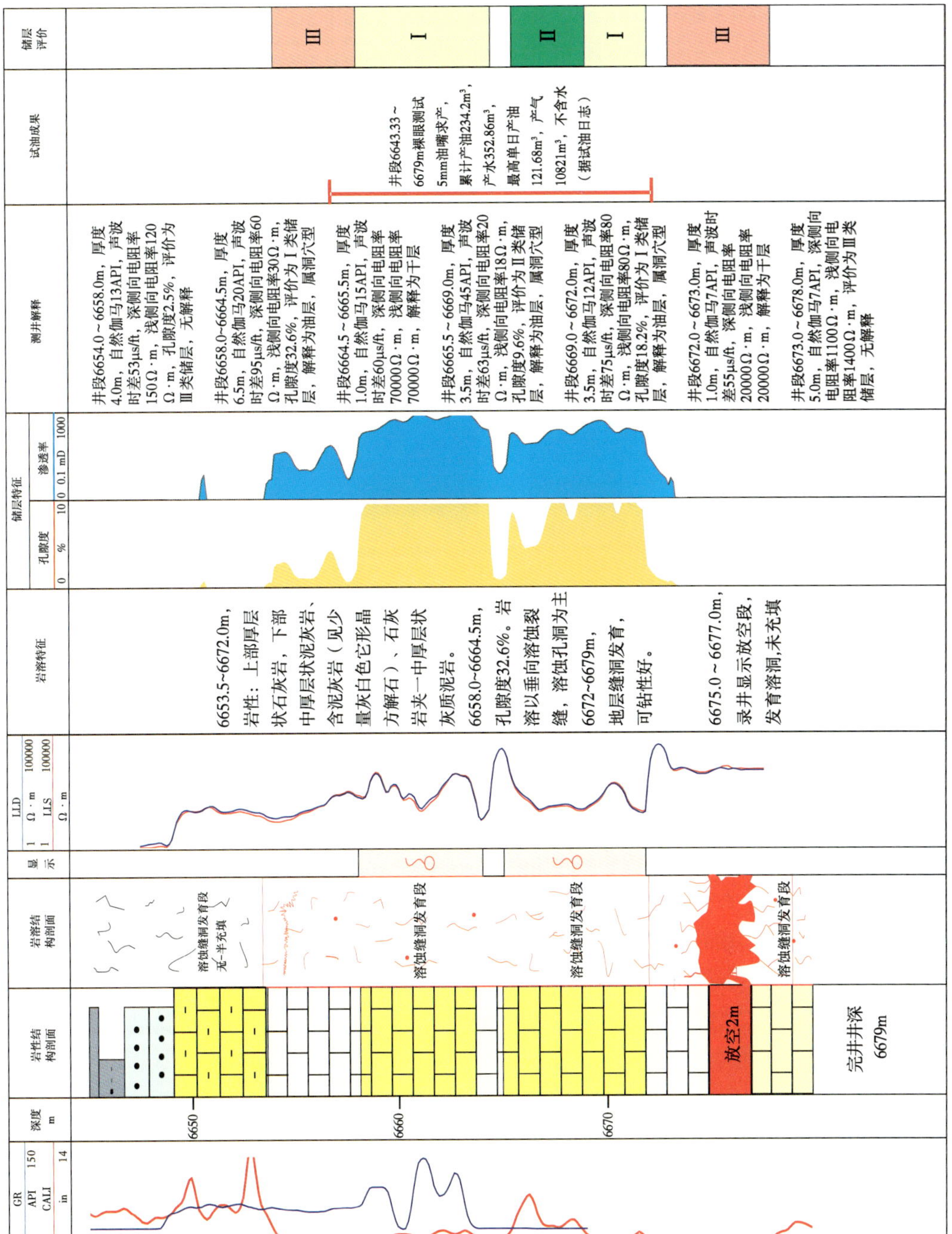

3 古岩溶特征与控制因素

图3-6 HA8井奥陶系古岩溶结构剖面图

（6）HA801井古岩溶特征。

HA801井位于岩溶台地—微丘丛洼地地貌单元，6729~6739m为取心段，属一间房组地层，岩溶作用较弱，发育硅质团块3~5处（图3-7a）；见少量高角度构造溶蚀缝为主，钙泥质充填缝壁，方解石二期全充填（图3-7b）；另发育构造微裂缝，黑色有机质浸染。

（a）硅质团块　　　　　　　　　　（b）垂向构造溶蚀，方解石两期充填

图3-7　HA801井古岩溶特征

（7）HA802井古岩溶特征。

6637.5~6649.5m溶蚀孔洞发育、溶蚀裂缝4条，储层级别为Ⅱ级，储层类型为裂缝孔洞型，综合解释为差油层；6679.0~6685.5m溶蚀孔洞发育，储层解释级别为Ⅱ级，储层类型为孔洞型储层，裂缝条数为1条；6698~6705m溶蚀孔洞发育、溶蚀裂缝发育1条，储层解释级别为Ⅱ级，储层评价为裂缝孔洞型；6713.5~6716.5m溶蚀孔发育、发育8条裂缝，储层解释级别为Ⅱ级，储层类型为裂缝型。6716.5~6718.7m发生井漏，累计漏失钻井液164.9m³，推测该处发育溶洞系统。

（8）QG1井古岩溶特征。

QG1井位岩溶台地—微丘丛洼地地貌单元，井深6682.0~6688.0m、6695~6698.5m、6709.0~6713.0m为溶蚀孔洞缝发育段，测井解释孔隙度2.3%，属Ⅱ类孔洞型储层，综合解释结论为差油层。

井深6693.97~6695.00m、6705.5~6709.0m、6713.0~6718.0m属Ⅰ类洞穴型储层，为溶洞发育段，淀晶方解石全充填。岩心岩溶以发育高角度缝、溶蚀孔洞为主，溶蚀孔径一般为0.5~1.5cm，多被方解石全充填，局部充填沥青，充填的方解石具后期溶蚀特征（图3-8）。

（9）QG2井古岩溶特征。

QG2井位于潜山风化壳区，属于岩溶台地—微丘丛洼地地貌单元。一间房组（O_2yj）：井深6637~6641m为溶蚀孔洞缝发育段，测井解释孔隙度2.6%，裂缝孔隙度0.001%，属Ⅱ类孔洞型储层，综合解释为差油层。鹰山组（$O_{1-2}y$）：井深6747.0~6751.5m为溶蚀孔洞发育段，测井解释孔隙度2.4%。裂缝孔隙度0.019%，属Ⅱ类孔洞型储层，综合解释为差油层。

（a）构造溶蚀缝，方解石充填

（b）垂向构造溶蚀缝，方解石充填

（c）构造溶缝，方解石全充填

（d）溶蚀缝缝面，方解石、干沥青充填

图 3-8　QG1 井古岩溶特征

3.2.2　古岩溶垂向分带特征

地下水的运动是岩溶发育的重要条件之一，从地表向地下深处，地下水的运动逐渐减缓；相应地，岩溶发育强度也逐渐减弱。尽管岩溶缝洞个体的发育规模差异巨大、空间结构十分复杂，但在层状岩性、水动力条件、构造等因素控制下，岩溶发育强度在垂向上具有一定规律性，表现为带状分布特征。

3.2.2.1　岩溶垂向分带理论

岩溶垂向分带是以岩溶水动力条件为基础，将同一类水动力条件下岩溶发育强度相近且在空间上互相连接的部分划分为同一个岩溶发育带，将不同水动力条件下岩溶发育强度差异较大的部分划分为另一个不同的岩溶发育带，即以岩溶发育相对较弱的层位为界划分岩溶垂向带。

根据岩溶缝洞发育强弱及地下水运动方式、岩溶作用方式，结合现代岩溶理论，将古岩溶剖面纵向上划分为表层岩溶带、垂向渗滤溶蚀带、径流溶蚀带、潜流溶蚀带（图 3-9）。每个带与带之间都有一个较为明显的岩溶欠发育层位，即岩溶化强度指标由大向小发生突变的面。

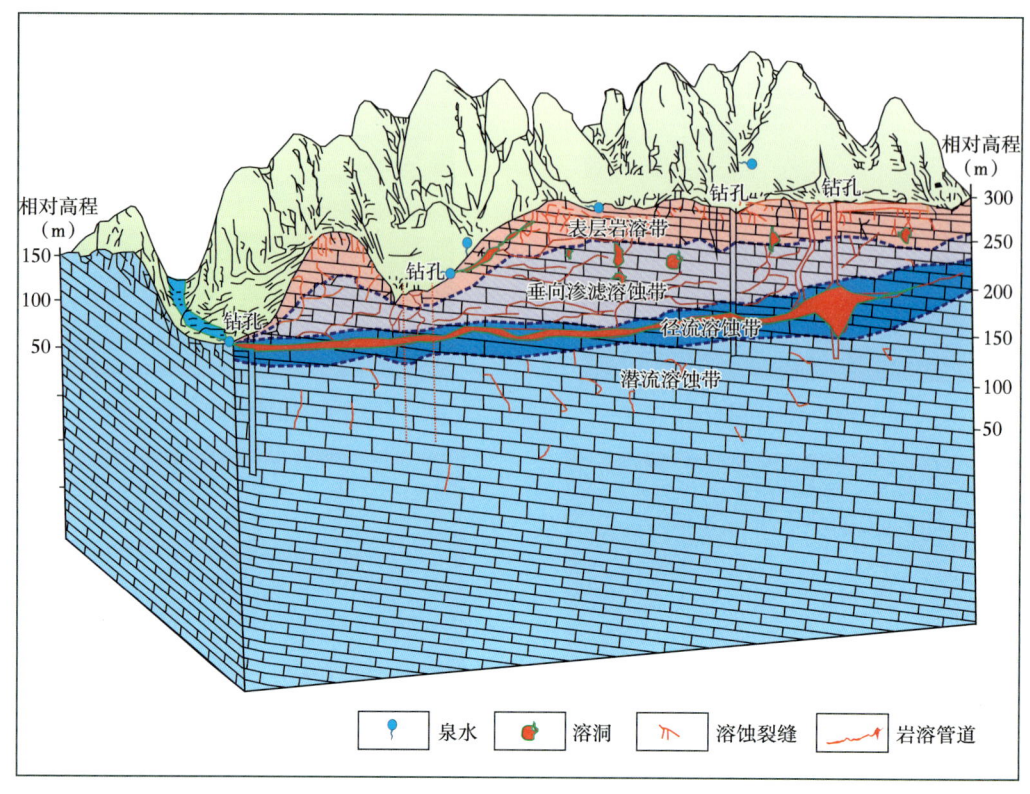

图 3-9 南方现代岩溶垂向分带特征剖面图

3.2.2.2 古岩溶垂向分带原则与依据

古岩溶垂向分带指标就是岩溶成因组合（包括岩溶发育规模、强度、形态、充填特征等）在区域上的可对比性，采取定量统计与定性描述相结合的方法进行划分。

古岩溶垂向带差异特征表现在三个方面：岩溶发育程度、岩溶形态和分布特征。影响古岩溶储层各垂向带差异的因素很多，主要包括地貌类型、水动力条件、构造、岩性等，不同地貌部位各带厚度差别较大。不同岩溶地貌单元，反映不同的水动力条件，也反映其岩溶发育条件及岩溶缝洞发育特征。

主要划分依据为：（1）古岩溶缝洞在钻孔中的垂向分布；（2）古岩溶缝洞发育特征与现代岩溶缝洞垂向分带对比；（3）古岩溶缝洞充填物的地球化学标志等；（4）古岩溶地貌单元特征；（5）古水动力条件、古水文地质条件；（6）钻井与测井解释成果；（7）地震剖面解释成果等（图 3-10）。

3.2.2.3 古岩溶垂向分带划分标准

古岩溶垂向带在测井曲线响应特征、钻速、地下水径流方式、岩溶作用类型、充填特征和岩溶个体形态等六方面存在明显差异（表 3-2），以此可对垂向带进行定性、半定量划分。

表层岩溶带：测井自然伽马曲线呈锯齿状，充填的缝洞为 20~60API，未充填的缝洞一般小于 10API；双侧向电阻率较低（比垂向渗滤溶蚀带和上伏地层石炭系泥岩高），呈锯齿状，当溶蚀缝洞发育时 RD＞RS；钻速加快；地表径流、垂向渗滤和水平径流均有；溶蚀作用、冲蚀作用和风化作用并存；以机械充填为主，部分为岩溶残积或化学充填，充填物以灰绿色、褐灰色钙泥质岩为主，部分溶蚀裂缝为方解石充填，充填物较混杂，分选性较差；地表落水洞、洼地、溶沟等发育较强，地下溶洞、溶蚀裂缝均比较发育，局部发育小型岩溶管道，溶洞、岩溶管道规模相对较小。

垂向渗滤溶蚀带：自然伽马曲线与致密石灰岩接近，曲线近于平直或呈微齿状，充填的缝洞一般为20~50API，不扩径或略扩径；双侧向电阻率一般值较高，且出现正差异，一般RD＜RS，局部呈锯齿状，当溶蚀缝洞发育时双侧向电阻率一般较低；钻速不加快或略加快；地下水以垂向渗滤为主，只有微溶蚀作用；机械充填为主，部分为化学充填，充填物以灰绿色钙泥质岩；岩溶个体形态有垂向溶蚀裂缝、溶洞，溶洞垂向规模一般较大、横向规模一般较小，缝洞连通性相对较弱。

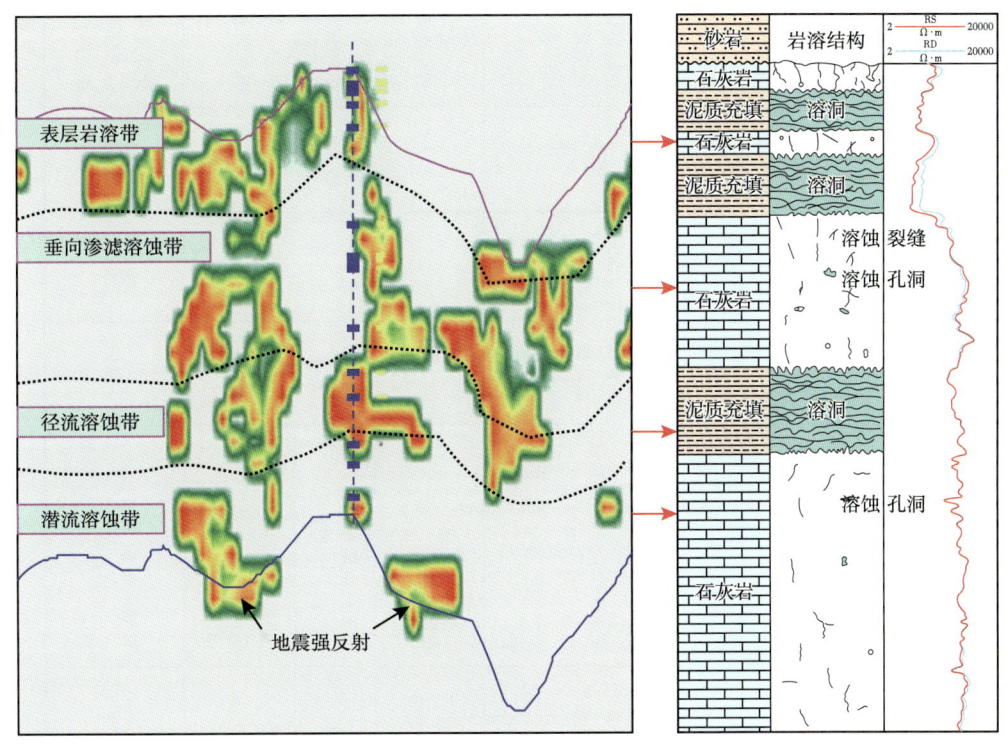

图 3-10　LG42 井古岩溶缝洞垂向分带特征

径流溶蚀带：未充填的溶蚀缝洞（溶洞、岩溶管道）自然伽马一般较低充填的溶蚀缝洞，自然伽马值高，一般45~100API，双侧向电阻率值低，呈锯齿状，出现正差异；扩径严重；钻速加快、钻具放空；水平径流为主，存在溶蚀作用和冲蚀作用；以机械充填为主，具地下河沉积特征，局部具崩塌堆积及化学充填，岩溶管道、溶洞规模一般相对较大，具有一定连通性。

潜流溶蚀带：自然伽马与致密石灰岩接近，曲线近于平直或呈微齿状，充填的缝洞一般为20~50API；双测向电阻率值较高，且出现正差异；钻速不加快；以潜流（层流）为主；化学充填比较明显，充填物以方解石为主，部分充填灰绿色钙泥质；溶孔、溶蚀裂缝为主，溶洞不发育。

表 3-2 古岩溶垂向带识别指标及发育特征

垂向带	测井曲线响应			钻速	地下水径流方式	岩溶作用类型	充填物类型与特征	岩溶个体形态特征
	自然伽马	井径	电阻率曲线					
表层岩溶带	曲线呈锯齿状，充填的缝洞一般为20-60API；未充填的缝洞一般小于10API	扩径	双侧向电阻率一般较低（比垂向渗滤溶蚀带低），比上伏地层石炭系泥岩高，呈锯齿状，当溶蚀缝洞发育时 $R_D > R_S$	加快	地表径流、垂向渗滤、水平径流均有	溶蚀作用、冲蚀作用、风化作用	机械充填为主，部分为岩溶残积或化学充填，充填物以灰绿色、褐灰色钙质泥岩为主，部分溶蚀裂缝为方解石充填，充填物成分较杂，分选性较差	地表落水洞、洼地、溶沟等发育较强，地下溶洞、裂缝均比较发育，局部发育小型岩溶管道。溶洞、岩溶管道规模一般相对较小
垂向渗流溶蚀带	未充填的溶洞（溶洞、岩溶管道）	与致密灰岩接近，曲线近于平直或呈微齿状20-50API	不扩径或略扩径	双侧向电阻率值较高，且出现正差异，一般呈锯齿状；局部溶蚀缝洞发育时双侧向电阻率较低	不加快或略加快	以垂向渗滤为主	溶蚀作用	机械充填为主，充填物以灰绿色钙质泥岩为主	以垂向溶蚀裂缝、溶洞为主，溶洞垂向规模一般较大，横向规模一般较小，缝洞连通性相对较差。岩心溶蚀发育一般
	充填的溶蚀缝洞	一般较低	扩径严重	电阻率值低	钻速加快，钻具放空			
	充填角砾岩溶蚀缝洞	自然伽马值高，一般为45-100API，起伏较大	扩径	自然伽马值高，一般为30-60API，曲线略呈锯齿状	钻速加快	水平径流为主	溶蚀作用、冲蚀作用	机械充填为主，具地下河沉积特征，局部具垮塌堆积及化学充填。充填物以灰绿色砂泥质岩、砂岩、角砾岩为主，一般具沉积韵律，沉积物下部较上部粗	以岩溶管道或水平溶洞为主，溶洞规模、岩溶管道规模一般相对较大。同一岩溶管道系统具有一定连通性；不同岩溶管道系统连通性较弱，岩心见较大的溶洞系统
		比致密灰岩高，一般为30-60API，曲线为锯齿状	扩径	比致密灰岩明显降低，呈剧烈锯齿状，并出现正差异	不加快				
潜流溶蚀带	与致密灰岩接近，曲线近于平直或呈微齿状；充填的缝洞一般为20-50API	不扩径	双测向电阻率值较高，且出现正差异	不加快	潜流（层流）为主	溶蚀作用	化学充填为主，充填物以方解石为主，部分充填绿色钙泥质	溶孔、溶蚀裂缝为主，充填不发育。岩心岩溶不发育

3.2.2.4 单井古岩溶垂向结构特征

（1）HA801井古岩溶垂向分带特征（图3-11）。

表层岩溶带：一间房组顶面下0~28m，岩性为灰色泥微晶灰岩，发育溶蚀微缝、小溶蚀孔，储集性一般。

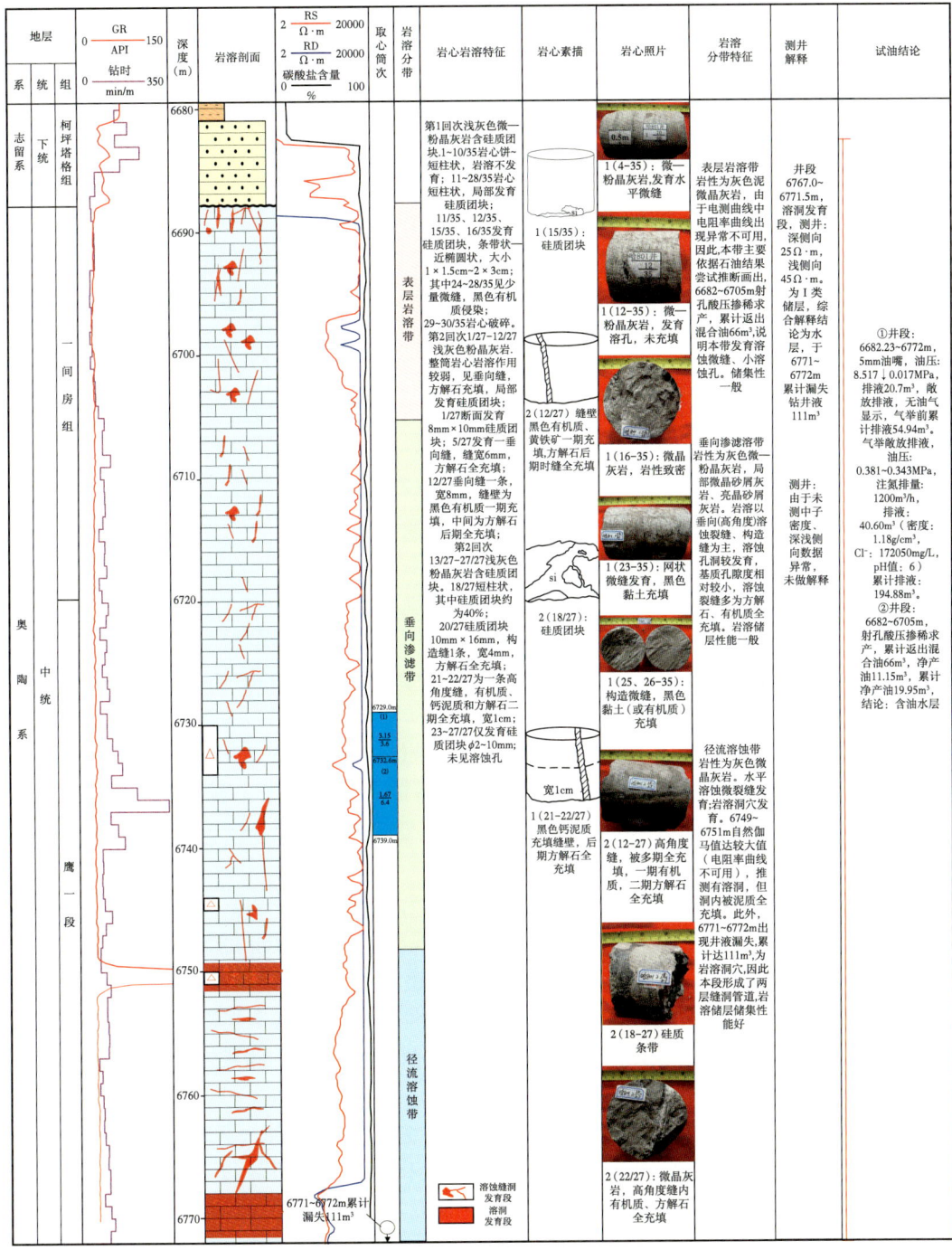

图3-11 HA801井奥陶系古岩溶结构剖面图

垂向渗滤溶蚀带：一间房组顶面下28~60m，岩性为灰色微—粉晶灰岩，局部微晶砂屑灰岩、亮晶砂屑灰岩。岩溶以垂向（高角度）溶蚀裂缝、构造缝为主，溶蚀孔洞较发育，基质孔隙度相对较小，溶蚀裂缝多为方解石、有机质全充填。岩溶储层性能一般。

径流溶蚀带：一间房组顶面下60~80m，岩性为灰色微晶灰岩。水平溶蚀微裂缝、岩溶洞穴发育。6749~6751m自然伽马值达较大值，推测有溶洞，但洞内被泥质全充填。此外，6771~6772m出现井液漏失，累计达111m³，为岩溶洞穴。本段形成了两层缝洞管道，岩溶储层储集性能好。

（2）HA802井古岩溶垂向分带特征（图3-12）。

表层岩溶带：一间房组顶面下0~15m，岩性为灰色泥微晶灰岩，电测曲线中电阻率曲线出现负差异，但自然伽马及井径曲线无明显变化，6638~6649m测井解释为裂缝孔洞型储层。岩溶以小溶蚀孔洞、溶蚀裂缝为主，具有一定储集能力。

垂向渗滤溶蚀带：一间房组顶面下15~45m，岩性为灰色泥—粉晶灰岩，局部微晶砂屑灰岩。岩溶欠发育，岩溶以垂向（高角度）溶蚀裂缝、构造缝为主，及少量溶蚀孔洞发育，基质孔隙度相对较小，溶蚀裂缝多为方解石、有机质全充填。岩溶储层性能较差。

径流溶蚀带：一间房组顶面下45~85m，岩性为灰色微晶灰岩。水平溶蚀微裂缝、岩溶缝洞发育。6700m自然伽马值达较大值，推测有溶洞，洞内被泥质全充填。此外，6716~6718.7m出现井液漏失，累计达164.9m³，为岩溶大型缝洞体，6680~6685m测井解释为溶蚀孔洞。具有多层缝洞，岩溶储层储集性能好。

（3）QG1井古岩溶垂向分带特征（图3-13）。

表层岩溶带：一间房组顶面下0~10m，岩性为灰色泥微晶灰岩，岩溶以溶蚀垂直裂缝、小溶蚀孔为主，厚约10m，在风化壳面附近井径出现扩大现象。说明岩溶作用强烈，岩石较破碎，该带中部自然伽马增加说明上部泥岩渗流到此处缝洞中。表层岩溶带风化较强，但多被泥质充填，储集性较差。

垂向渗滤溶蚀带：一间房组顶面下10~60m，岩性为灰色微晶灰岩，局部微晶砂屑灰岩、亮晶砂屑灰岩。岩溶以垂向溶蚀裂缝为主，溶蚀孔洞较发育，基质孔隙度相对较小，溶蚀裂缝多为方解石全充填，局部未充填—半充填处，形成了孔洞型储层，岩溶储层性能较好。

径流溶蚀带：一间房组顶面下60~75m，岩性为灰色微晶灰岩。水平溶蚀微裂缝、岩溶洞穴发育，局部发育缝合线。6705.4~6709m出现放空，为3.6m的洞穴，此外其下部还发育另一厚约4m洞穴，形成了两层良好的缝洞管道，岩溶储层储集性能好。

潜流溶蚀带：一间房组顶面下75m以下，岩性以微晶灰岩，局部砂屑微晶灰岩、微晶砂屑灰岩为主。溶蚀裂缝、孔洞整体发育较弱，且多被充填，储集性能相对较差。

（4）XK401井古岩溶垂向分带特征（图3-14）。

表层岩溶带：良里塔格组顶面下0~12m，岩性为灰色石灰岩，下部泥微晶灰岩，岩溶以垂向裂缝、小溶蚀孔为主，孔隙度0.5%~2.1%，未形成有效储层。

垂向渗滤溶蚀带：良里塔格组顶面下12~75m，以岩性灰色石灰岩、泥质灰岩为主。岩溶以垂向溶蚀裂缝为主，溶蚀孔洞欠发育，基质孔隙度相对较小，溶蚀裂缝多为钙泥质全充填。岩溶储层性能较差。

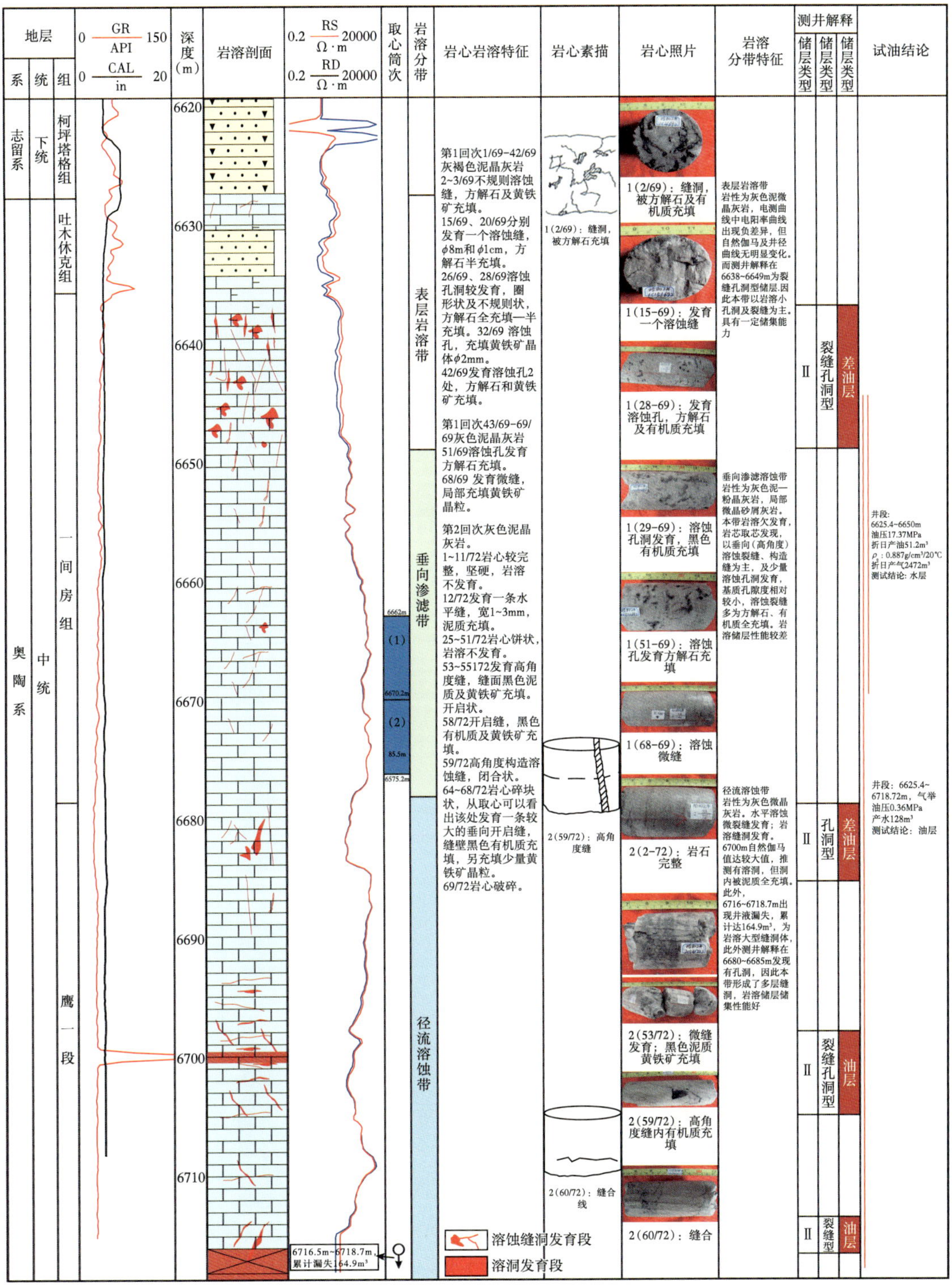

3 古岩溶特征与控制因素

图 3-12 HA802 井奥陶系古岩溶结构剖面图

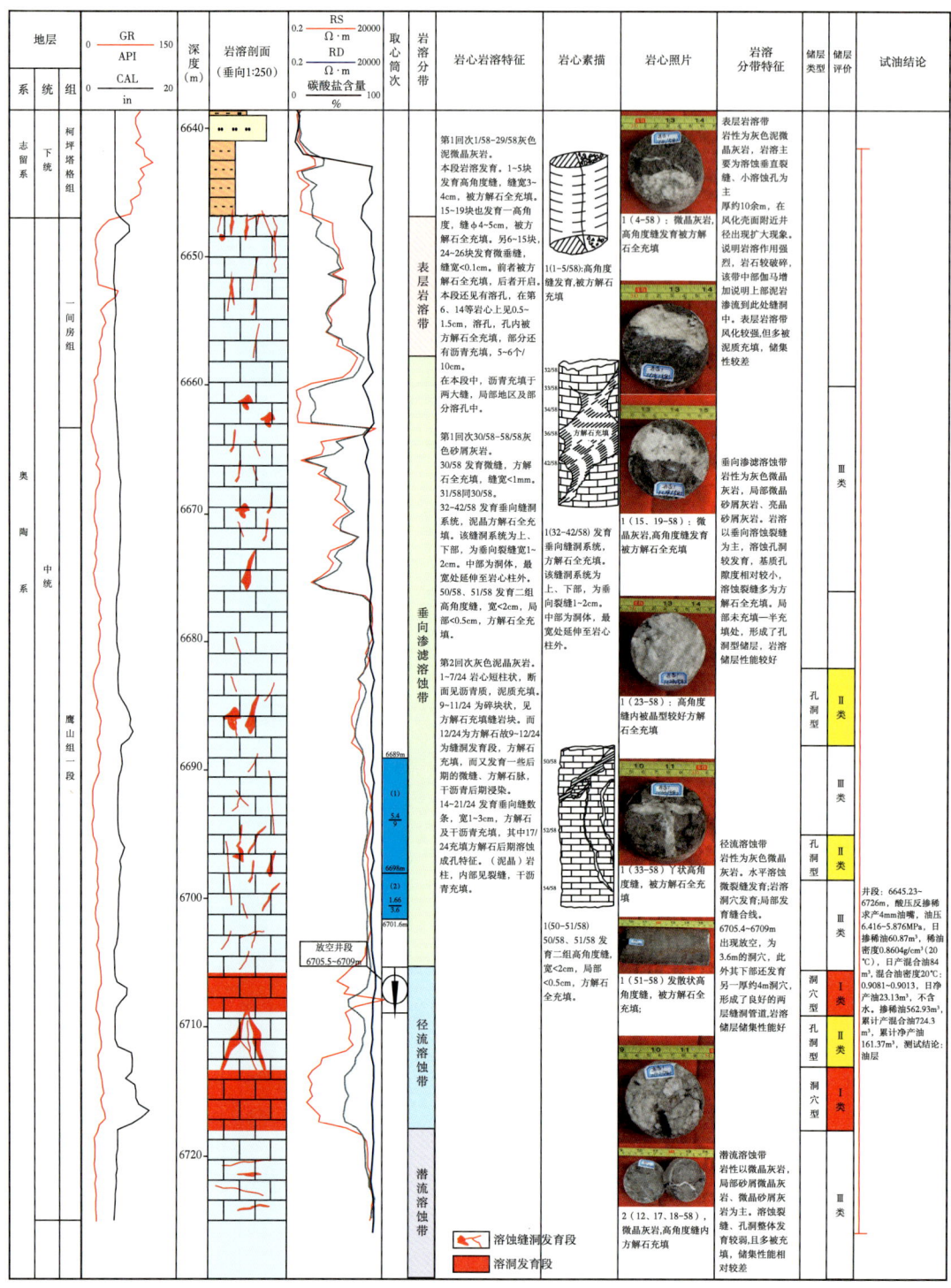

图 3-13 QG1 井奥陶系古岩溶结构剖面图

3 古岩溶特征与控制因素

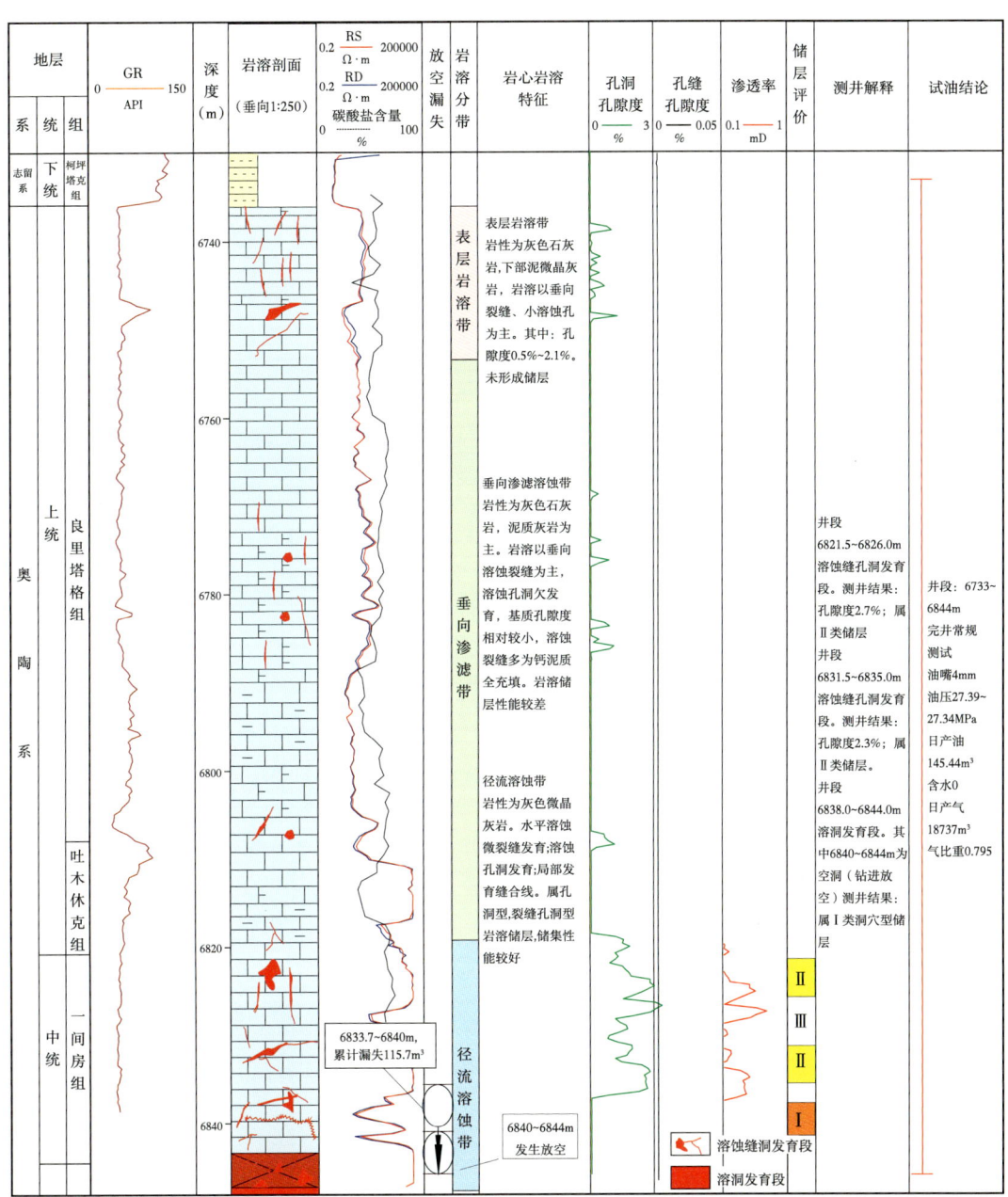

图 3-14 XK401 井奥陶系古岩溶结构剖面图

径流溶蚀带：一间房组顶面下 0~30m，岩性为灰色微晶灰岩。水平溶蚀微裂缝、溶蚀孔洞、溶洞发育，局部发育缝合线。6833.7~6840m 漏失 115.7m³，6840~6844m 放空。属孔洞型—裂缝孔洞型岩溶储层，储集性能较好。

3.2.2.5 古岩溶垂向分布规律

根据测井解释、钻录井信息对单井进行岩溶储层分析，并对单井岩溶缝洞发育特征进行总结分析（表 3-1），结合地震剖面强反射特征分析，哈拉哈塘地区潜山奥陶系碳酸盐岩

69

古岩溶垂向分布特征如下：

（1）古岩溶缝洞形成主要受良里塔格组岩溶期、前志留纪岩溶期岩溶作用的影响，哈拉哈塘奥陶系碳酸盐岩古岩溶缝洞垂向具有层状分布特点：浅部古岩溶缝洞主要分布于一间房组、鹰山组内，古岩溶缝洞位于一间房组顶面下10~15m范围；下部古岩溶缝洞主要位于鹰山组内，距奥陶系顶面55~85m（图3-15、图3-16）。

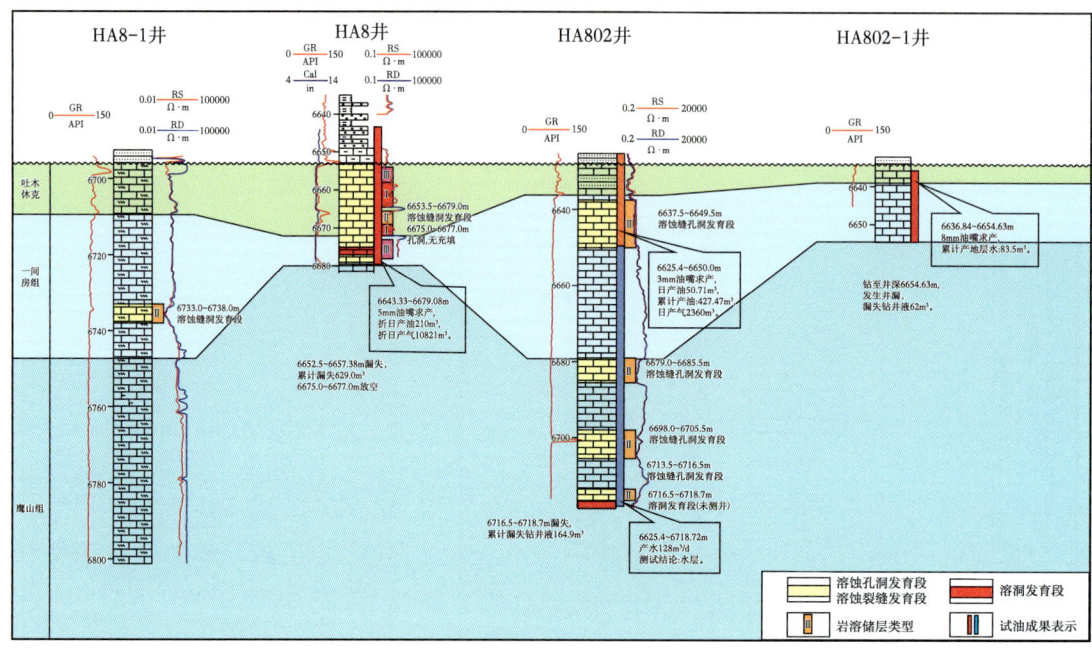

图3-15 HA8-1井—HA8井—HA802井—HA802-1井岩溶对比图

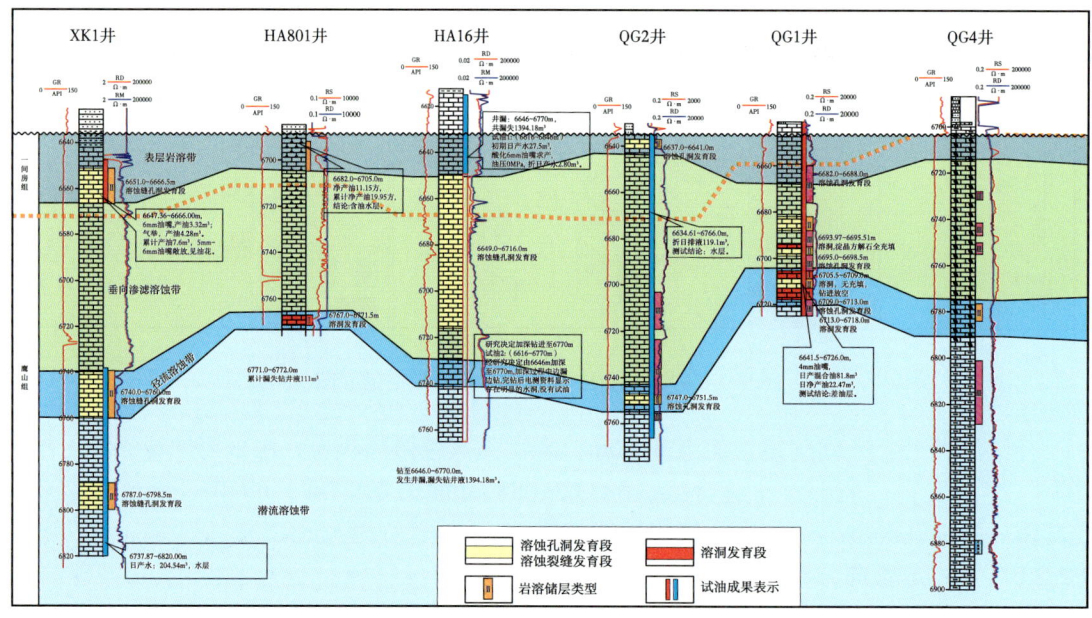

图3-16 XK1—HA801—HA16—QG2—QG1—QG4井岩溶垂向分带对比图

（2）浅部古岩溶缝洞形成主要受前志留纪岩溶期的岩溶作用影响，浅部岩溶作用以淋滤溶蚀作用为主，浅部侧向径流较弱，因而浅部古岩溶缝洞以溶蚀裂缝、溶蚀孔洞为主，局部发育小规模溶洞；下部以侧向径流或集中径流为主，具有较好的岩溶作用条件，岩溶作用时间相对较长，具规模的岩溶缝洞发育，局部发育岩溶管道，说明岩溶缝洞的形成与加里东晚期的岩溶作用具有明显的关系。

根据 HA8-1—HA8 井—HA802 井—HA802-1 井储层对比（图 3-15），岩溶储层主要发育在一间房组及鹰山组的上部。潜山岩溶具有可对比的垂向分带性，可划分为表层岩溶带、垂向渗流溶蚀带、径流溶蚀带及潜流溶蚀带（图 3-16）。岩溶储层以表层岩溶带和水平径流溶蚀带发育为主，垂向渗滤溶蚀带和潜流溶蚀带以发育溶蚀裂缝为主。

岩溶储层主要发育在表层岩溶带和水平径流溶蚀带上：表层岩溶带以孔洞型及裂缝型储层为主，主要发育Ⅱ、Ⅲ类储层。主要发育于风化壳面附近一间房组顶部。径流溶蚀带以洞穴型、裂缝—孔洞型储层为主，储层评级一般为Ⅰ—Ⅱ类储层，一般发育于风化壳面下 80~120m，钻井过程中常有漏失或放空。而垂向渗流溶蚀带以发育裂缝型储层为主，储层一般为Ⅲ类，储集性相对较差。深部的潜流带岩溶作用较弱，缝洞一般欠发育，储集性较差。

表层岩溶带：0~15m 岩溶以溶蚀孔洞、溶蚀裂缝为主，溶蚀孔洞（0.2~30mm）部分为方解石充填，岩溶发育较强。

垂向渗滤溶蚀带：15~80m 岩溶以溶蚀孔洞、顺层溶蚀裂缝及垂向溶蚀裂缝为主，岩溶发育中等，无规模的溶洞系统，溶蚀孔洞多为钙泥质、方解石充填。

径流溶蚀带：80~100m 岩溶以溶洞或岩溶管道为主，发育极不均匀，缝洞充填程度较低。

潜流溶蚀带：100m 以下，岩溶缝洞以发育溶蚀裂缝为主，其充填物也以化学充填特征，岩溶储层弱发育。

3.2.3 古暗河分布特征

岩溶暗河管道系统发育处或者暗河管道发育附近所对应的钻井在钻进过程中常常表现为钻井液漏失严重或者伴有放空特征，溶洞段一般取心较为困难，收获率低、岩心破碎，但是可以通过常规测井和成像测井识别，也可通过洞穴角砾岩、巨晶方解石、砂泥质岩充填物以及钻井放空漏失，钻时明显降低等标识识别出来。在地震上通常表现为具有强地震反射特征。

哈拉哈塘潜山岩溶区在钻井过程中伴随着大量放空漏失现象的出现，据统计（表 3-3）钻井过程中放空漏失井一共 13 口，放空漏失层位主要集中在一间房组和鹰山组，放空井共 6 口，伴有漏失井共 10 口，其中包括 3 口井既有放空又有漏失现象。

通过分析可见，放空漏失井部位大多有地下暗河管道系统经过，少部分井为孤立的溶洞系统造成。

潜山岩溶区暗河管道系统局部发育，其发育规律及发育特征引起广泛的重视。受控于岩溶层组的作用，岩溶缝洞发育层位主要集中于一间房组、鹰山组。一间房组表层岩溶带发育，岩溶缝洞以溶蚀裂缝、小规模溶洞为主，局部发育小型岩溶管道系统；鹰山组径流溶蚀带发育，岩溶以溶洞、岩溶管道为主。岩溶管道系统分布及缝洞发育规模与古地貌、古水系和古断裂具有明显关系，根据潜山岩溶区古岩溶地貌、断裂、古水动力条件，结合地震强反射"串珠"分布特征，共刻画出18条暗河岩溶管道系统（表3-4，图3-17）。

通过古地貌特征及古水动力场特征分析，结合地震测井解释共刻画出18条地下暗河系统，地下暗河主方向与地表河流主方向大体一致，多为北东向、北西向及近南北向，据统计，刻画的地下河完整的发育在鹰山组裸露区域的共有2条，分别为（1）号暗河管道系统和（18）号暗河管道缝洞，其余均为一间房组或鹰山组（$O_2yj/O_{1-2}y$）。其岩溶管道类型可分为流入型（图3-18），流出型（图3-19）少数入口和出口均完整的地下河系统（图3-20）及孤立的溶洞发育系统（图3-21）。

表3-3 潜山区放空漏失井统计表

序号	井位	层位	放空/漏失	开始井深	溶洞高度（m）	放空/漏失量
1	QG1	鹰山组	放空	6705	10	放空3.5m
2	XK3	一间房组	漏失	6762	1.5	180.49m³
3	XK101	鹰山组	漏失	6850.8		653.1m³
4	XK401	一间房组	放空 漏失	6838	6	放空4m
5	HA8	一间房组	放空	6672	9.5	放空2m
6	HA801	鹰山组	漏失	6767	4.5	111m³
7	HA802	鹰山组	漏失	6716.5	2.2	164.9m³
8	HA12	鹰山组	漏失	6726		124m³
9	HA15-1	鹰山组	漏失	6670	5	211.2m³
10	HA15-2	一间房组	漏失 放空	6598	3	放空2.53m 漏失572.98m³
11	HA15-3	一间房组	漏失 放空	6584.57	0.63	放空0.63m 漏失59.82m³
12	HA16	一间房组、鹰山组	漏失	6649		1394.18m³

表3-4 哈拉哈塘潜山岩溶区暗河管道系统特征表

暗河编号	发育位置	发育层位	暗河延伸方向/长度	暗河管道系统类型与暗河性质	充填难易程度
（1）	西部岩溶谷地明河西侧	$O_{1-2}y$	NE/3.2~4.0km	鹰山组裸露区，完整的暗河管道系统	潜山裸露，中等充填程度
（2）	XK1井西侧	$O_2yj/O_{1-2}y$	NE/1.0~1.5km	一间房组裸露区，流出型暗河管道系统	中等充填
（3）	XK1井东侧约1km处	$O_2yj/O_{1-2}y$	NS/5.0~5.5km	一间房组出露延伸到吐木休克组裸露，流出型暗河管道系统	潜山入口，易于充填

续表

暗河编号	发育位置	发育层位	暗河延伸方向/长度	暗河管道系统类型与暗河性质	充填难易程度
（3）-1	（3）号暗河管道北部	$O_{1-2}y$	NE/2~2.5km	一间房组裸露区，流入型暗河管道系统	易充填
（4）	XK101 井西侧约 1km 附近	$O_2yj/O_{1-2}y$	NNE/2.0~2.5km	吐木休克组—良里塔格组裸露过渡，流入型暗河管道系统	易充填
（5）	经过 XK101 井由北往南发育	$O_2yj/O_{1-2}y$	NNE/1.0~1.2km	良里塔格组裸露区，孤立暗河系统，暗河不连续	中等
（6）	XK101 井东侧约 3km 处	$O_2yj/O_{1-2}y$	NNE/4~4.5km	由岩溶湖参与的，流出、流入型暗河管道系统	易充填
（6）-1	（6）号暗河的 NE 向，与（6）号不连续	$O_2yj/O_{1-2}y$	NE/2.2~2.5km	一间房组裸露区，岩溶管道不连续	易充填
（7）	HA801 井、HA8 井的西侧 1.5~2km 处	$O_2yj/O_{1-2}y$	NE/4~4.5km	一间房组裸露区，流出型暗河管道系统	易充填
（8）	过 HA8 井 /HA8-1 井附近	$O_2yj/O_{1-2}y$	NE/2.2~2.5km	暗河管道的一段，未见明显流入、流出型	中等
（8）-1	过 HA8 井 /HA8-1 井附近	$O_2yj/O_{1-2}y$	NW/1.0~1.2km	（8）号暗河支管道，良里塔格组直接出露区，未见明显流入、流出型	中等
（9）	HA801 井西侧一带	$O_2yj/O_{1-2}y$	NW/2.0~2.2km	一间房组裸露区，暗河管道的中段	易充填
（10）	HA801 井—HA802 井附近一带	$O_2yj/O_{1-2}y$	NW/5.0~5.5km	一间房组—吐木休克组裸露区，完整的暗河系统	前段易充填，后段不易充填
（10）-1	HA801 井北东方向一带	$O_2yj/O_{1-2}y$	NW/3.0~3.5km	一间房组裸露区，未见明显流入、流出型	中等
（10）-2	（10）-1 暗河系统的东侧一带	$O_2yj/O_{1-2}y$	NE/1.5~2.0km	一间房组裸露区，未见明显流入、流出型	中等
（11）	经过 HA802-1 井一带	$O_2yj/O_{1-2}y$	SN/1.5~2.0km	一间房组—吐木休克组裸露区，流入型暗河管道	易充填
（12）	（11）号暗河东北方向一带	$O_2yj/O_{1-2}y$	NE/2.0~2.5km	一间房组裸露区，浅层暗河	易充填
（13）	HA16 井于 HA15-2 井北侧一带	$O_2yj/O_{1-2}y$	NW/2.5~2.8km	一间房组裸露区，流入型暗河系统	易充填
（14）	HA15 井与 HA7-2 井中间一带	$O_2yj/O_{1-2}y$	NW/2.0~2.5km	良里塔格组裸露区，暗河缝洞不完整（孤立的溶洞系统）	中等
（15）	HA15-1—HA15-6 中部地带	$O_2yj/O_{1-2}y$	SN/4.0~4.3km	良里塔格组裸露区，非完整流入型暗河缝洞	易充填
（16）	QG2 井东侧一带	$O_2yj/O_{1-2}y$	SN-NEE/3~3.5km	一间房组裸露区，流入型暗河缝洞	易充填
（17）	QG1 井与 QG2 井东侧一带	$O_2yj/O_{1-2}y$	NW/3~3.5km	一间房组裸露区，暗河发育在表层岩溶带	易充填
（18）	QG1 井西侧	$O_{1-2}y$	NE-NW/3~3.5km	鹰山组裸露区，暗河发育在表层岩溶带	易充填

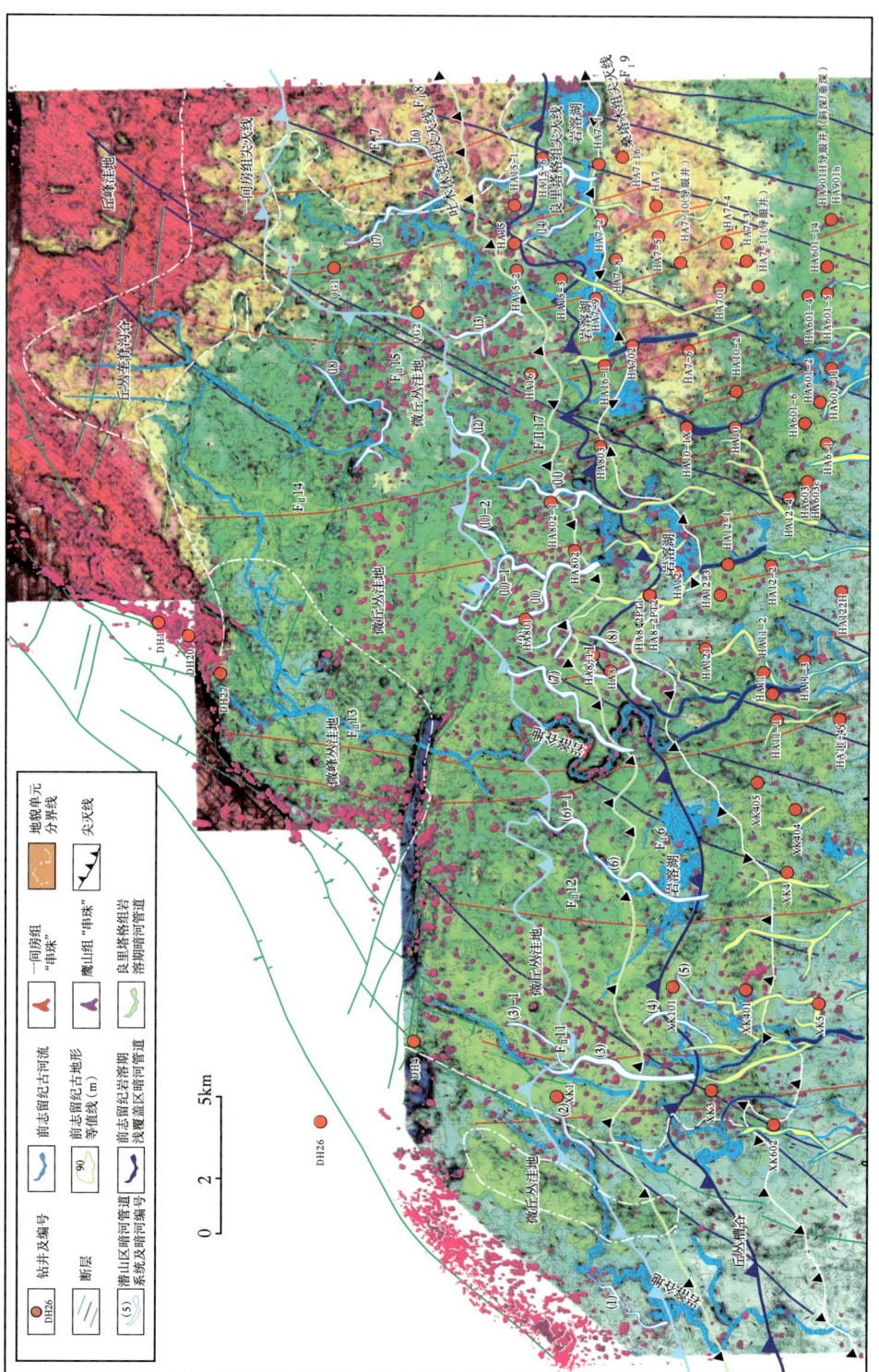

图3-17 潜山岩溶区古暗河与断裂、地震"串珠"、古岩溶地貌叠合图

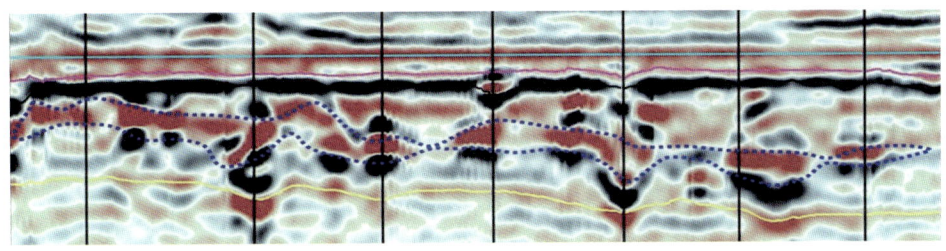

图 3-18　流入型暗河管道系统地震响应特征（13 号暗河）

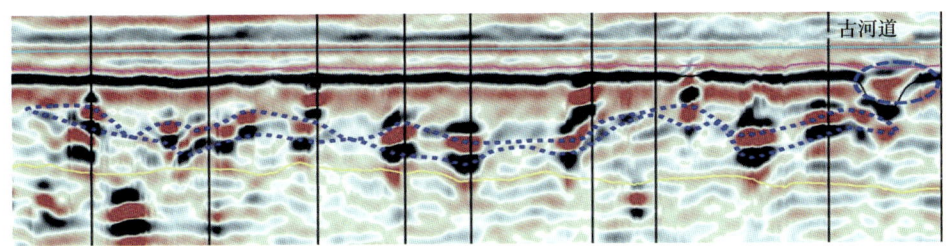

图 3-19　流出型暗河管道系统地震响应特征（7 号暗河）

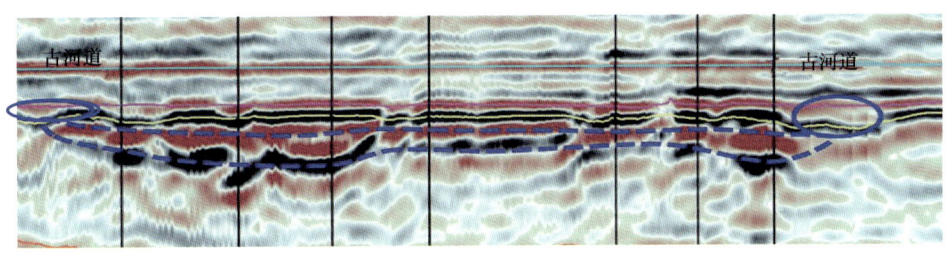

图 3-20　完整型暗河管道缝洞地震响应特征（1 号暗河）

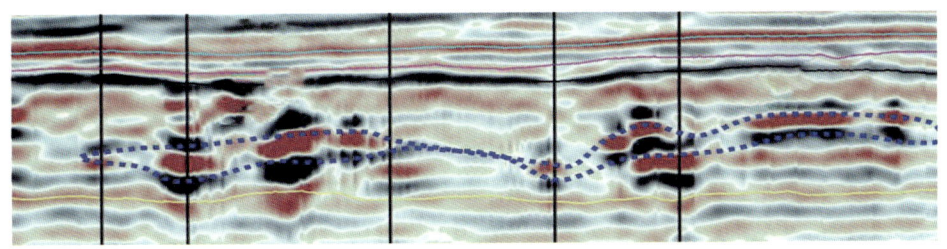

图 3-21　孤立的溶洞系统地震响应特征（14 号暗河）

从地震剖面来看，潜山岩溶区岩溶暗河管道系统。发育深度多在 0~200m 范围。由于风化裸露作用，不同类型的暗河管道系统后期具有不同的充填特征。流入型暗河管道系统和孤立类型暗河管道系统后期易被不同程度的充填。流出型暗河管道系统及完整的地下河溶蚀缝洞不易被充填。HA8 井 6675~6677m 处钻井放空 2m，为（8）号暗河系统和（8）-1 号暗河系统交汇处，后期不易充填，见地震反射特征（图 3-22）。

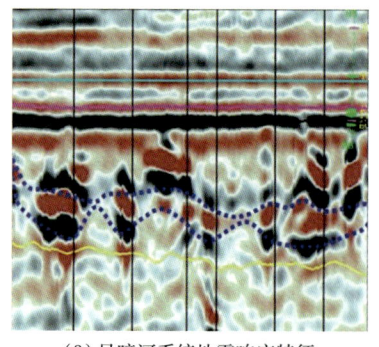 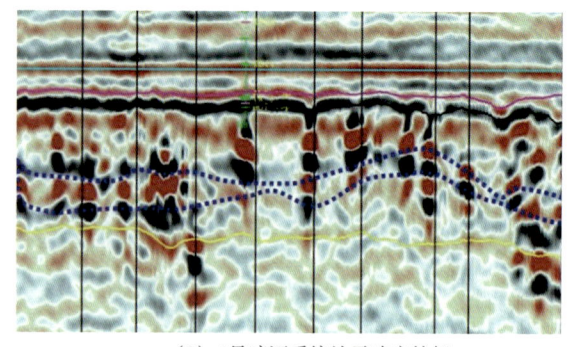

（8）号暗河系统地震响应特征　　　　　　　（8）-1号暗河系统地震响应特征

图 3-22　（8）号暗河系统地震响应特征和（8）-1号暗河系统地震响应特征

HA801井，井段6767.0~6771.5m钻井发生井漏，为（10）号暗河系统的中段，充填程度低。HA802井6716.5~6718.7m，为溶洞发育段，钻井发生井漏。（10）号暗河管道系统与其暗河支流（10）-1号暗河管道系统和（10）-2暗河管道系统共同构成了暗河体系，在地震上均有较好的显示（图3-23）。

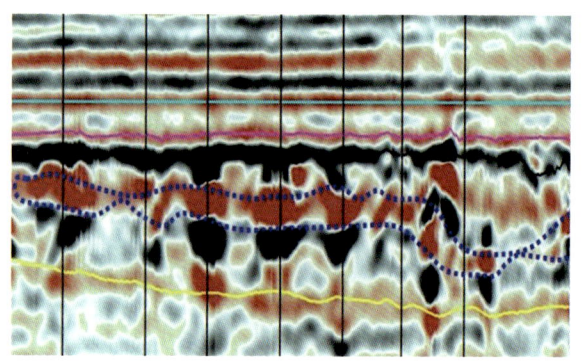 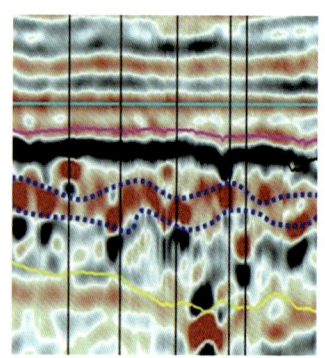

（10）-1号暗河系统地震响应特征　　　　　　　（10）-2号暗河系统地震响应特征

图 3-23　（10）-1号暗河系统地震响应特征和（10）-2号暗河系统地震响应特征

3.2.4　古暗河形成控制因素

潜山顶面经历三期（一间房组岩溶期、岩溶期为良里塔格组岩溶期、前志留纪岩溶期）岩溶作用，岩溶缝洞形成的主要岩溶期为良里塔格组岩溶期、前志留纪岩溶期；一间房组岩溶期形成的小规模岩溶缝洞受良里塔格组岩溶期、前志留纪岩溶期剥蚀影响，一间房组岩溶期形成的岩溶缝洞已被剥蚀不存在。构造主要形成大量的构造裂缝发育，在良里塔格组岩溶期、前志留纪岩溶期长期的风化剥蚀作用下发育大量的溶蚀孔洞、溶蚀扩溶缝，岩溶漏斗、岩溶天窗及垂向节理裂隙等，受南部相对隔水层影响，不同期次岩溶作用深度具有一定范围。岩溶作用主要受大气降水淋滤溶蚀影响，大气降水沿着溶蚀孔、洞、缝系统及层面向下逐渐渗漏溶蚀，伴随着岩石的崩塌作用久而久之形成了地下暗河系统并在岩溶沟谷处得以排泄，形成了该区局部的排泄基准面，进而形成完整的地下暗河系统。

XK3、XK401井在钻进中，均有不同程度的放空，其中XK401井测井解释段

6838.0~6844.0m为溶洞发育段，其中6840~6844m空洞（钻进放空）；XK3井井深6762m发生漏失，至完钻井深6767m共计漏失180.49m³，说明该处发育暗河管道系统。

良里塔格组岩溶期岩溶作用方式（图3-24a）：（1）从地震剖面上来看，沿XK1井—XK3井—XK401井—XK5井，在一定范围内地震强反射断续成层分布；（2）从水动力条件来看，大气降水入渗、地表径流，具有自XK1井北侧岩溶岩溶洼地流入地下，岩溶地下水具有自北向南运移特征，岩溶地下水集中径流深度约80~100m，岩溶缝洞发育，长期集中径流形成岩溶地下河管道，构成流入型地下河管道；（3）XK3井处虽然发育河流，但是没有深切至一间房组，吐木休克组弱岩溶层组阻隔了地下河的出口，因此地下河继续往南向更远的地方顺层发育。由于该地下暗河是从潜山岩溶区开始发育，潜山岩溶区裸露时间较长，风化剥蚀等机械物质较容易沿着水流被带入地下暗河系统，对岩溶暗河形成不同程度的充填。

前志留纪岩溶期岩溶作用方式（图3-24b）：（1）大气降水入渗、地表径流，具有自XK1井北侧岩溶岩溶洼地流入地下，岩溶地下水具有自北向南运移特征，岩溶地下水集中径流深度约40~60m；（2）受南部桑塔木组碎屑岩覆盖影响，潜山区岩溶地下水集中径流主要位于浅部（潜山顶面下0~60m）、岩溶缝洞相对比较发育，下部岩溶地下水径流相对缓慢、岩溶缝洞不发育；（3）长期集中径流形成岩溶地下河管道，形成浅部地下河管道，管道规模相对较小；（4）桑塔木组碎屑岩覆盖区，岩溶地下水向南运移较缓慢、水动力条件相对较弱，岩溶地下河管道不发育。

3.2.5 古岩溶形成控制因素

哈拉哈塘地区经历了三期岩溶叠加改造作用，岩溶作用十分强烈，北部潜山岩溶区遭受最强烈的风化壳岩溶作用，南部主要岩溶作用为层间岩溶作用。对潜山岩溶区岩溶而言，古岩溶地貌形态、古水系及古断裂构造共同控制着岩溶的发育特征及规模。见潜山岩溶区岩溶储层（一间房组串珠和鹰山组串珠）与岩溶古地貌、古水系、古断裂叠合图（图3-17）。

潜山岩溶区岩溶古地貌主要为微丘丛洼地、微峰丛洼地，微岩溶谷地、微丘丛垄脊沟谷、岩溶湖等，三期岩溶作用对潜山岩溶区古地貌形态的改造作用十分强烈，微地貌形态主要为丘状、峰状山体与谷地组合，南部桑塔木组覆盖区附近形成岩溶湖为表层岩溶水排泄区，控制着表层岩溶的发育规模；而研究表明潜山岩溶区岩溶发育深度深达150m，故此潜山岩溶区良好的岩溶储层为桑塔木组覆盖区层间岩溶的发育提供了良好的岩溶水补给、导流条件，促使了层间岩溶的发育。

不同的地貌形态控制着古水系的发育特征，同时也制约着古岩溶的发育规模，潜山岩溶区地表水系在强烈的岩溶作用、岩溶改造下东北部岩溶高部位河道改造已不太明显，发育大量的沟谷、漏斗、落水洞等地貌负地形，为岩溶水的下渗提供了良好的条件，通过地震资料恢复古水系发现西—南部发育深切地表河道，所以作为哈拉哈塘—新垦—热瓦普整个区域性补给区（岩溶模式章节详细分析）来讲，潜山岩溶区大气降水一部分地表径流，另一部分沿着负地形及节理裂隙下渗，发育溶蚀孔洞缝，同时补给层间岩溶，促使层间岩溶水的循环。此外从潜山岩溶区岩溶储层（一间房组串珠和鹰山组串珠）与岩溶古地貌、古水系、古断裂叠合图（图3-17）上可以看出，在地下暗河发育的地方，岩溶储层通常呈条带状展布。如第（8）和（8）-1条地下暗河管道系统，岩溶储层沿着地下暗河管道呈现条带状展布。

古断裂对岩溶储层的影响在本区岩溶作用过程中起着至关重要的作用，一方面它可以作为渗流通道,潜山岩溶区表层岩溶水体顺断层可快速渗流到径流带,促进径流带缝洞发育。另一方面也促进了沿断裂带岩溶作用,形成断裂岩溶储层,一些在断裂带附近钻井,如HA16井、HA15-1井、HA15-3井等钻进过程中均有不同程度的放空漏失。而HA15井,钻井过程中虽然没有放空漏失发生,但是测井解释:Ⅰ类储层7.5m,Ⅱ类储层31.0m,Ⅲ储层25.5m,试油:井段6512.61~6668m裸眼掺稀求产,5mm油嘴,油压10.63MPa,日产油52.5m³,累计产油175m³,在一间房组及鹰山组岩溶储层发育,表明断裂附近易发育大的缝洞体的规律。

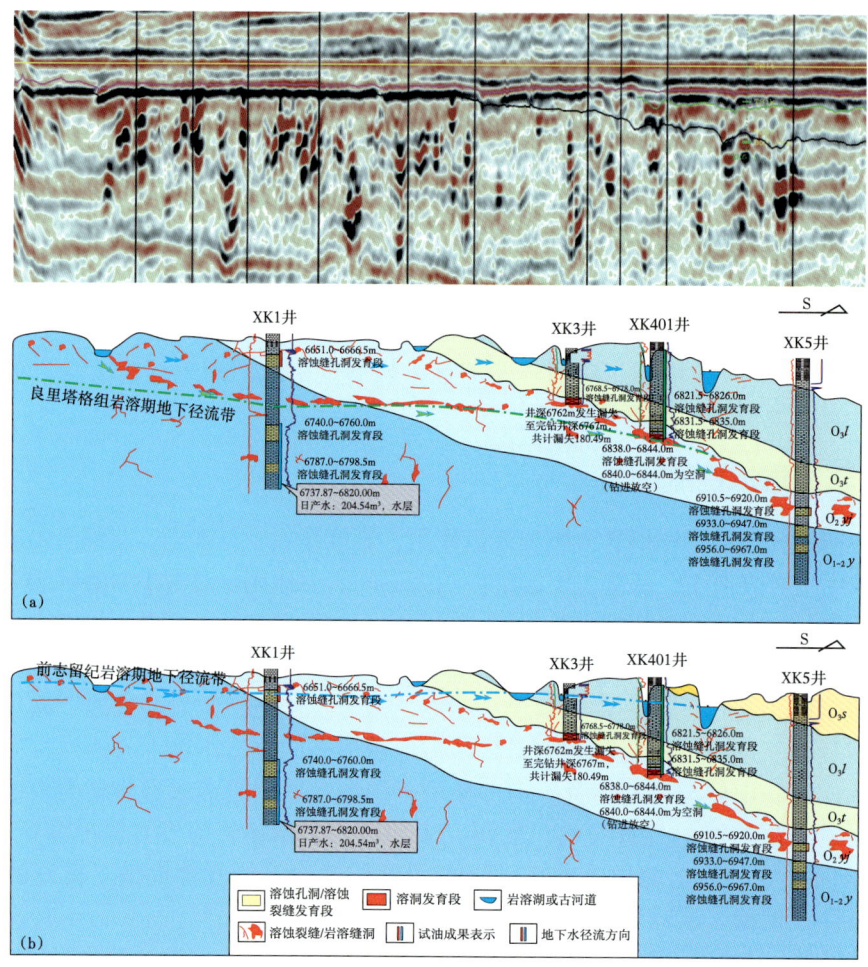

图3-24 潜山岩溶区古暗河发育模式图(XK1井—XK3井—XK401井—XK5井)

3.3 层间岩溶区古岩溶特征与控制因素

第2章古岩溶区带划分,把桑塔木组尖灭线以北地区为潜山岩溶区、桑塔木组尖灭线以南至良里塔格组台缘坡折线以南地区为层间岩溶区。良里塔格组岩溶期属岩溶缝洞形成主要时期,因而层间岩溶区又根据良里塔格组剥蚀程度、沉积特征及断裂构造特点,结合良里塔格组岩溶期水动力条件、岩溶作用方式又划分为:顺层改造区、台缘叠加区、断裂控储区。不同岩溶区在良里塔格组岩溶期水动力条件具有明显差异,岩溶作用强度、岩溶作用方式也具有明显差异，从而造成不同岩溶区岩溶缝洞分布、形成主控因素具有一定差异。

3.3.1 顺层改造区古岩溶特征与分布规律

3.3.1.1 典型井古岩溶特征

根据岩心观察、钻探、测井及成像测井等相关资料，层间岩溶—顺层改造区单井古岩溶缝洞发育特征见表3-5。

（1）HA6、HA6C井古岩溶特征。

HA6井，井深6476.5m进入奥陶系、6692m进入一间房组，一间房组上覆奥陶系有吐木休克组、良里塔格组、桑塔木组；HA6C井，井深6474.5m进入奥陶系、6772m（斜深）进入一间房组。根据钻井分析，HA6井井深6702~6704m属溶蚀裂缝发育段；HA6C井井深6772.5~6778.5m、6780.5~6796.0m属溶蚀孔洞发育段（图3-25）；HA6C井井深6773.0~6777.0m、6788.0~6796.0m属溶蚀孔洞发育段，中小孔洞发育。

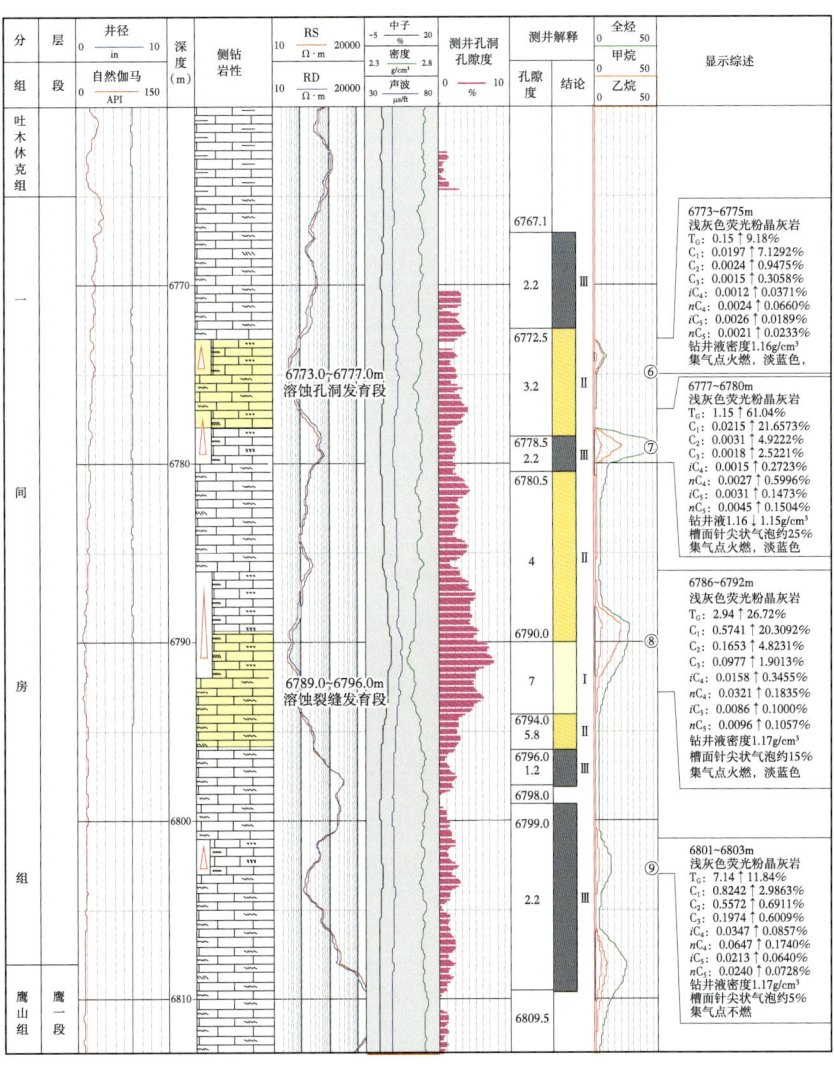

图3-25　HA6C井奥陶系四性关系图

表 3-5　哈拉哈塘层间岩溶—顺层改造区古岩溶缝洞发育特征

井号	补心海拔 (m)	奥陶系顶板深 (m)	一间房组顶板深 (m)	完井深度 (m)	岩溶缝洞发育特征					缝洞类型及充填特征	备注
					层位	缝洞发育深度 (m) 顶	底	缝洞发育段厚度 (m)	距一间房组顶深度 (m)		
HA6	972.99/ 973.85（原）	6476.5/ 6485.0	6692.05/ 6694.0	7459/ 7459	O_2yj	6710.0	6716.0	6.0	17.95	溶蚀裂隙孔洞发育段	测井：II类裂隙孔洞型储层，常规测试为干层
					$O_{1-2}y_2$	7070.0	7103.5	33.5	377.95	溶蚀裂隙孔洞发育段	测井：孔隙度2.0%，裂隙孔隙度0.039%；属II类裂缝孔洞型储层；综合解释：水层
					$O_{1-2}y_4$	7409.0	7413.0	4.0	716.95	溶蚀裂隙孔洞发育段	测井：孔隙度3.1%，裂隙孔隙度0.082%；属II类裂缝孔洞型储层；综合解释：水层
HA6C	972.99	6549/ 6475	6765/ 6682	6974/ 6878.71	O_2yj	6773.0	6777.0	4.0	8.00	溶蚀缝孔洞发育段	测井：孔隙度3.4%，成像解释见溶蚀孔发育，属I类孔洞型储层；综合解释：油层
					O_2yj	6780.5	6789.0	8.5	15.50	溶蚀孔洞发育段	测井：孔隙度3.1%，成像解释见中小孔洞发育，属II类孔洞型储层；综合解释：油层
					O_2yj	6789.0	6794.0	5.0	24.00	溶蚀孔洞发育段	测井：孔隙度7%，成像解释见溶蚀孔发育，属I类孔洞型储层；综合解释：油层
					O_2yj	6794.0	6796.0	2.0	29.00	溶蚀孔洞发育段	测井结果：孔隙度3.2%，裂隙孔隙度0.45029%，为I类油层，测井孔隙度0.1659%，为II类孔洞型储层；综合解释：油层
HA7	970.46	6491.1	6605.5	6645.24	O_2yj	6614.0	6621.0	7.0	8.50	溶蚀缝洞发育段	测井孔隙度3.2%，裂隙孔隙度0.45029%，为I类油层。其中：6624.55~6626.4m(1.85m)为溶洞，钻进时井漏、溢流，无一半充填
					O_2yj	6621.0	6630.0	9.0	15.50	溶蚀缝洞发育段	
					O_2yj	6631.08	6645.24	14.16	25.58	溶蚀缝孔洞发育段	钻进时井漏、溢流，无一半充填

3 古岩溶特征与控制因素

续表

井号	补心海拔 (m)	奥陶系顶板深 (m)	一间房组顶板深 (m)	完井深度 (m)	岩溶缝洞发育特征					备 注
					层位	缝洞发育深度(m) 顶	缝洞发育深度(m) 底	缝洞发育段厚度(m)	距一间房组顶深度(m)	缝洞类型及充填特征
HA10	978.85	6534.25	6654.95	6750	O_2yj	6694.0	6699.0	5.0	39.05	溶蚀缝孔洞发育段	测井：孔隙度4.9%，裂隙孔隙度0.0214%，成像见较发育的溶蚀孔洞，远探测声波处理在6691.5~6694m有溶蚀孔洞储层。属Ⅱ类孔洞型储层；综合解释：差油层
					$O_{1-2}y$	6721.0	6729.0	8.0	66.05	溶蚀缝孔洞发育段	测井：孔隙度3.7%，裂隙孔隙度0.089%，成像见局部发育溶蚀孔洞，可见鸟眼构造，远探测声波处理在6703~6750m处距井壁4~10m有溶蚀孔洞储层。属Ⅱ类孔洞型储层；综合解释：水层
HA11	975.71	6572.2	6742.45	6748	O_3t	6735.0	6736.5	1.5	—	溶蚀缝孔洞发育段	测井结果：裂缝孔隙度0.74%，属Ⅱ类储层；	6730~6748m，累计漏失钻井液225m³，完井试油，6658~6748m，裸眼测试，4mm油嘴放产，产气120m³，日产油25.53MPa（0.84/20℃，0.81/50℃）日产气0.648；H₂S：7~46ppm 7253~7584m³（比重0.648）
					O_3t	6736.5	6738.5	2.0	—	溶蚀缝孔洞发育段	测井结果：裂缝孔隙度4.28%，属Ⅰ类储层；	
					O_3t	6738.5	6740.0	1.5	—	溶蚀缝孔洞发育段	测井结果：裂缝孔隙度1.56%，属Ⅱ类储层；	
					O_2yj	6748.0	6751.5	3.5	5.55	溶蚀缝孔洞发育段	测井结果：裂缝孔隙度0.04%，属Ⅱ类储层；	
HA601	973.35	6440.55	6666	6677	O_2yj	6668.0	6673.0	5.0	2.00	溶蚀缝孔洞发育段	测井：孔隙度3.6%，裂缝孔隙度0.2%，成像解释见9条裂缝，属Ⅱ类裂缝孔洞型储层；综合解释：油层
					O_2yj	6673.0	6675.0	2.0	7.00	溶蚀缝孔洞发育段	测井：孔隙度2.4%，裂缝孔隙度0.51%，成像解释见1条裂缝，属Ⅱ类裂缝孔洞型储层；综合解释：油气层

81

HA6 井、HA6C 井的浅部溶蚀裂缝发育段，位于奥陶系一间房组顶面下 5~25m，由加里东中期第一幕岩溶作用而成。HA6 井、HA6C 井加里东中期第一幕岩溶地貌位于下岩溶缓坡地—丘峰洼地地貌单元，属西部水系与中部水系局部分水岭地带。就岩溶发育条件而言，此地貌类型区属局部水岭地带，汇流条件有限，因而岩溶空间发育规模相对较小，浅部岩溶主要以垂向溶蚀裂缝、小溶洞、溶蚀孔洞为主，岩溶缝洞连通性较弱。

（2）HA7 井古岩溶特征。

HA7 井 6491m 进入奥陶系，包含一间房组、吐木休克组、良里塔格组、桑塔木组。此井加里东中期第一幕岩溶地貌处于岩溶台原地（台地）—溶丘洼地地貌单元，就岩溶发育条件而言，由于处于岩溶地貌边坡位置，地表补给、汇流条件有限，因而岩溶发育条件一般，岩溶以垂向溶蚀裂缝、溶孔为主，溶洞发育条件校对较弱。根据钻井分析（图 3-26），井深 6626.40~6645.24m（距一间房组顶面 21.4m），钻井钻进中漏失钻井液 1223.7m³，反映此段溶蚀裂缝（或岩溶缝洞）比较发育，与地貌岩溶发育条件分析比较类似，说明此岩溶现象主要由加里东中期第一幕岩溶作用而成。

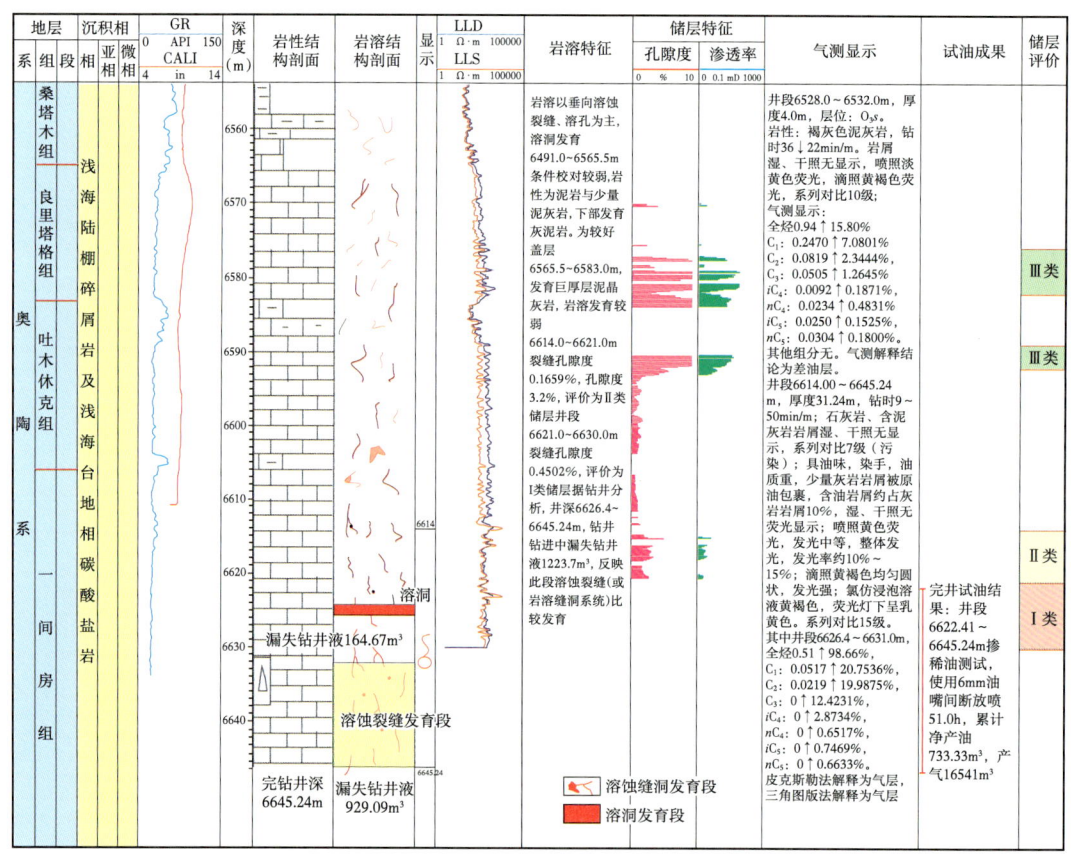

图 3-26　HA7 井奥陶系古岩溶结构剖面图

（3）HA10 井古岩溶特征。

HA10 井 6535.2m 进入奥陶系，包括一间房组、吐木休克组、良里塔格组、桑塔木组。井深 6694~6699m（距一间房组顶面 38.5m）、6712~6714m（距一间房组顶面 56.5m）、

6721~6729m（距一间房组顶面65.5m）属溶蚀孔洞、溶蚀裂缝发育段，岩溶发育段位于奥陶系鹰山组（图3-27）。HA10井加里东中期第一幕岩溶地貌位于岩溶台原地与下岩溶缓坡地地貌转折部位，属西部水系与中部水系局部分水岭地带。就岩溶发育条件而言，该类岩溶地貌类型区，局部汇水面积有限，地下水以垂直渗流为主，径流坡降校对较大，虽有利于丘丛、岩溶沟谷、洼地的形成，浅部岩溶发育，且岩溶空间不易被后期充填，但因降水滞留时间短，岩溶作用周期短，因而溶洞发育规模相对其他地带要小，岩溶以垂向溶蚀裂缝、溶孔为主，溶洞发育条件校对较弱，岩溶缝洞属加里东中期第一幕岩溶作用与加里东中期第二幕或加里东晚期深部潜流的岩溶作用叠加改造而成。

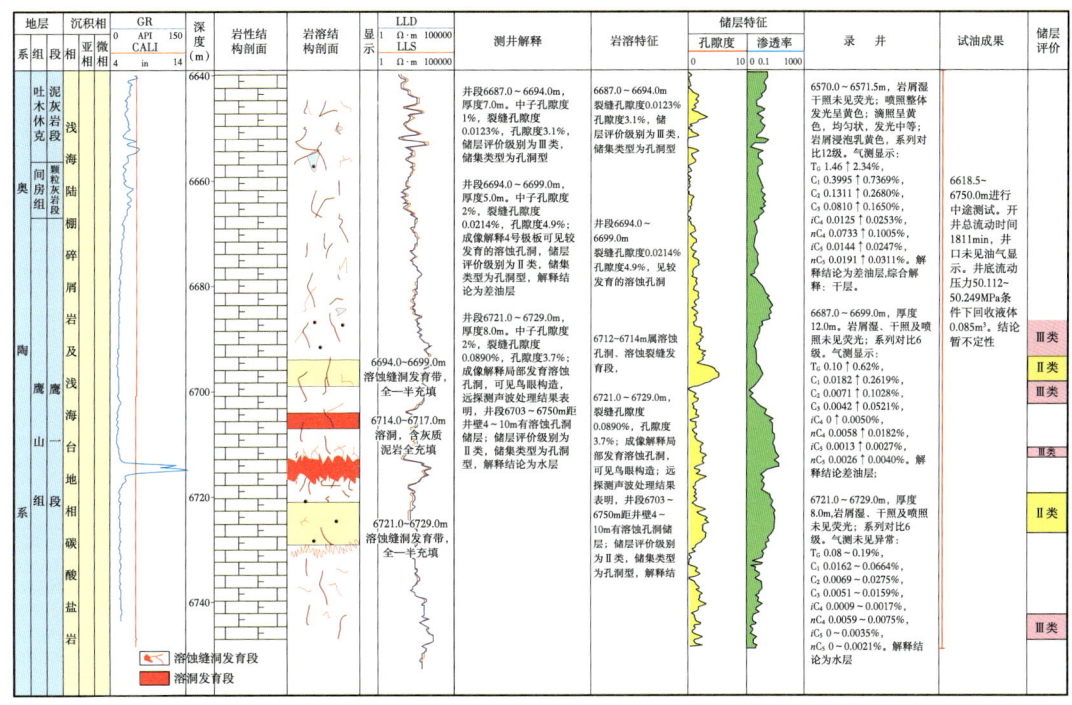

图3-27　HA10井奥陶系古岩溶结构剖面图

（4）HA11井古岩溶特征。

HA11井6572m进入奥陶系，包括一间房组、吐木休克组、良里塔格组、桑塔木组。井深6739~6740m（距一间房组顶面上3.5m），钻井漏失钻井液112m³，属溶蚀裂缝发育段；井深6776~6798m（距一间房组顶面下29.0m），溶蚀裂缝发育，呈半充填状态，可能由加里东中期第一幕岩溶作用而成；井深6858~6860m（距一间房组顶面下110.0m）溶蚀裂缝发育，由加里东中期第二幕或加里东晚期深部潜流的岩溶作用叠加改造而成（图3-28）。HA11井加里东中期第一幕岩溶地貌位于下岩溶缓坡地—溶丘洼地地貌单元，属古岩溶流域汇流或区域径流地带、局部河间地带。就岩溶发育条件而言，该区属古岩溶流域汇流、排泄区，岩溶作用较强，水岩作用周期相对较长，因而浅部岩溶缝洞比较发育，同时此区域是地下径流集中汇流、径流或局部排泄区域，地下岩溶洞穴、岩溶管道可能比较发育，可能具有发育地下岩溶管道的特点，整体岩溶发育较强。

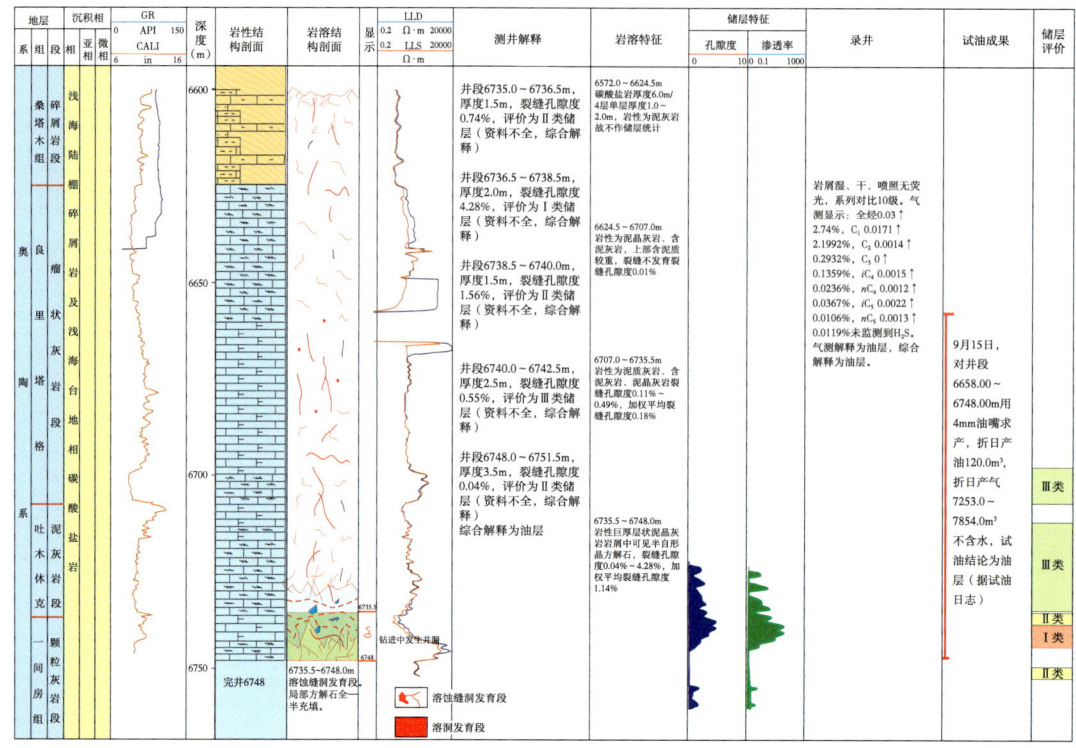

图 3-28 HA11 井奥陶系古岩溶结构剖面图

（5）HA601 井古岩溶特征。

HA601 井 6440.5m 进入奥陶系，包括一间房组上、吐木休克组、良里塔格组、桑塔木组。井深 6668~6677m（距一间房组顶面 2.0m）为溶蚀裂缝发育段，由加里东中期第一幕岩溶作用而成（图 3-29）。HA601 井加里东中期第一幕岩溶地貌位于下岩溶缓坡地—丘丛洼地地貌单元，近西部水系与中部水系局部分水岭地带。就岩溶发育条件而言，此地貌类型区属局部分水岭地带，汇流条件有限，因而岩溶空间发育规模相对较小，浅部岩溶以垂向溶蚀裂缝、小溶洞、溶蚀孔洞为主，岩溶缝洞连通性较弱。

3.3.1.2 暗河发育特征

哈拉哈塘层间岩溶—顺层改造区在钻井的过程中常伴随着大量放空漏失井的出现，放空漏失井段的发育与古断裂及地下暗河发育具有明显的关系（图 3-30），据统计：哈拉哈塘层间岩溶顺层改造区放空漏失井共 33 口，其中发生放空的井点共 14 口，32 口井均有不同程度的漏失发生（表 3-6）。

通过分析可见，放空漏失井部位大多有地下暗河管道系统经过，少部分井为独立的溶洞系统造成，其发生层位主要发育在一间房组，少数发育在鹰山组。在所统计的 33 口放空漏失井中共 11 口井不同程度的发生在鹰山组，有 23 口井放空漏失发生在一间房组。

层间岩溶—顺层改造区暗河管道系统发育，岩溶缝洞与古河道排泄具有明显关系，缝洞发育层位主要集中于一间房组，局部发育于鹰山组，通过地表水系发育特征、深浅串珠展布特征、地震剖面反射特征，结合两个岩溶期不同古地貌对地下暗河分别进行了研究。

（1）良里塔格组岩溶期暗河（岩溶管道）发育特征。

根据良里塔格组岩溶期古岩溶地貌形态、地表深切河谷及岩溶层组的关系，结合地震响应特征对区内地下暗河进行了刻画，共刻画出 6 条暗河管道系统、29 条暗河管道组合（图 3-31，表 3-7）。区内暗河管道发育不完整，同一岩溶系统中部岩溶管道系统不发育。多属流入型或流出型岩溶管道，仅局部发育中部岩溶管道系统。

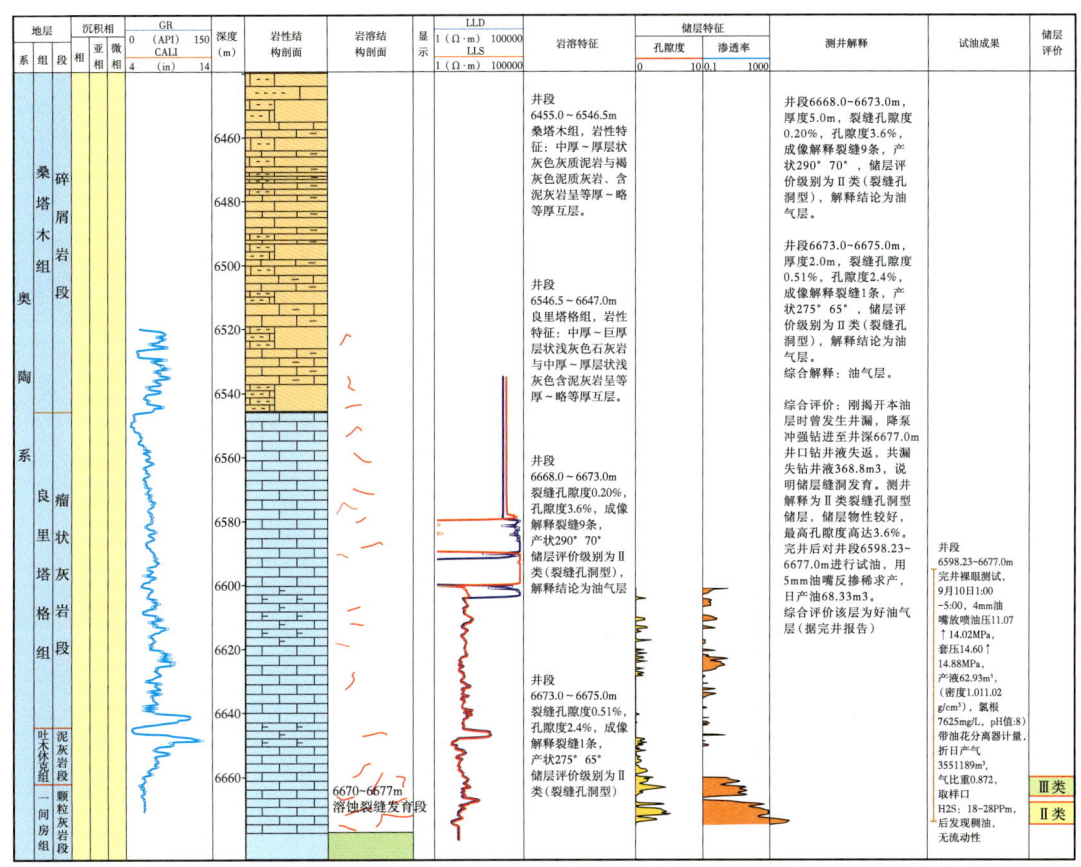

图 3-29　HA601 井奥陶系古岩溶结构剖面图

分析可见，岩溶地下暗河管道系统发育方向与地表水系发育主方向大体一致，主要为北北东、北北西为主，少数北东、北西、或者近南北向，所刻画的 6 条暗河管道系统、29 条地下暗河管道在地震上也得到了较好的验证。层间岩溶区为潜山岩溶区明河转入暗河第一区域，同时也为岩溶湖地表水沿着溶蚀孔洞缝及节理裂隙往南渗流、径流转换区域，由放空漏失井统计推测地下暗河管道发育层位主要为一间房组，少数发育在鹰山组，但是地震上较难识别。暗河形态不规则，多为枝状、单管道状，所识别的单条暗河管道发育规模多集中在 3~4km。暗河类型多样化：流入型暗河系统（图 3-32）（3—6 号暗河系统），流出型暗河系统（图 3-32）（3—7 号暗河系统），上段在古河道深切处流出（图 3-33）（4—5 号暗河系统）、下段以深切古河道补给流入型暗河系统（图 3-33）（4—4 号暗河系统），天窗型暗河系统（图 3-34）（2—6 号暗河系统），仅发育暗河中部类型，流入流出特征不明显暗河系统（图 3-34）（2—5 号暗河系统）。

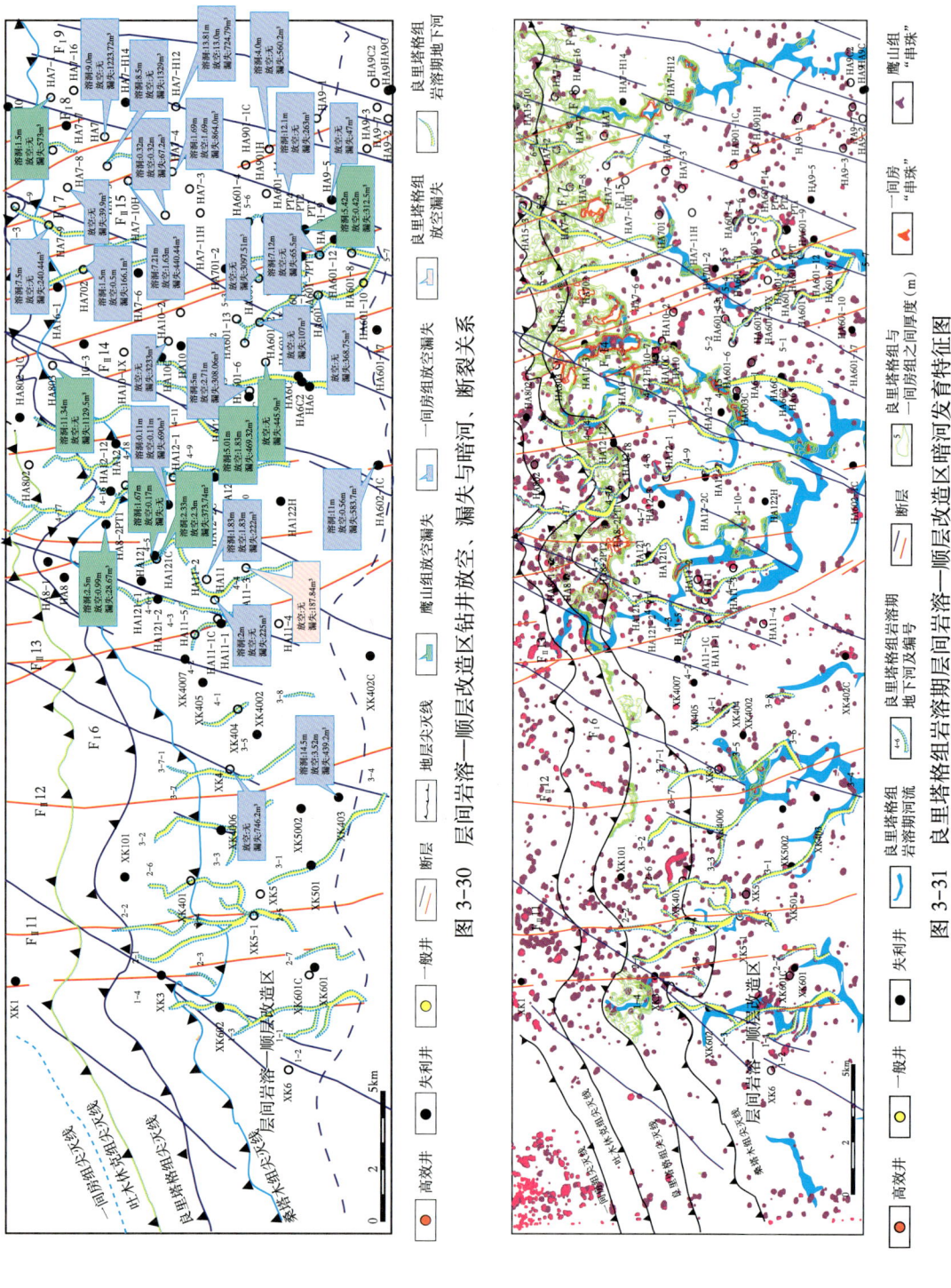

图 3-30 层间岩溶—顺层改造区钻井放空、漏失与暗河、断裂关系

图 3-31 良里塔格组岩溶期层间岩溶—顺层改造区暗河发育特征图

表 3-6 层间岩溶—顺层改造区放空、漏失井统计表

序号	井位	层位	放空/漏失	开始井深（m）	溶洞厚度（m）	放空/漏失量
1	HA601	一间房组	漏失	6671.36		368.75m^3
2	HA6-1	鹰一段	漏失	6694		445.9m^3
3	HA601-2	一间房组	漏失	6664.72		107m^3
4	HA601-7PT1	鹰山组	放空、漏失	6721.08	5.42	放空0.42m，漏失312.5m^3
5	HA601-7PT4	鹰山组	漏失	6899	12.1	263 m^3
6	HA601-9	一间房组	漏失	6669	7.12	65.5m^3
7	HA601-11	一间房组、鹰山组	漏失	6980.53		3097.51m^3
8	HA602-1C	一间房	放空、漏失	7024	11	放空0.56m，漏失583.7m^3
9	HA603C	一间房	放空、漏失	7114.95	5	放空2.71m，漏失308.06m^3
10	HA7	一间房	漏失	6624.55	9	1223.72m^3
11	HA701	一间房	放空、漏失	6617.68	0.32	放空0.32m，漏失67.2m^3
12	HA702	一间房	放空、漏失	6682.5	1.5	放空0.5m，漏失166.1m^3
13	HA7-1	鹰山组	漏失	6604	1.5	573m^3
14	HA7-4	一间房	放空、漏失	6576.76	1.69	放空1.69m，漏失864 m^3
15	HA7-5	一间房	漏失	6622	8.5	1329m^3
16	HA7-8	一间房	漏失	6671		39.9m^3
17	HA7-9	一间房	漏失	6640.5	7.5	240.44m^3
18	HA7-10H	一间房	放空、漏失	6835.66	7.21	放空1.63m，漏失440.44m^3
19	HA7-12H	一间房	放空、漏失	6736.19	13.81	放空13m，漏失累计724.79m^3
20	HA803	鹰山组	放空、漏失	6654.66	11.34	放空5m，漏失1129.5m^3
21	HA8-2PT1	鹰山组	放空、漏失	6915.54	2.5	放空0.99m，漏失28.67m^3
22	HA9-5	一间房	漏失	6621.23		47m^3
23	HA901H	一间房	漏失	6699.68m	4	560.2m^3
24	HA10C	一间房	漏失	6925.49 m		3233m^3
25	HA11	一间房	漏失	6730	2	225m^3
26	HA11-2	一间房	放空、漏失	6717.25	1.83	放空1.83m，漏失222.03m^3
27	HA11-3	良里塔格一间房组	漏失	6674.38m		187.84m^3
28	HA121	一间房	放空	6696.27	1.67	放空0.17m
29	HA121C	鹰山组	放空、漏失	6814.7	2.3	放空2.3m，漏失373.74m^3
30	HA12-2C	鹰山组	漏失	6780.71	5.01	469.36m^3
31	HA12-3CH	鹰山组	放空、漏失	6722.69	0.11	放空0.11m，漏失690.23m^3
32	XK4	一间房组	漏失	6874.14		746.2m^3
33	XK403	鹰山组	放空、漏失	6889.86	14.5	放空3.52m，漏失439.6m^3

表 3-7 良里塔格组岩溶期暗河管道系统发育特征表

暗河编号	发育位置	发育层位	暗河延伸方向/长度	暗河管道系统类型与暗河性质	充填难易程度
1-1	XK6与XK601井之间	$O_2yj/O_{1-2}y$	NE/1.0~1.5km	1号暗河管道支流；流出型暗河管道	中等
1-2	XK6与XK601井之间	$O_2yj/O_{1-2}y$	NE/0.8~1.2km	1号暗河管道支流；流出型暗河管道	中等

续表

暗河编号	发育位置	发育层位	暗河延伸方向/长度	暗河管道系统类型与暗河性质	充填难易程度
1-3与1-4	沿XK3井西侧—XK601井—XK602井西侧	$O_2yj/O_{1-2}y$	NS/8~9km	1号暗河管道主管道；1-3属流入型暗河管道、1-4属流出型暗河管道	较容易
2-1	XK3井东侧	$O_2yj/O_{1-2}y$	SSE/3~3.5km	2号暗河管道支管道；属由潜山岩溶区至浅覆盖区流入型岩溶缝洞	较容易
2-2	XK401井西侧	$O_2yj/O_{1-2}y$	SSE/2.5~3.0km	2号暗河管道支管道；属由潜山岩溶区至浅覆盖区流入型岩溶缝洞	较容易
2-4	XK401—XK5-1井西侧	$O_2yj/O_{1-2}y$	SSW/3~3.5km	2号暗河管道支管道；上段属流出型、下段属流入型岩溶缝洞	上段不易充填、下段易充填
2-5与2-6	沿XK401—XK5-1井	$O_2yj/O_{1-2}y$	SSW/7~7.5km	2号暗河管道支管道；属岩溶管道系统中部岩溶缝洞，2-6具有天窗	不易充填
2-7	XK601井东侧	$O_2yj/O_{1-2}y$	SSW/3~3.5km	2号暗河管道；上段属流出型、下段属流入型岩溶缝洞	上段不易充填、下段易充填
3-1	沿XK5井—XK501—XK403井一带	$O_2yj/O_{1-2}y$	SE/6~6.5km	3号暗河管道支管道；暗河管道中部岩溶缝洞	不易充填
3-2 3-3	XK401井与XK4井之间	$O_2yj/O_{1-2}y$	SSE/5~5.5km	3号暗河管道支管道；3-2属暗河管道中部岩溶缝洞；3-3属流出型岩溶缝洞	不易充填
3-7 3-5 3-6	沿XK4—XK403井一带	$O_2yj/O_{1-2}y$	SSE/7~7.5km	3号暗河主管道系统；3-5、3-6属流入型岩溶缝洞；3-7属流出型岩溶缝洞	3-5、3-6易充填 3-7不易充填
4-1 3-8	沿XK402—XK404井一带	$O_2yj/O_{1-2}y$	4-1：SSE/1.5~2.0km 3-8：SSE/1~1.2km	3号暗河管道系统支管道；属暗河管道中部岩溶缝洞	不易充填
4-2	沿HA11-5—HA11-1井一带	$O_2yj/O_{1-2}y$	SSE/2.5~3.0km	4号暗河管道系统支管道；属暗河管道中部岩溶缝洞	不易充填
4-6 4-3	沿HA8—HA121-1—HA11-1井一带	$O_2yj/O_{1-2}y$	SSW/6.0~6.5km	4号暗河管道系统支管道；4-6属暗河管道中部岩溶缝洞、流出型岩溶缝洞；4-3属流入型缝洞	4-6不易充填；4-3易充填
4-5 4-4	沿HA121—HA11-2—HA11—HA11-3井一带	$O_2yj/O_{1-2}y$	SN/7.5~8.0km	4号暗河主管道系统；4-5属流出型岩溶缝洞；4-4属流入型缝洞	4-5不易充填；4-4易充填
4-17	沿HA802西侧—Ha8-2PT2井一带	$O_2yj/O_{1-2}y$	SN/4.0~4.5km	4号暗河管道系统支管道；属流入型缝洞	易充填
4-18	沿HA12-2西侧	$O_2yj/O_{1-2}y$	SN/2.5~3.0km	4号暗河管道系统支管道；属流入型缝洞	易充填
4-16	沿HA12井一带	$O_2yj/O_{1-2}y$	SN/1.5~2.0km	4号暗河管道系统支管道；属流入型缝洞	易充填
4-14	沿HA802-1C南侧—HA12-12井一带	$O_2yj/O_{1-2}y$	SN/4.0~4.5km	4号暗河管道系统支管道；属自潜山岩溶区至浅覆盖区流入型缝洞，具有暗河天窗	较易充填
4-9	沿HA12-1—HA12-2井一带	$O_2yj/O_{1-2}y$	SN/4.5~5.0km	4号暗河管道系统支管道；属暗河管道中部岩溶缝洞	不易充填
4-12 4-13 4-11	沿HA10-7—HA12-4井一带	$O_2yj/O_{1-2}y$	SW/5.0~5.5km	4号暗河管道系统支管道；4-12属流入型缝洞、4-13属流出型岩溶缝洞；4-11缝洞特征不明显	4-12易充填；4-13不易充填

续表

暗河编号	发育位置	发育层位	暗河延伸方向/长度	暗河管道系统类型与暗河性质	充填难易程度
4-15	沿HA603C HA6井一带	$O_2yj/O_{1-2}y$	SN/4.0~4.5km	4号暗河管道系统支管道；属流入型与流出型缝洞组合，中部岩溶缝洞不发育	流入部分易充填；流出部分不易充填
5-8	沿HA702—HA7-6井一带	$O_2yj/O_{1-2}y$	SE/5.0~5.5km	5号暗河管道系统支管道；属自潜山岩溶区至浅覆盖区流入型缝洞，具有暗河天窗	较易充填
5-9	沿HA15-3—HA7-9 HA7-9井一带	$O_2yj/O_{1-2}y$	SSW/6.0~6.5km	5号暗河管道系统支管道；属自潜山岩溶区至浅覆盖区流入型缝洞，具有暗河天窗	较易充填
5-1	沿HA601—HA601-10井一带	$O_2yj/O_{1-2}y$	SE/3.0~3.2km	5号暗河管道系统支管道；暗河中部缝洞，特征不明显	不易充填
5-2	沿HA601-6—HA601-2—HA601-7井一带	$O_2yj/O_{1-2}y$	SE/3.0~5.5km	5号暗河管道系统支管道；暗河中部缝洞，特征不明显	不易充填
5-4 5-5	沿HA601-11—HA601-1井一带	$O_2yj/O_{1-2}y$	SE/2.5~3.0km	5号暗河管道系统支管道；暗河中部缝洞，特征不明显	不易充填
5-6	沿HA601-4—HA601-5—HA601-1—HA601-9—HA601-8井一带	$O_2yj/O_{1-2}y$	SW/6.0~6.5km	5号暗河管道系统支管道；暗河管道特征明显，后部分属流出型缝洞，前部分属流入型缝洞	后部分不易充填；前部分易充填
6-1 6-2	沿HA7-2—HA7-5井一带	$O_2yj/O_{1-2}y$	SN/4.0~4.5km	6号暗河主管道系统；属暗河中部缝洞，特征明显，属多个缝洞组合	不易充填

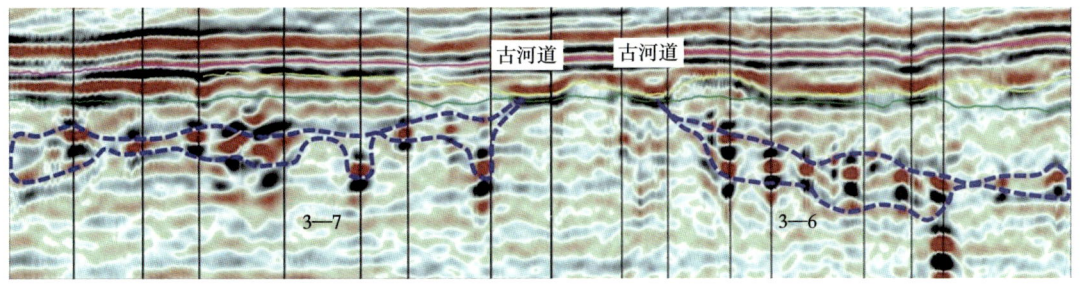

图3-32 3—7号流出型暗河系统，3—6号流入型暗河系统

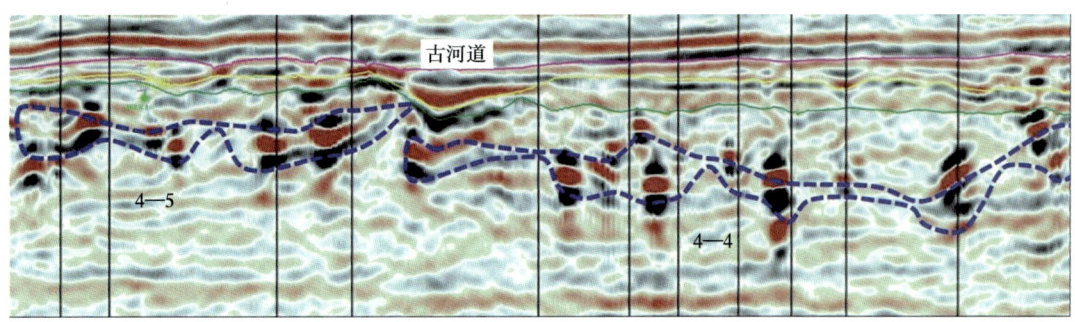

图3-33 古河道深切，流入、流出共存型暗河系统（4—4号、4—5号暗河）

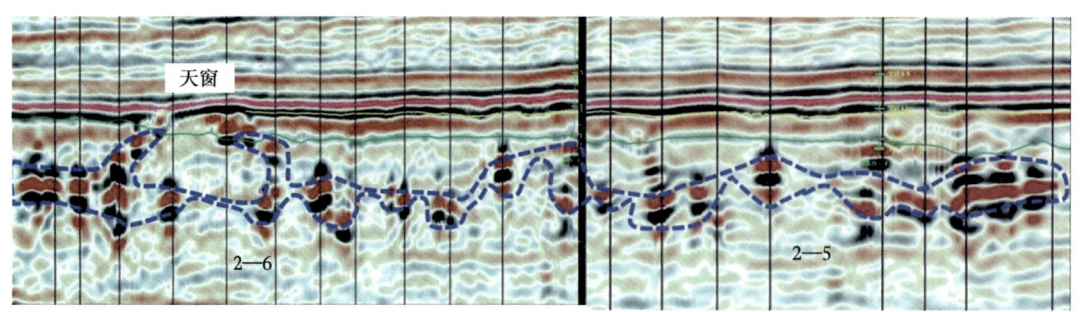

图 3-34 天窗型（2—6 号暗河）、中部暗河管道型（2—5 号暗河）

（2）前志留纪岩溶期暗河发育特征。

共划分为 7 个暗河管道系统（表 3-8，图 3-35），岩溶管道系统以流入型为主（图 3-36a），岩溶管道中部系统（图 3-36b）及独立溶洞发育、岩溶管道系统发育不完整，局部发育流出型岩溶管道系统。

表 3-8 层间岩溶—顺层改造区前志留纪岩溶期暗河发育特征

暗河编号	发育位置	发育层位	暗河延伸方向/长度	暗河管道系统类型与暗河性质	充填难易程度
1	XK3 与 XK602 井之间	O_2yj/O_3l	SN/2.0~2.5km	深切河谷流入型暗河管道系统	易充填
2-1	XK3 与 XK401 井之间	O_2yj/O_3l	NW/2.0~2.5km	2 号暗河管道支管道；属暗河管道中部系统，地震连续型强反射	中等
2-2	过 XK5-1 井	O_2yj/O_3l	NW/1.5~2.0km	2 号暗河管道支管道；暗河管道特征不明显，反射杂乱且相对较弱	易充填
3	过 XK601 井附近	O_2yj/O_3l	NW/2~2.5km	流出型暗河管道系统，中部含天窗，地震强反射	不易
4-1	HA11-5 东侧，过 HA11 井	O_2yj/O_3l	NW/4.5~5.0km	4 号暗河管道支管道；属由潜山岩溶区至浅覆盖区流入型岩溶缝洞，地震强反射	易充填
4-2	过 HA121-2 井	O_2yj/O_3l	SSW/3~3.2km	4 号暗河管道支管道；属由潜山岩溶区至浅覆盖区流入型岩溶缝洞，地震强反射	易充填
5	过 HA12 井与 HA12-1 井附近	O_2yj/O_3l	NNW/2~2.2km	前半段流入型，地震反射较强，后半段不明显	易充填
6	过 HA10-1X 及 HA10-7 井附近	O_2yj/O_3l	SN/5~5.5km	为岩溶湖流入型缝洞，地震反射连续型弱	易充填
7	过 HA16-1—HA702—HA7-6 井一带	$O_2yj/O_{1-2}y$	NNW/3~3.5km	为流入型暗河管道系统	易充填

3 古岩溶特征与控制因素

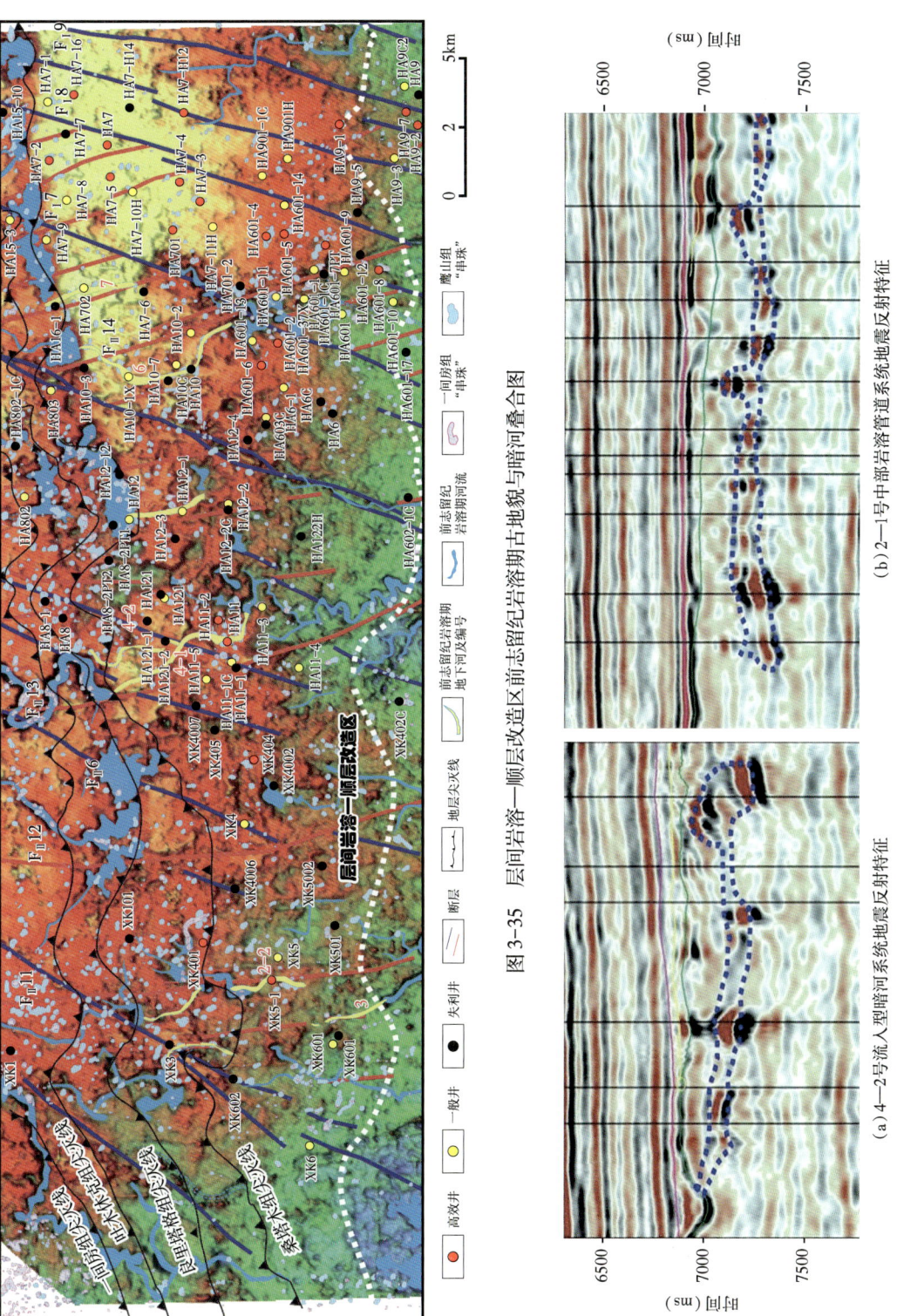

图 3-35 层间岩溶—顺层改造区前志留纪岩溶期古地貌与暗河叠合图

图 3-36 暗河管道系地震反射特征图
(a) 4-2号流入型暗河系统地震反射特征
(b) 2-1号中部岩溶管道系统地震反射特征

（3）岩溶暗河管道（缝洞）发育机理。

层间岩溶—顺层改造区紧邻潜山岩溶区，为潜山岩溶区岩溶水第一接触地带，无论水动力交替条件还是水的溶蚀性能相对南部地区均较强。该区为北部潜山岩溶水伏流入口地带，即明河转为暗河区域，北部潜山岩溶区岩溶水在桑塔木组弱岩溶层组碎屑岩覆盖区一带形成一系列岩溶湖及洼地，岩溶水由此转入地下进行层间岩溶作用与前期岩溶改造。比如HA121井，一间房组发育洞高1.67m溶洞，并且在6696.27m放空0.17m，说明该溶洞后期未完全充填，HA11-2井，钻井至6717.25m时，发生放空并伴有漏失，放空1.83m，漏失222.03m^3，说明发育溶洞的高度要大于放空高度，地下暗河管道通过于此，发育层位为一间房组。HA11井，钻至6730m发生漏失225m^3，测井显示该段发育2m高溶洞，发育层位为一间房组。该区多发育有潜山岩溶区至层间改造区流入型暗河缝洞，后期相对较易不同程度的充填（图3-37）。

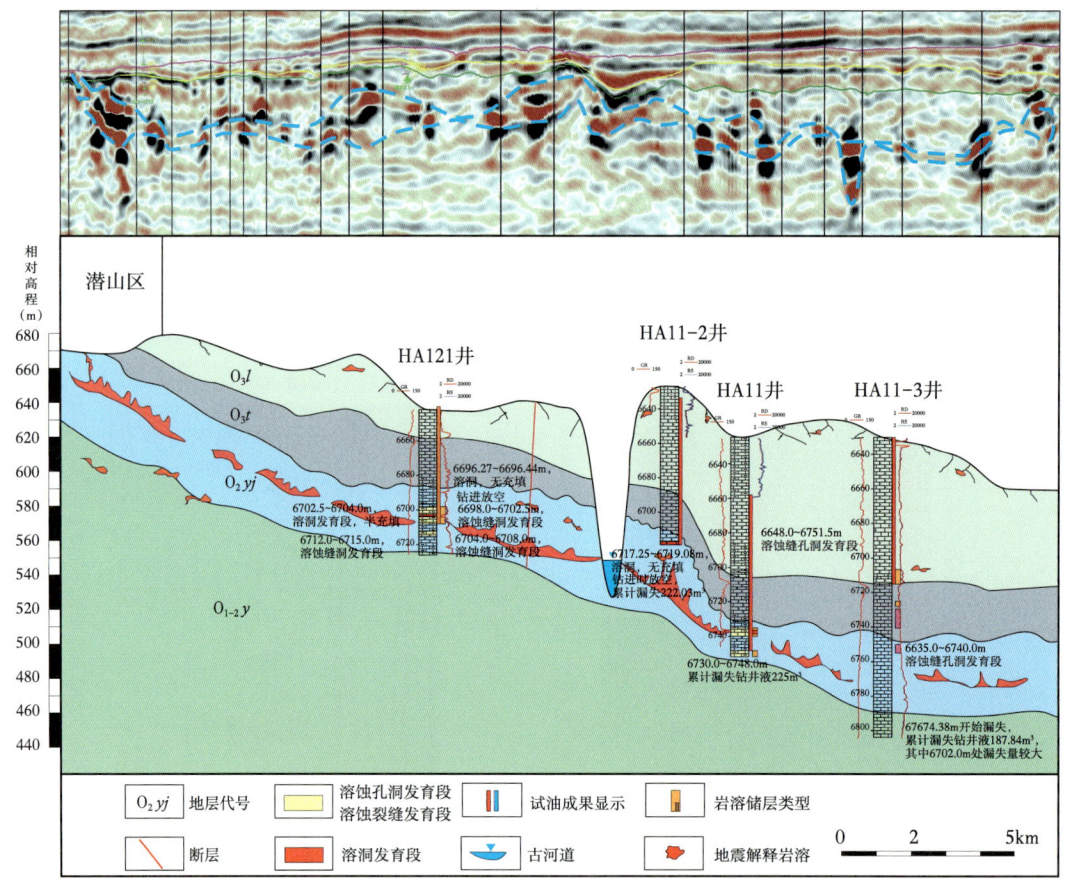

图3-37　层间岩溶—顺层改造区古暗河形成地质模式

3.3.2　台缘叠加区古岩溶特征与分布规律

层间岩溶—台缘叠加区位于良里塔格组顶深切河流以南，良里塔格组台缘坡折带以北。前期研究表明该区良里塔格组台缘带良一段和良三段礁滩相纯石灰岩发育较厚，这为岩溶改造提供了物质基础。此外，本区奥陶系碳酸盐岩在一间房组沉积末期及良里塔格组沉积末期均存在暴露，具备岩溶作用条件。由此在本区形成了复杂的层间岩溶—台缘礁滩叠加储层。

古地貌、古水系恢复显示一间房组岩溶期古地貌地势比较平缓，以微丘洼地为主，地势相对高差较小，水系发育、地下水径流缓慢，岩溶作用主要位于浅部，岩溶分布面较广，岩溶缝洞以小规模溶蚀缝洞为主。良里塔格组岩溶期古地貌整体北高南低，地表河流由北向南径流（图3-38），但显然良里塔格组岩溶期台缘区地貌、地势较顺层改造区平缓，河流下切深度远不如顺层改造区，良里塔格组岩溶期河流对良里塔格组下伏的一间房组、鹰山组碳酸盐岩储层岩溶改造作用较弱，因而一间房组、鹰山组碳酸盐岩岩溶缝洞形成与北侧地下水侧向运移、沿断裂破碎带或顺层集中运移具有明显关系。

3.3.2.1 典型井古岩溶缝洞特征

在本区共计钻井70余口，其中高产井10口，普通油气井31口，失利井32口。其中近25口井存在不同程度放空、漏失（表3-9），层位主要为一间房组，其次为鹰山组，少数井在良里塔格组出现放空漏失如HA9、RP1C、HA601-17等井。可见该区储层发育段多、非均质强、油气聚集规律复杂。

表3-9 层间岩溶—台缘区钻井放空、漏失特征表

序号	井位	井深/井段(m)	放空/漏失	层位	放空/漏失量	序号	井位	井深/井段(m)	放空/漏失	层位	放空/漏失量
1	HA9	6528	漏失	良里塔格组	125m³	14	RP1	6960.98	漏失	一间房组	168.4m³
		6693~6694	放空	鹰山组	3m	15	RP2	6967~6975	漏失	一间房组	1318.4m³
2	HA9c	6695~6792	漏失	一间房组	46.8m³	16	RP4c	6760~6764.8	漏失	一间房组	404.5m³
3	HA9-2	6668.4	放空+漏失	一间房组	1505.3m³	17	RP4	6763.53	漏失	一间房组	81.2m³
4	HA601-3C	6746	漏失	鹰山组	52.25m³	18	RP4-1	6725.59	漏失	一间房组	270.5m³
5	HA601-3C2	7121.5	漏失	一间房组	608.3m³	19	RP401	6758.8	漏失	鹰山组	176 m³
6	HA601-17	6577	漏失	良里塔格组	155.5m³			6759~6788	放空	鹰山组	29m
7	HA902-2	6675~6680	漏失	一间房组		20	RP6	6971.8	漏失	鹰山组	22.4m³
8	HA13-1	6792.1~6807	漏失	一间房组	133.6m³			6980	漏失	鹰山组	73.5m³
9	HA13-1C	6828	漏失	吐木休克组	188.41m³	21	RP7	6909	漏失	鹰山组	180.6m³
10	HA13-2	6684	漏失	良三段	108.99m³	22	RP702	6853.3	漏失	吐木休克组	193m³
		6756	漏失	一间房组	137.63m³			6857.2~6858.4	放空	鹰山组	1.3m
		6797	漏失	鹰山组	187.3m³			6863.6~6864.4	放空	鹰山组	0.8m
		6850	漏失	鹰山组	138.21m³	23	XK8hc	6826~6826.5	漏失	一间房组	8m
11	XK9007	6829.6	漏失	一间房组	45m³	24	XK402c	6897~6901m	放空	一间房组	4.23m
12	XK9c	7011.68	漏失	鹰山组	632m³			6890~6900m	漏失	一间房组	68.4m³
13	RP1c	6978.59	漏失	良二段+三段	272.2m³	25	XK7c2	7014.24	漏失	一间房组	4.8m³

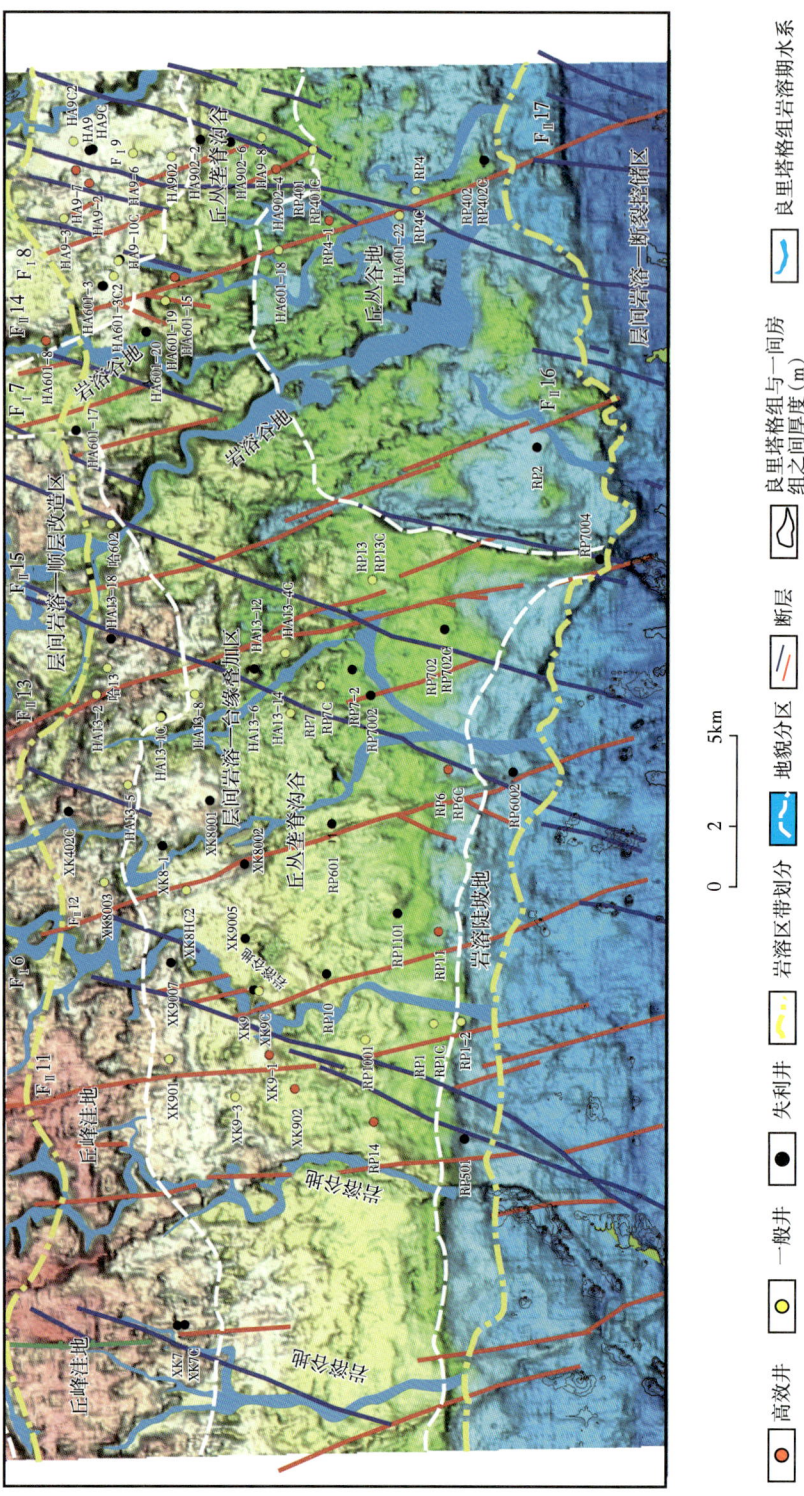

图 3-38 层间岩溶—台缘叠加区良里塔格组岩溶期岩溶地貌图

3 古岩溶特征与控制因素

（1）XK7 井古岩溶特征。

井深 6640.8m 进入奥陶系，完钻井深 6980m。揭露奥陶系分别为桑塔木组（O_3s）、良里塔格组（O_3l）、吐木休克组（O_3t）、一间房组（O_2yj）及鹰山组一段（$O_{1-2}y_1$）。

据岩心观察，岩性主要为浅灰色泥晶灰岩夹亮晶砂屑灰岩，缝合线较为发育，呈网状分布，有机质充填；沿缝合线发育溶蚀孔，方解石充填。无较大溶洞（图 3-39）。

（a）溶蚀孔、方解石半充填　　　　　　（b）溶蚀孔洞，方解石、黄铁矿及泥质全充填

图 3-39　XK7 井古岩溶特征

（2）XK9 井古岩溶特征。

XK9 井揭露奥陶系厚度为 414.01m。揭露奥陶系分别为桑塔木组（O_3s）、良里塔格组（O_3l）、吐木休克组（O_3t）、一间房组（O_2yj）及鹰山组（$O_{1-2}y$），6885.5m 深处进入一间房组（O_2yj）。据测井资料分析，一间房组（O_2yj）：井深 6899~6902.5m 为溶蚀孔洞缝发育段，测井孔隙度 3.0%、裂缝孔隙度 0.008%，属Ⅱ类孔洞型储层，综合解释为油层；井深 6904.5~6906.5m 为溶蚀孔洞缝发育段，测井孔隙度 2.4%、裂缝孔隙度 0.007%，属Ⅱ类孔洞型储层，综合解释为差油层；井深 6909~6911m 为溶蚀孔洞缝发育段，测井孔隙度 0.1%、裂缝孔隙度 0.0%，成像解释见裂缝 3 条，属Ⅱ类裂缝型储层，综合解释为差油层。

（3）RP1 井古岩溶特征。

RP1 井于井深 6591.4m 进入奥陶系，完钻井深 6971m。揭露奥陶系分别为桑塔木组（O_3s）、良里塔格组（O_3l）、吐木休克组（O_3t）、一间房组（O_2yj）及鹰山组（$O_{1-2}y$），6960m 深处进入一间房组（O_2yj）（图 3-40）。良里塔格组（O_3l）井深 6840.0~6845.5m 为溶蚀孔洞缝发育段，测井孔隙度 2.4%、裂缝孔隙度 0.009%，属Ⅱ类孔洞型储层。一间房组（O_2yj）井深 6961.0~6964.0m 为溶蚀孔洞缝发育段，测井孔隙度 4.2%、裂缝孔隙度 0.061%，成像解释见裂缝 10 条，属Ⅱ类裂缝孔洞型储层；井深 6965.0~6967.0m 为溶蚀孔洞缝发育段，测井裂缝孔隙度 0.054%，属Ⅱ类裂缝孔洞型储层；井深 6967.0~6971.0m、6959.5~6961.0m、6964.0~6965.0m 为溶洞发育段，为Ⅰ类洞穴型储层。井深 6960.98~6971m 累计漏失 168.4m³。6847.3~6855.5m 为良里塔格组二段（O_3l_2），岩性

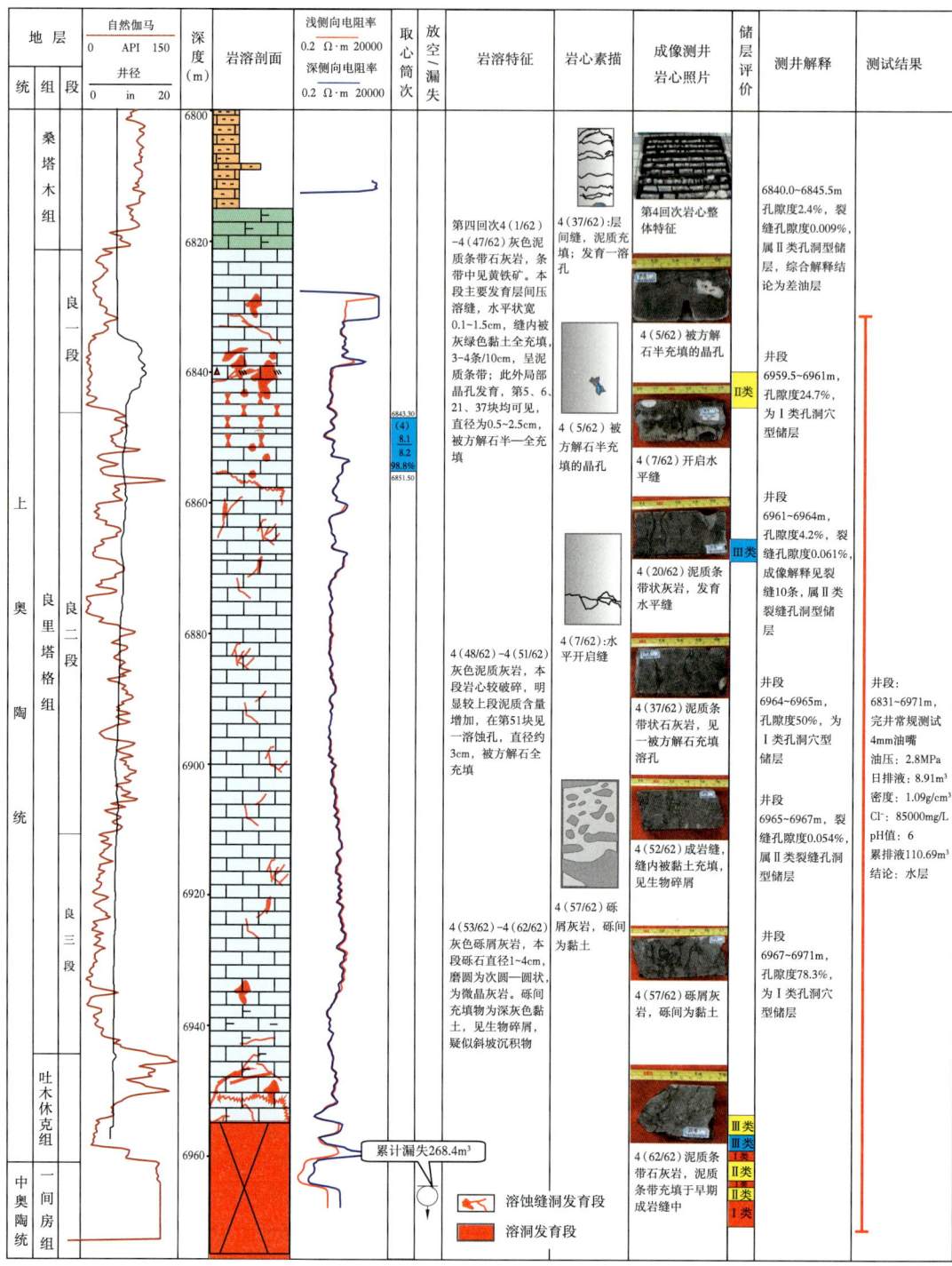

图 3-40 RP1 井奥陶系古岩溶结构剖面图

为灰色泥质条带石灰岩、灰色泥质灰岩，主要发育溶蚀孔，孔径0.5~2.5cm，方解石半充填—全充填。另见角砾状泥质灰岩洞（图3-41）。

（a）溶蚀孔、方解石半充填

（b）溶蚀孔洞，方解石、黄铁矿及泥质全充填

图3-41 RP1井古岩溶特征

（4）RP401井古岩溶特征。

RP401井于井深6292.7m进入奥陶系，完钻井深6788m。揭露奥陶系分别为桑塔木组（O_3s）、良里塔格组（O_3l）、吐木休克组（O_3t）、一间房组（O_2yj）、鹰山组（$O_{1-2}y$），6697m深处进入一间房组（O_2yj）。一间房组（O_2yj）：井深6710~6723m为溶蚀孔洞缝发育段，测井孔隙度3.9%，属Ⅱ类储层。鹰山组（$O_{1-2}y$）：井深6744~6757m为溶蚀孔洞缝发育段，测井孔隙度8.8%，属Ⅰ类储层；井深6757~6768m为溶洞发育段，其中6759~6768m（9.0m）钻进时放空，测井属Ⅰ类储层；井深6768~6788m为溶洞发育段，无充填，钻进时放空、漏失。测井属Ⅰ类储层。钻进时共计放空29m，截至测井时，共漏失钻井液156.8m³（图3-42）。

3.3.2.2 古岩溶缝洞垂向分布特征

台缘区奥陶系碳酸盐岩古岩溶垂向分布特征如下（图3-43、图3-44）。

（1）台缘区奥陶系碳酸盐岩发育三套主要储层，从上到下分别是良里塔格组礁滩体叠加岩溶储层、一间房组层间岩溶叠加颗粒滩储层及鹰山组一段大型岩溶洞穴型储层。如HA13-2井在钻遇的以上三套储层均存在不同程度漏失，缝洞发育。

（2）古岩溶分布受一间房组岩溶期的古岩溶面控制及后期奥陶系上统地层超覆后的早海西期岩溶作用影响，台缘区奥陶系碳酸盐岩古岩溶缝洞垂向具有层状分布特点：良里塔格组礁滩体储层在地震反射上对应强反射，层状分布特征明显，热普区块RP1、RP2、RP4C、RP7及XK8HC2、HA9-2、HA601-18、HA13-2等井均钻遇该套储层，多为孔洞型储层，储层级别一般为Ⅱ—Ⅲ类，储层厚度变化较大，如RP2井仅0.6m，HA601-18达24m，一般为10余米，储层层数也不同，RP4井发育3层共计12m，RP7井发育2层共计19m，RP2井发育1层0.6m，HA9-2井发育3层共21m，储层主要分布于良一段与良三段。

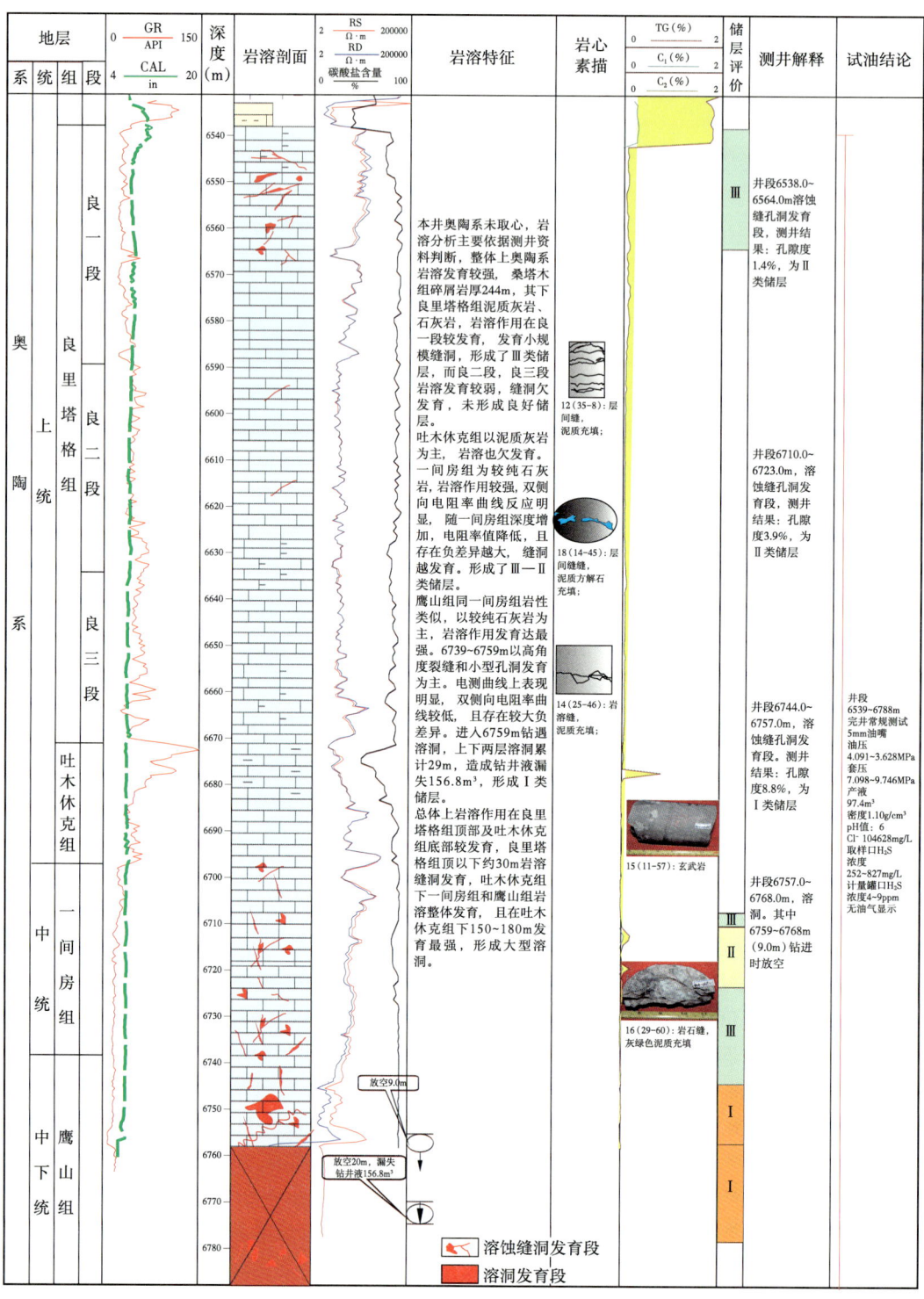

图 3-42 RP401 井奥陶系古岩溶结构剖面图

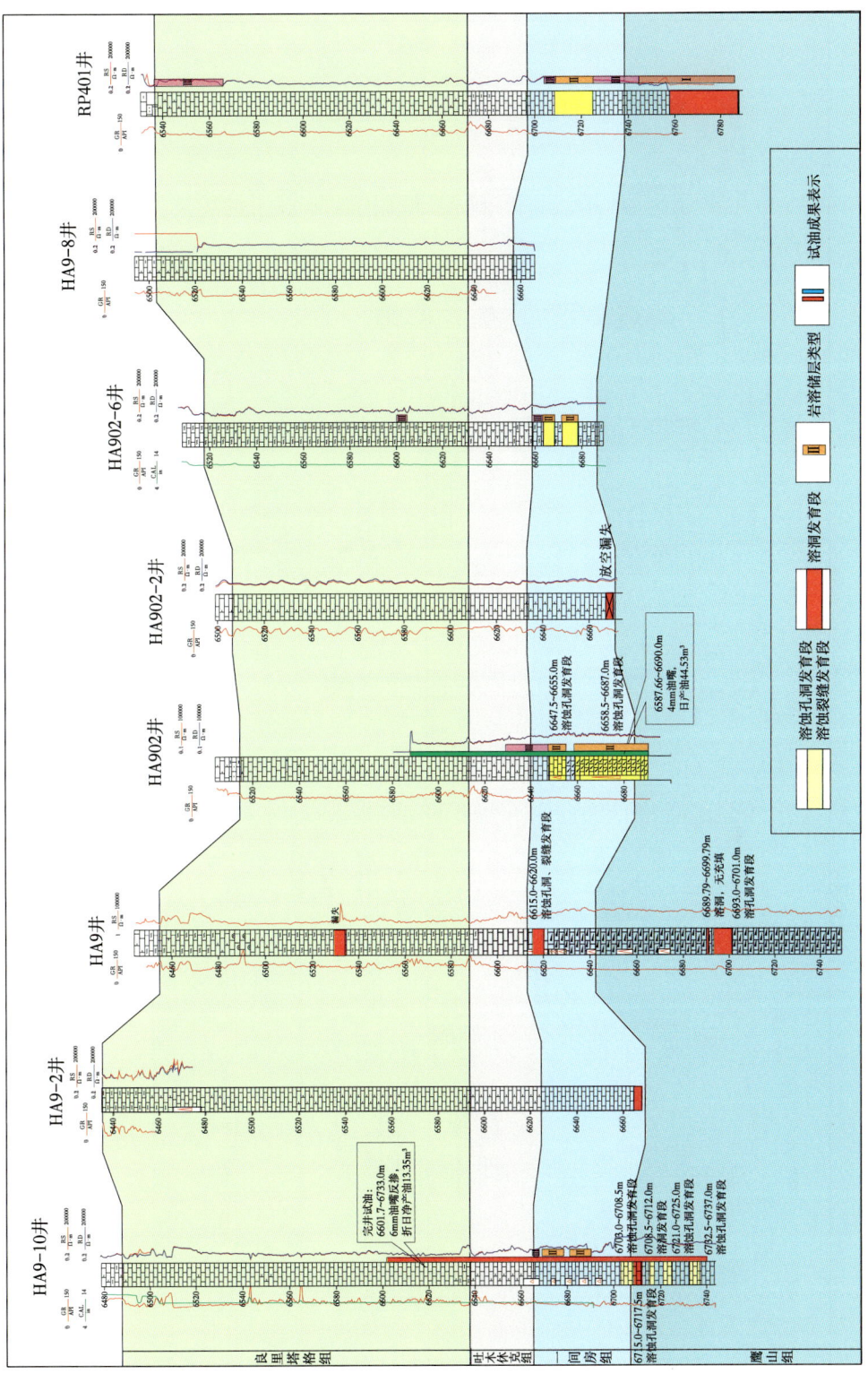

图3-43 层间岩溶—台缘叠加区东部岩溶对比剖面图（北—南）

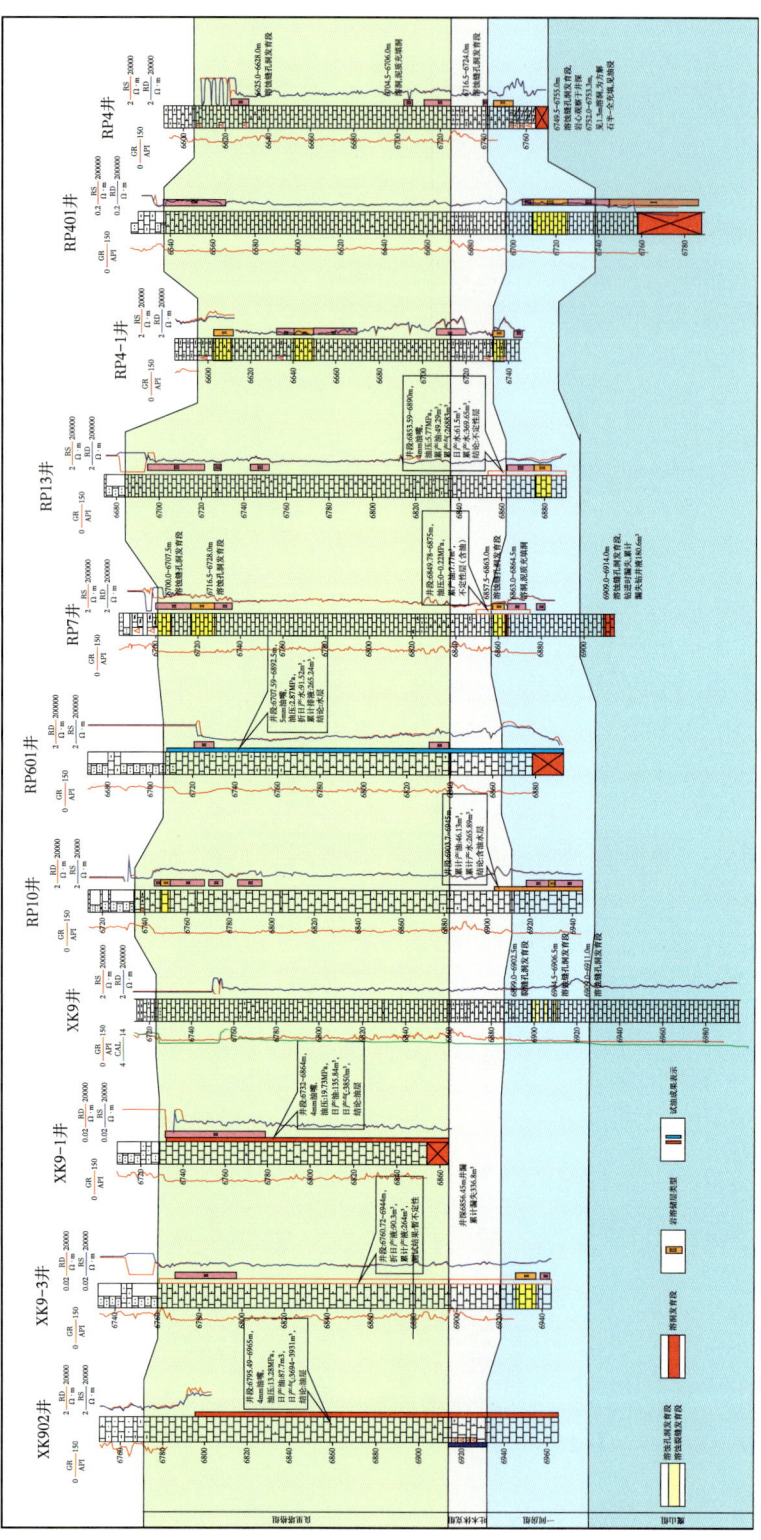

图 3-44 层间岩溶—台缘叠加中部岩溶对比剖面图（西—东）

（3）一间房组沉积后加里东中期Ⅰ幕近层状的岩溶作用造就了一间房组储层具有明显层状特征，台缘区多数钻井均钻遇该套储层，为孔洞—裂缝型储层，储层级别一般为Ⅱ—Ⅲ类，放空漏失井能达到Ⅰ类，储层一般分布于一间房组顶面及以下40m，单井储层厚度变化较大，一般为20m，储层层数也不同。

（4）鹰山组储层一般为孔洞型，为多期岩溶作用形成，一般形成大型缝洞，储层级别为Ⅱ—Ⅰ类，但分布规律不均一，台缘区HA9、HA902-2、HA13-1、HA13-2、XK7c、XK9c、RP401、RP7等井钻遇该套储层，储层一般分布于一间房组顶面以下40~80m。

三套储层形成了大型缝洞集合体，其中HA13-2、RP4C、RP7、RP7C及XK8HC2等6口井在大型缝洞集合体均获得高产。

3.3.2.3 古岩溶缝洞平面分布特征

台缘区奥陶系碳酸盐岩发育三套储层，从上到下分别是良里塔格组礁滩体叠加岩溶储层、一间房组层间岩溶叠加颗粒滩储层及鹰山组一段大型岩溶洞穴型储层。垂向上形成大型缝洞。由于各套储层形成因素不同，三套储层在区域上分布具有一定差异性（图3-45）。

根据钻井放空、漏失统计（表3-9），一间房组、鹰山组主要集中在XK901（XK9007）—RP1（RP11）、XK402（HA13）—RP6（RP702）、HA9（HA601-3）—RP402井等3个井区块。其中：XK901（XK9007）—RP1（RP11）井区块，钻进中未见放空，漏失量最大为632m³（XK9C）；XK402（HA13）—RP6（RP702）井区块，钻进中放空最大为4.23m（XK402C），漏失量最大为1318.4m³（RP2）；HA9（HA601-3）—RP402井区块，钻进中放空最大为29m（RP401），漏失量最大为1505.36m³（HA9-2）。可见，层间岩溶—台缘叠加区大型岩溶缝洞比较发育。

（1）台缘区良里塔格组岩溶期地势北高南低，地层整体向南倾，到RP501井附近地层厚度快速减薄，RP5井进入断裂控储区。台缘区西部南北剖面显示XK901井至RP501井三套储层较发育，串珠片状分布。而XK901以北良里塔格储层不发育。台缘区中部南北剖面显示剖面北部三套储层均较发育（图3-44），如HA13井区至RP7井"串珠"发育，一间房组、鹰山组及良里塔格组串珠叠置分布，形成大型缝洞体，但南部过RP6井台缘区向断裂控储区过渡时，良里塔格组厚度减薄、泥质含量增加，良里塔格组储层欠发育。此外，鹰山组储层也不发育，仅发育一间房组储层。这与台缘区西部南北剖面具有明显不同。这可能受区域径流影响，南部鹰山组可能位于区域径流带排泄点以下，岩溶作用弱。而一间房组储层在一间房组沉积末期暴露形成了良好缝洞，良里塔格末期一间房组地层位于径流带附近岩溶作用强，对一间房组储层进行改造，一间房组储层发育。此外，值得注意的是台缘区东部HA9井区到RP4井区广泛发育的"串珠"，沿北东—南西断裂带上有多口放空漏失井，如HA9、RP401、RP4等井，主要沿F_19大断裂发育。

（2）地势地貌相对高差一般20~30m，较大为50~60m。古河流发育、但古河流未切穿良里塔格组。地表河流作为良里塔格组顶部岩溶的排泄点，控制着良里塔格组上部岩溶缝洞发育，如图3-46所示，良一段岩溶缝洞发育，形成良好储层。这与储层改造区深切河流具有明显不同，因此台缘区岩溶作用有别于储层改造区。

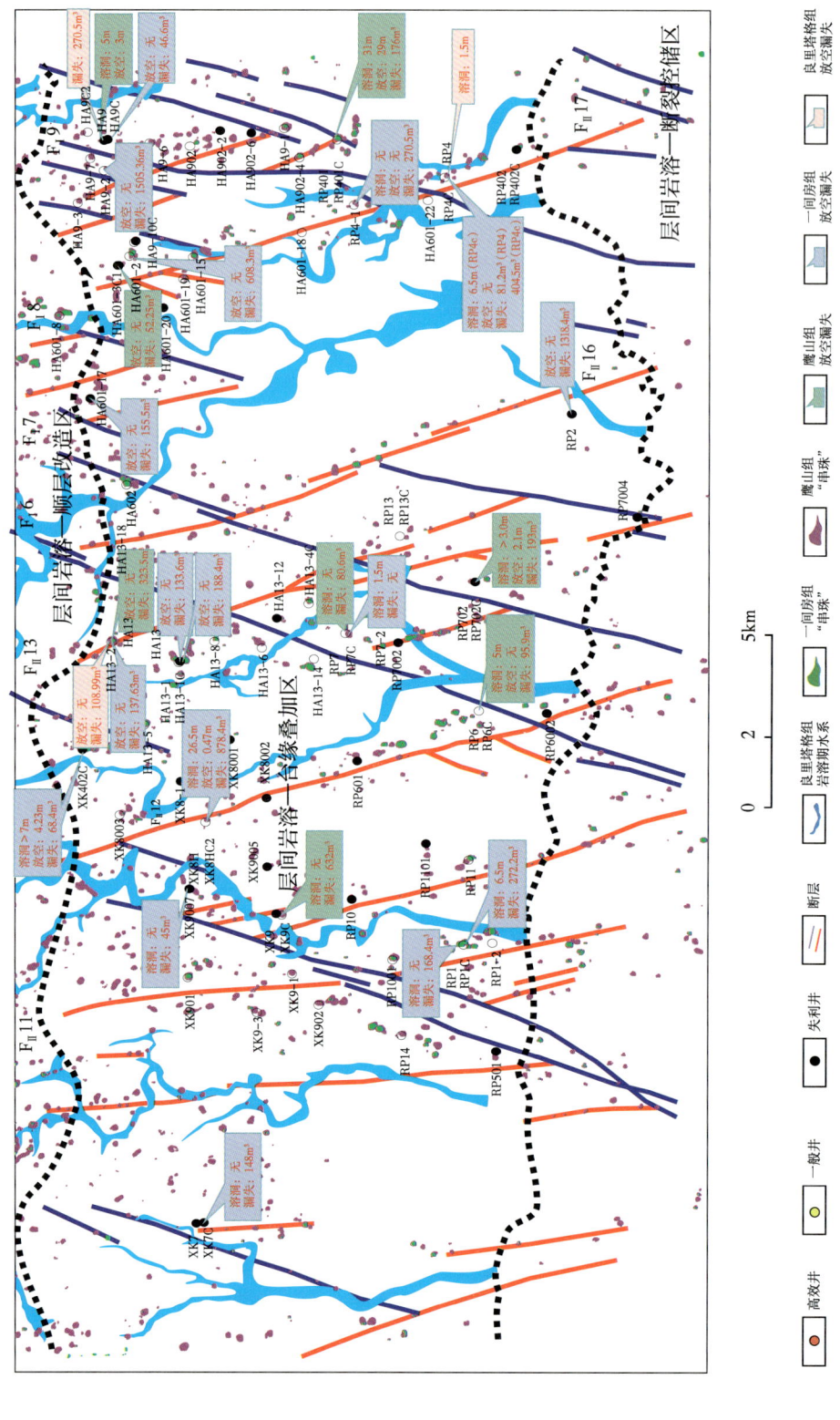

图 3-45 哈拉哈塘层间岩溶（台缘叠加区）钻井漏失、放空及"串珠"分布图

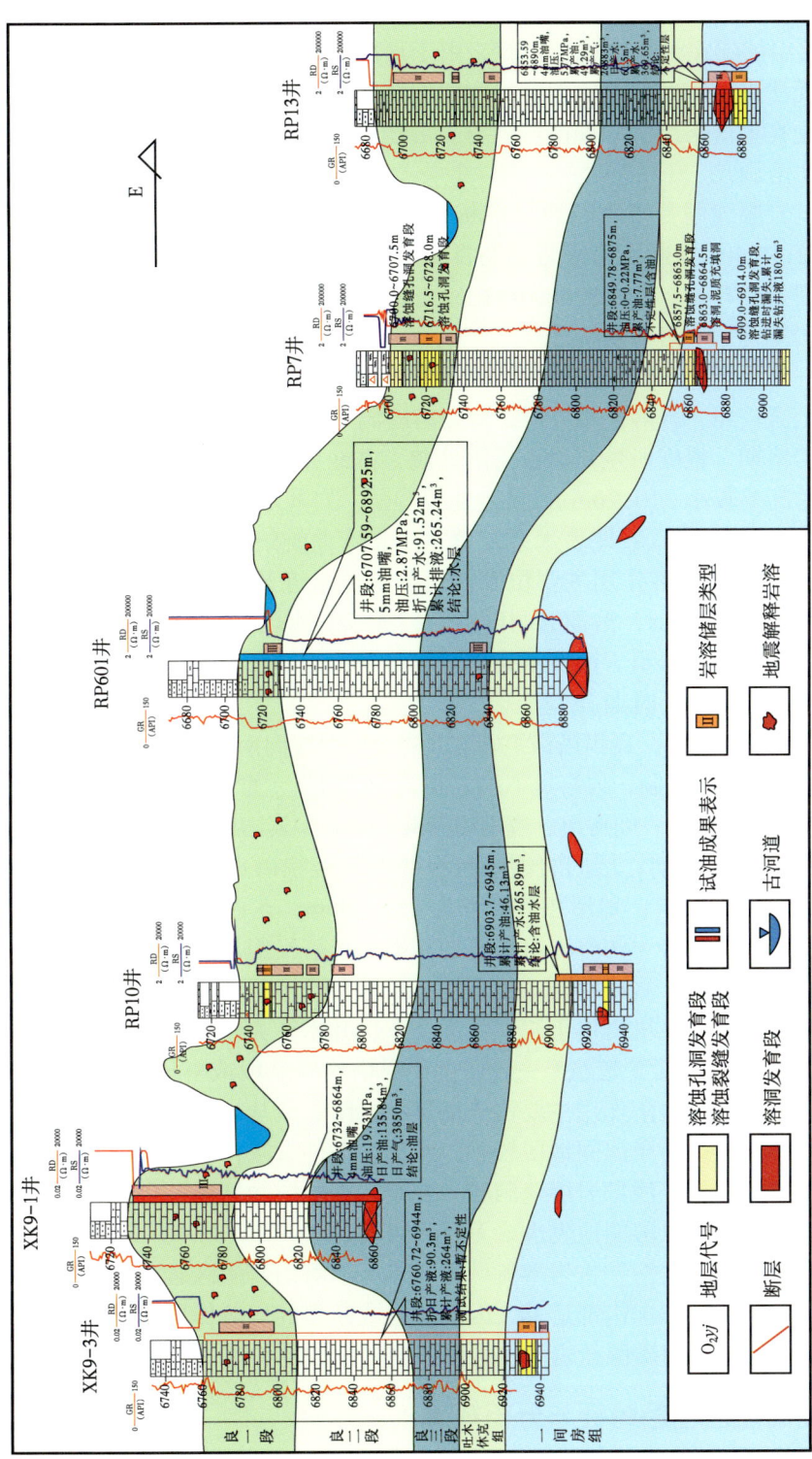

图 3-46 XK9-3—XK9-1—RP10—RP601—RP7—RP13井岩溶对比图

（3）台缘区良里塔格组良一段、良三段为台缘滩相鲕粒、砂屑灰岩沉积，岩性较纯，受良里塔格末期岩溶作用控制，岩溶缝洞发育，横向连续型较好，具有层状发育特征。

（4）一间房组储层在台缘区也较发育，由于顶部良里塔格组覆盖较厚，良里塔格组顶部岩溶地表水无法进入一间房组。但受一间房组沉积末期岩溶作用控制一间房组岩溶缝洞发育，且局部受良里塔格组沉积期区域内幕岩溶径流控制，一间房组沉积前期缝洞进一步改造形成大型岩溶洞穴。

（5）鹰山组岩溶缝洞受控于断裂，在断裂附近鹰山组岩溶缝洞发育。鹰山组"串珠"主要集中分布于RP401井断裂带附近。与良里塔格组沉积末期区域径流到台缘区沿加里东期北西向断裂径流有关，岩性较纯的鹰山组石灰岩形成了岩溶缝洞。

3.3.2.4　大型岩溶缝洞岩溶作用机理

层间岩溶—台缘叠加区在前志留纪沉积间断时期，桑塔木组覆盖层较厚，风化壳区岩溶地下水向南径流较弱，岩溶作用较弱，对岩溶缝洞形成影响较小。

一间房组岩溶期，根据所恢复的古岩溶地貌，古地势平坦，地形起伏较小，岩溶地貌正、负地貌相对高差较小（10~20m），呈微地貌特征，岩溶地貌以微丘洼地、微丘峰洼地、微丘丛谷地为主。古岩溶流域地表水系发育，水系弯曲蜿蜒，水力坡度较小（<0.2%），地下水径流缓慢，反映岩溶作用主要位于古地下水位附近及上部，即岩溶缝洞仅发育于一间房组顶面下0~20m范围，溶蚀缝洞以溶蚀裂缝或溶蚀孔洞为主，具规模的岩溶洞穴、岩溶管道较少，反映一间房组岩溶期不是层间岩溶—台缘叠加区一间房组、鹰山组碳酸盐岩大型岩溶缝洞形成的主要时期。

良里塔格组岩溶期时期，良里塔格组碳酸盐岩地层厚度向南变厚，河流均未切至一间房组，受吐木休克岩溶层组控制，岩溶地下水主要顺一间房组、鹰山组地层向南径流，岩溶储层主要顺层或断裂发育，是一间房组、鹰山组碳酸盐岩大型岩溶缝洞形成的岩溶期。

良里塔格组岩溶期时期，层间岩溶—台缘叠加区地貌以丘丛垄脊沟谷、丘丛谷地为主，地势缓慢向南方向倾斜，地形相对高程为450~600m，东西向地形起伏明显，地表水系发育，具有较多岩溶槽谷、沟谷，古水系切割把良里塔格组岩溶地貌分割成5个近南北延伸的丘丛垄脊沟谷与5个岩溶谷地地貌单元。丘丛垄脊沟谷地貌具有自分水岭地带向两侧岩溶谷地排泄特征，受良里塔格组岩性特征及下伏吐木休克组弱岩溶层组的影响，且良里塔格组地层较厚、河流切深较浅（一般切至良里塔格组二段或三段），地表降水难以入渗径流至一间房组，因而岩溶作用主要位于良里塔格组碳酸盐岩，岩溶以垂向渗滤溶蚀作用及侧向岩溶作用为主，由于河间地段较小，水动力条件有限，岩溶缝洞规模较小，且上覆地层为桑塔木组碎屑岩，浅部岩溶缝洞较易充填。可见层间岩溶—台缘叠加区大型岩溶缝洞的形成与良里塔格组岩溶期地表水系无明显的联系。

此区也属良里塔格组岩溶期古岩溶流域的径流区，潜山岩溶区岩溶地下水受吐木休克组的限制，主要顺层或断裂向南部运移，因而顺层或断裂的岩溶作用，才是层间岩溶—台缘叠加区一间房组、鹰山组碳酸盐岩大型岩溶缝洞的形成的关键。

3.3.3　断裂控储区古岩溶特征与分布规律

层间岩溶—断裂控储区位于良里塔格组台缘坡折带以南地区（图3-47）。古地貌、古水系恢复显示良里塔格组在断裂控储区厚度减薄，岩性泥质含量增加。地貌整体较平，北

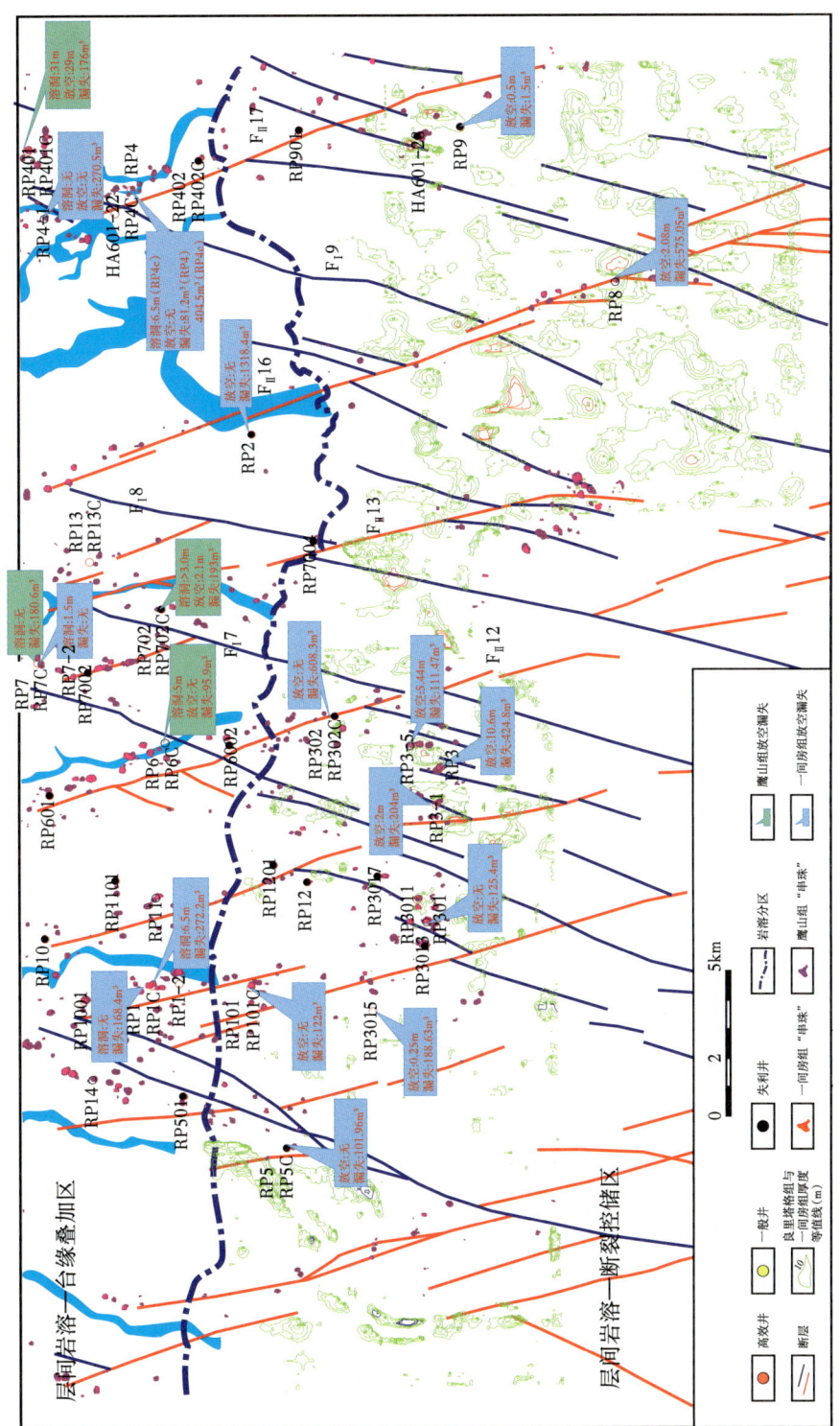

图3-47 哈拉哈塘层间岩溶（断裂控储区）钻井漏失、放空与"串珠"分布图

高南低。断裂控储区为良里塔格组岩溶期海水侵没区。来自潜山岩溶区、改造区及台缘区地表水系及沿断裂分布的暗河水系均汇入断裂控储区,为区域径流、排泄区。尽管断裂控储区良里塔格组泥质含量较高,但一间房组、鹰山组岩性较纯,受区域地下水径流作用,沿断裂带可能形成具规模的岩溶缝洞,如RP3井钻进放空10.6m。

此区共计钻井19口,其中高产井3口:RP301、RP3-5、RP8;普通油气井6口:RP101c、RP3015、RP3011、RP3-1、RP3、RP3013;其余10口为水井或失利井(图3-47)。其中10口井存在不同程度放空、漏失(表3-10),主要为一间房组,少量为鹰山组,这与潜山岩溶区、改造区及台缘区岩溶缝洞发育特征具有一定差异。

表3-10 断裂控储区钻井放空、漏失特征表

序号	井位	井深/井段(m)	放空/漏失	层位	放空(m)/漏失量(m³)
1	RP3	7028.9	漏失	一间房组	424.8m³
		7029.4	放空	一间房组	10.6m
2	RP8	6949	漏失	一间房组	575.05m³
		6944.22	放空	一间房组	2.1m
3	RP301	7063	漏失	一间房组	125.4m³
4	RP302	7121.5	漏失	一间房组	608.3m³
5	RP3-1	7060	漏失	鹰山组	204m³
		7060~7062	放空	鹰山组	2m
6	RP3-5	6989.17	漏失	一间房组	111.47m³
		6989.17~6994.61	放空	一间房组	5.44m
7	RP101c	7226~7233	漏失	一间房组	122m³
8	RP3015	7066.39	漏失	一间房组	188.63m³
		7067.57	放空	一间房组	0.25m
9	RP5	7098.67	漏失	一间房组	101.95m³
10	RP9	6864.9	漏失	一间房组	1.5m³
		6864.9	放空	一间房组	0.5m

3.3.3.1 典型井古岩溶特征

根据岩心观察、钻探、测井及成像资料等典型井古岩溶缝洞发育特征见表3-11。

(1)RP3井古岩溶特征。RP3井位于台缘坡折带以南约8km,于6529.4m进入奥陶系,完钻井深7040m。钻遇桑塔木组(O_3s)、良里塔格组(O_3l)、吐木休克组(O_3t)、一间房组(O_2yj)(图3-48)。据测井一间房组(O_2yj):井深7026.5~7029.4m为溶蚀孔洞缝发育段,测井孔隙度5.8%,裂缝孔隙度0.01%,属Ⅱ类储层。钻至井深7028.95m发生井漏,井深7029.4~7040.0m,钻井放空10.6m(溶洞发育段)、漏失424.8m³。

3 古岩溶特征与控制因素

表3-11 哈拉哈塘层间岩溶—断裂控储区典型井古岩溶缝洞发育特征表

井号	补心海拔(m)	奥陶系顶板深(m)	一间房组顶板深(m)	完井深度(m)	岩溶缝洞系统发育特征					缝洞类型及充填特征	备注
					层位	缝洞发育深度(m) 顶	缝洞发育深度(m) 底	缝洞发育段厚度(m)	距一间房组顶面深度(m)		
RP3	972.63	6529.4	7020.5	7040	O_2yj	7026.5	7029.4	2.90	6.00	溶蚀缝孔洞发育段	测井结果：孔隙度5.8%，裂缝孔隙度0.01%，属II类储层，综合解释结论为油层。钻至井深7028.95m发生井漏
					O_2yj	7029.4	7040.0	10.6	8.90	溶洞。无充填，钻时放空	测井结果：I类储层，综合解释：为油层。钻井时井计漏失钻井液424.8m³
										测试情况：井段：6977.2~7040m，完井常规测试。测试结论：油气层。	漏失、放空：2011年8月26日钻进至井深7028.95m发生井漏，出口失返；钻进至井深7029.40~7040.00m，放空10.60m，钻压由30↓0kN，立压10.8↓10.5MPa，出口未返，至完井转试油累计漏失钻井液424.8m³；测井：测井解释7034.5~7041.0m井段解释I储层6.5m，7026.5~7034.5m井段解释II储层9m
RP5	974.36	6631	7077.2	7099 造斜点：7027	O_3t	7065.5	7069.5	4	0	溶蚀缝洞发育段	钻至井深7098.67m发生井漏，漏失钻井液101.96m³
					O_3t	7069.5	7075	5.5	4.8	溶蚀缝洞发育段	测井：II类储层12.5m/2层，III类储层21m/3层；试油：7015.36~7099m，10mm油嘴气举排液，奎压5.59MPa，油压1.99MPa，气举深度500m，泵压6.00MPa，井口温度34.5℃，排液22.72m³，累计排液302.26m³（ρ：1.08g/cm³，Cl⁻：81400mg/L，pH：5），未见油气。水层
					O_2yj	7075	7080	5		溶蚀缝洞发育段	
					O_2yj	7082	7092	10	14.8	溶蚀缝洞发育段	
					O_2yj	7092	7099	7			
RP8	962.9	6380	6930	6949 造斜点：6300	$O_{1-2}y$	6944.22	6946.30	2.08	14.22	空洞	钻至井深6949m；套管固井作业累计漏失钻井6944.22m发生放空2.08m，三开钻进至井深6949m井口失返；累计漏失钻井液72.59m³，总计漏失575.05m³
										未测井	井段6914.9~6949m裸眼常规测试，4mm油嘴，累计漏失575.05m³放空2.08m；累计漏失钻进6944.22m放空2.08m；三开钻进至井深6949m井口失返575.05m³
RP301	969.0	6581.0	7047	7069	O_2yj	7053	7062	9	6	II类	钻至井深7063m发生井漏，强钻至井深7069m完钻，失钻进至井深7006.12~7069m，常规裸眼测井：井段30.14MPa，日产油123.6m³，油压125.4m³完井试油：井段7006.12~7069m，常规裸眼测试，4mm油嘴，油压30.14MPa，日产油123.6m³/50℃，0.7721g/cm³，日产气10369m³，取样口H₂S浓度：12~18mg/L，结论：油气层
					O_2yj	7062.5	7069.0	6.5	15.5	溶洞段，I类	试油：井段6914.9~6949m裸眼常规测试，4mm油嘴，29.9MPa，日产油166.53m³，油压30.14MPa，折日产气24963m³，不含水，无H₂S，结论：油气层

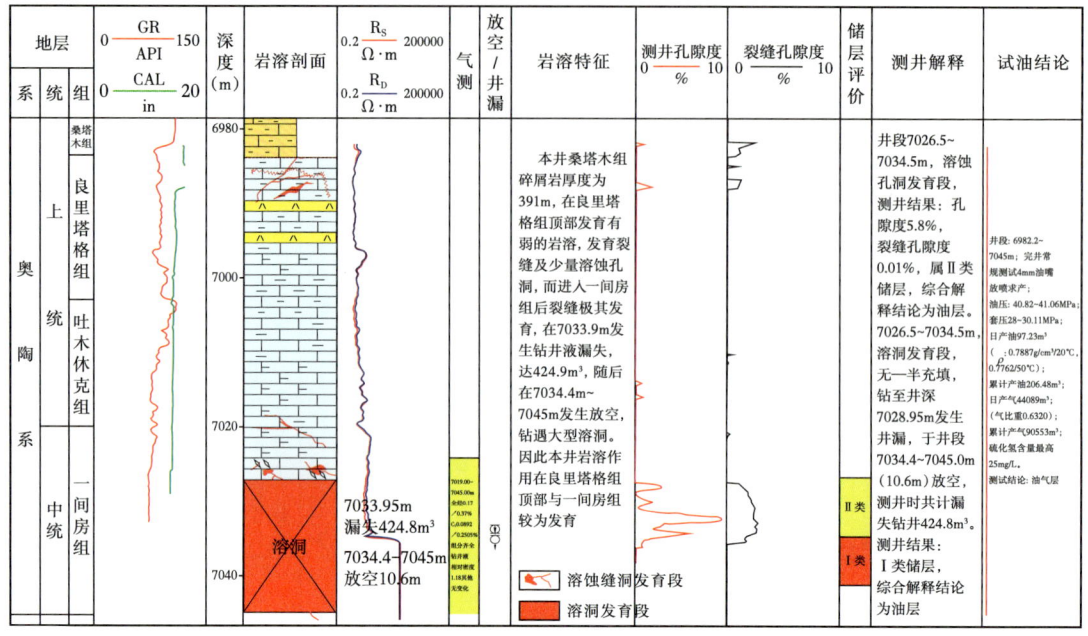

图 3-48　RP3 井奥陶系古岩溶结构剖面图

（2）RP5 井古岩溶特征。RP3-5 井位于 RP3 井东北 1km，于 6631m 进入奥陶系，完钻井深 7099m。揭露桑塔木组（O_3s）、良里塔格组（O_3l）、吐木休克组（O_3t）、一间房组（O_2yj）。7077m 深处进入一间房组（O_2yj），如图 3-49 所示。井深 7098.67m 发生井漏，漏失钻井液 101.96m³。测井解释：一间房组（O_2yj）；7065.5~7069.5m、7075~7080m、7082~7092m 为溶蚀孔洞发育段。

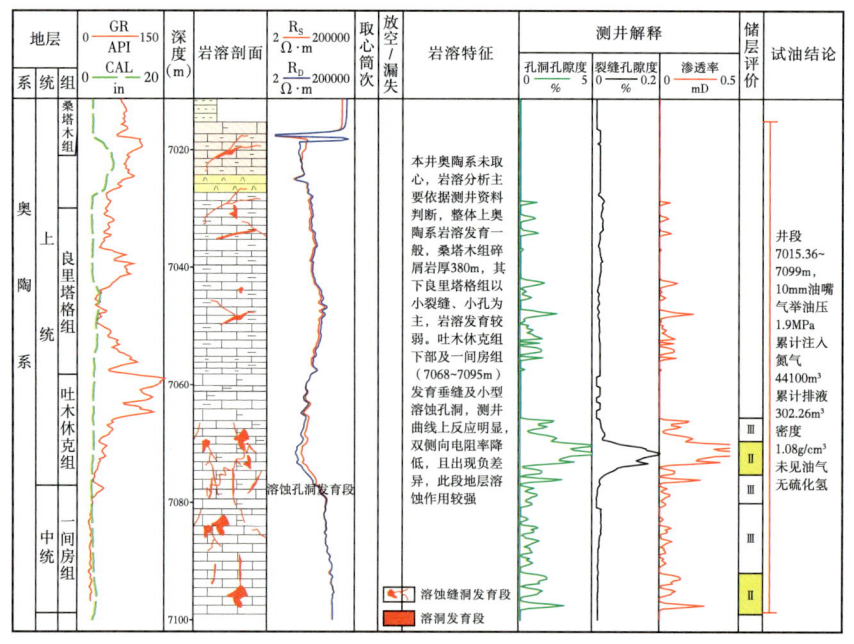

图 3-49　RP5 井奥陶系古岩溶结构剖面图

（3）RP8井古岩溶特征。RP8井位于位于台缘坡折带以南约15km，于6380m进入奥陶系，完钻井深6949m。揭露桑塔木组（O_3s）、良里塔格组（O_3l）、吐木休克组（O_3t）、一间房组（O_2yj）。并于6930m深处进入一间房组（O_2yj）（图3-50）。井深6944.22m放空2.08m，井深6949m漏失575.05m³。

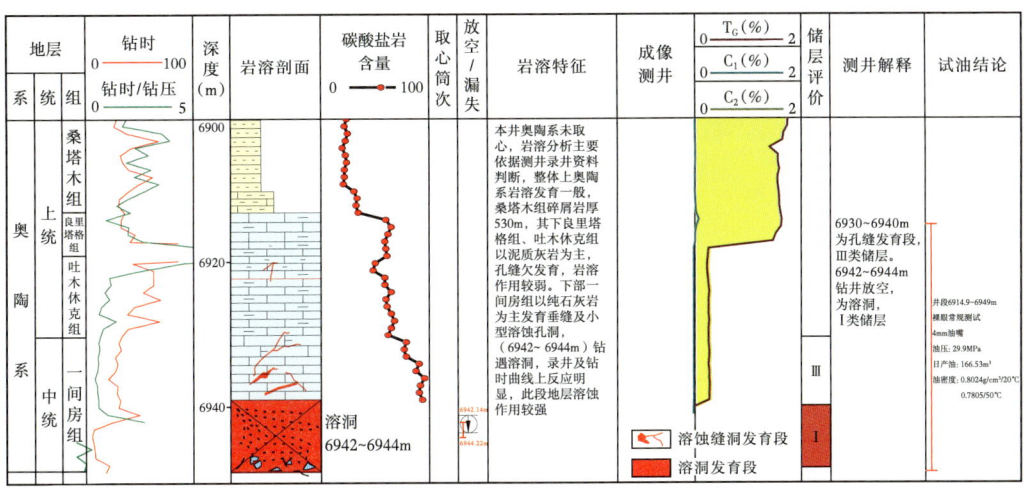

图3-50　RP8井奥陶系古岩溶结构剖面图

（4）RP301井古岩溶特征。

RP301井位于RP3井以西5km，井深6581m进入奥陶系，奥陶系厚度为488m。揭露奥陶系分别为桑塔木组（O_3s）、良里塔格组（O_3l）、吐木休克组（O_3t）、一间房组（O_2yj）。并于7047m深处进入一间房组（O_2yj）。钻至井深7063m发生井漏，漏失钻井液125.4m³。据测井解释：7062.5~7069m溶洞发育段、7053~7062m为孔洞—裂缝发育段。试油：6977.2~7040m，完井常规测试，4mm油嘴放喷求产，油压：41.06~40.82MPa，套压28~30.11MPa，日产97.23m³（累计产油206.48m³），日产气44089m³（累计产气90553m³），硫化氢含量最高25mg/L。

3.3.3.2　古岩溶缝洞垂向分布特征

根据钻井岩溶缝洞发育特征（表3-11）及地震剖面分析，断裂控储区奥陶系碳酸盐岩古岩溶垂向分布特征如下：

（1）断裂控储区奥陶系碳酸盐岩储层主要发育于一间房组，少量鹰山组，良里塔格组储层不发育，几乎所有放空、漏失钻井均在一间房组。主要储层类型为孔洞—裂缝型、溶洞型。

（2）古岩溶分布受一间房组岩溶期的古岩溶面控制，断裂控储区奥陶系碳酸盐岩古岩溶缝洞垂向上一般发育于一间房组顶面及以下30m范围，储层厚度变化3~30m不等，一般15~20m。

（3）鹰山组储层由于埋藏深、储层易出水等原因，断裂控储区钻遇该套储层钻井较少，仅RP3-1、RP3011、RP3013、RP3017四口井，且集中分布于RP3-1井附近。RP3-1井钻遇该套储层，RP3-1井储层分布于鹰山组顶面以下20m，一间房组顶以下60m，在6760m出现漏失放空。鹰山组储层发育，但非均质性强，在很小范围内钻井获得的储层不一样。由于埋深、易出水、非均质性强的特点，使得断裂控储区该套储层勘探进度缓慢。

3.3.3.3 古岩溶缝洞平面分布特征

断裂控储区缝洞型储层垂向上主要分布于一间房组，其次为鹰山组。与台缘区分布具有明显不同。横向上，断裂控储区缝洞型储层也有独特的特点。

（1）台缘区进入断裂控储区，良里塔格组快速减薄（图3-51），不再发育河流，而更可能为暗河排泄区。因一间房组顶至良里塔格组顶的厚度为5~20m，来自内幕区一间房组的暗河径流很可能沿断裂突破这些薄弱地区进行排泄（图3-52）。

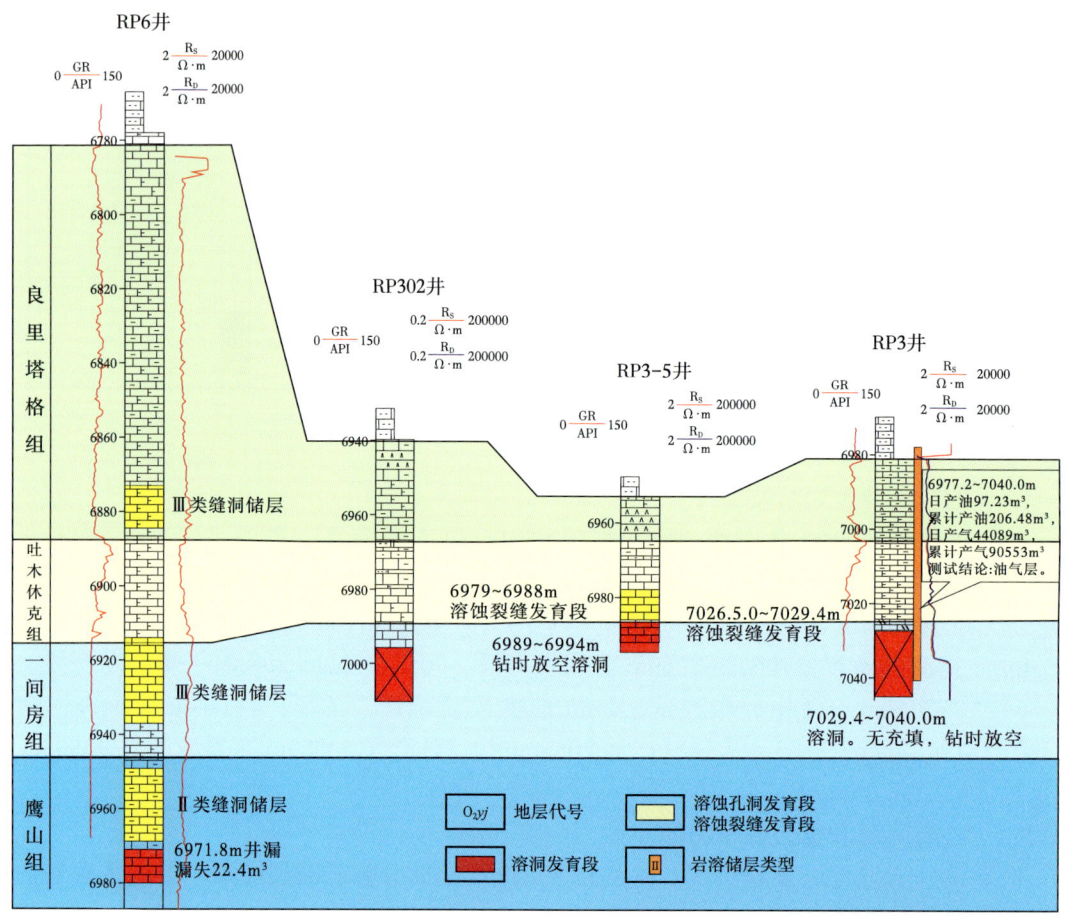

图3-51 过RP6—RP302—RP3-5—RP3井地层对比图（吐木休克组顶面拉平）

（2）断裂控储区良里塔格组以泥灰岩为主，岩溶储层不发育。一间房组地层分布较稳定，岩性为颗粒灰岩，较纯；一间房组储层从台缘区延展到了断裂控储区（图3-52），甚至远离台缘坡折带15km的RP8井在一间房组钻井也出现放空；整体上越远离台缘坡折带一间房组缝洞发育越少；一间房组储层以孔洞型储层为主，储层分布于一间房组顶面及以下30m。鹰山组广泛分布"串珠"表明鹰山组缝洞也是较发育的，如断裂控储区热普3-1在鹰山组出现漏失、放空。

（3）断裂控储区西—东向地层整体较平，良里塔格组顶地势起伏西部微高于东部。岩溶储层主要发育于一间房组、鹰山组。一间房组储层在东西向上具有稳定发育的特征；鹰山组从"串珠"分布看,鹰山组"串珠"在东西部均发育。

(4)一间房组与鹰山组"串珠"东西分布看,与断裂具有明显关系,断裂是"串珠"集中发育地区,也是钻井放空、漏失井分布区,如RP3井、RP3-2井、RP3-1井、RP301井等,RP8井、RP9井等均在断裂附近一间房组出现放空、漏失。

综上,断裂控储区储层发育于一间房组,储层岩石为较纯颗粒灰岩,以孔洞型储层为主。加里东中期Ⅰ幕暴露期一间房组石灰岩暴露,孔洞层状发育于一间房组,吐木休克组、良里塔格组沉积后,部分孔洞充填。但加里东中期Ⅱ幕后,良里塔格组暴露,在潜山岩溶区、改造区、台缘区形成地表径流及地下河,不仅地表河流注入本区,一些暗河通过内幕区沿北西、北东向断裂也注入本区。前期一间房组缝洞,接受了新一期改造,同时由于地下径流沿北西、北东向断裂径流排泄,因此沿断裂岩溶缝洞比较发育。

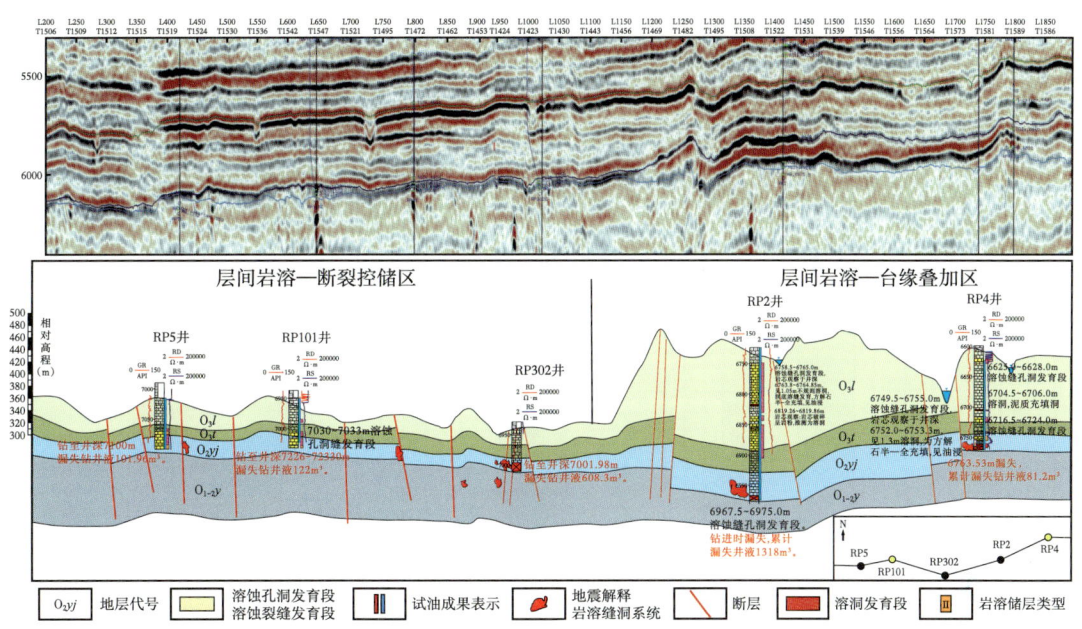

图3-52 层间岩溶—断裂控储区良里塔格组岩溶期岩溶对比剖面图(西—东向)

3.3.4 层间岩溶区古岩溶形成控制因素

3.3.4.1 岩溶层组对岩溶缝洞的控制

奥陶系碳酸盐岩岩溶层组划分为:强岩溶化层位为O_2yj、$O_{1-2}y_{1+2}$(相当于鹰一段);中等至强岩溶化层位为O_3l顶部(相当于良一段);弱至中等岩溶化层位为O_3l_3;弱岩溶化层位为O_3l_2、O_3t。根据钻孔揭露,不同岩溶层组由于处于不同构造部位或层组关系,岩溶缝洞发育特征具有明显的差异:

(1)强岩溶化层位为O_2yj、$O_{1-2}y_{1+2}$(相当于鹰一段)岩溶以溶蚀裂缝或具规模的缝洞、岩溶管道系统为主,缝洞充填程度较低。如XK3井钻进至井深6762m(一间房组6758.00~6767.00m),发生井漏(漏失435.36m³);XK401井钻进至井深6833.7m(一间房组6820.50~6844.00 m),累计漏失115.7m³,6840~6844m发生放空;HA8井6652.5~6657.38m 累计漏失 629m³，6675~6677m 放空 2m；QG1 井井深 6705.5~6709m（鹰山组）放空 3.5m。说明一间房组、鹰山组碳酸盐岩具有较好岩溶作用条件，岩溶缝洞较为发育，局部发育具规模的溶洞系统。缝洞充填程度相对较低，充填以化学充填为主，局部充填少量钙泥质，如新垦 8H 井的溶洞为方解石充填（图 3-53），RP4 井一间房组的溶蚀裂缝为泥质充填、溶蚀孔洞为方解石充填（图 3-54）。

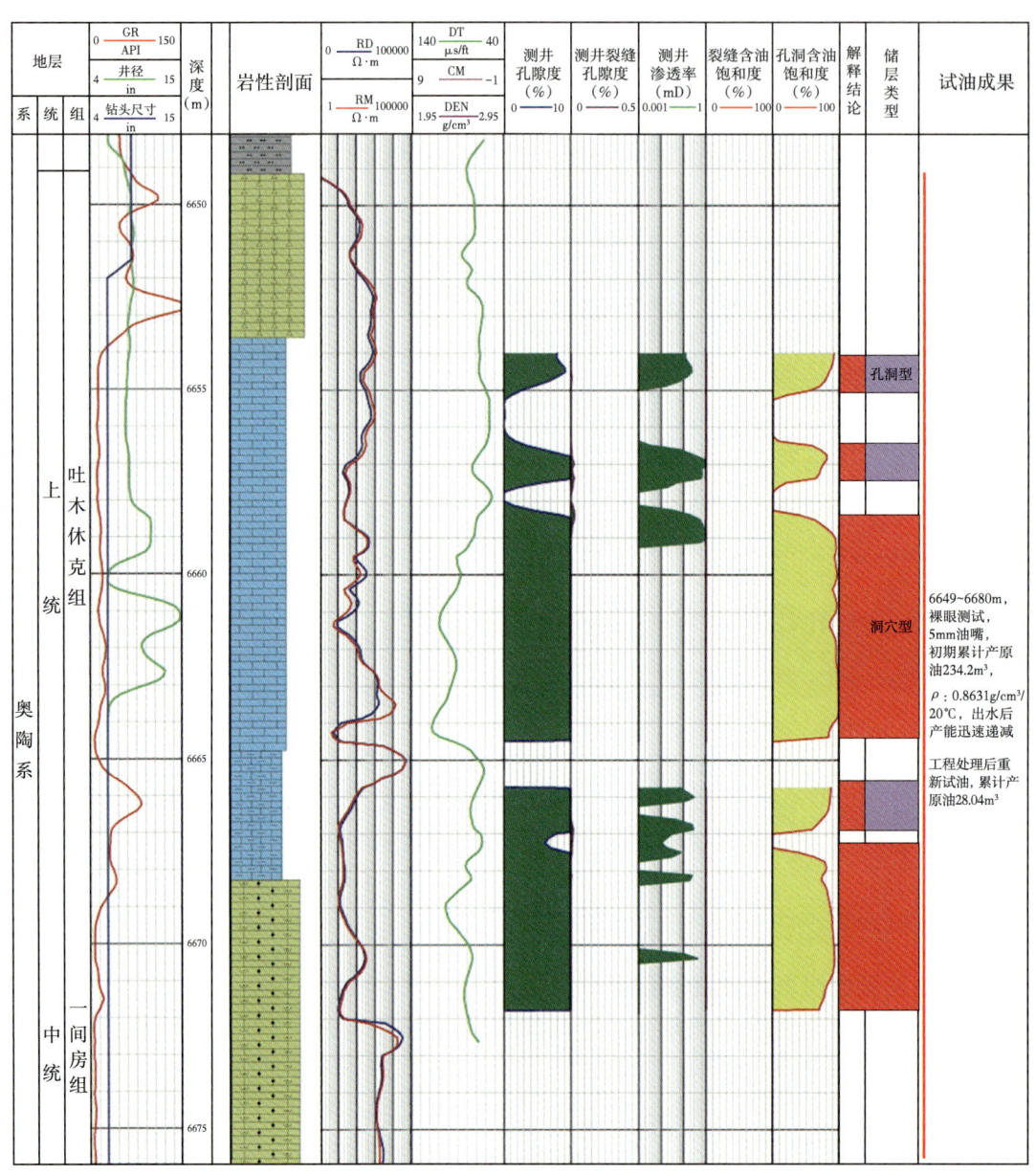

图 3-53 HA8 井四性关系图

（2）中等至强岩溶化层位为 O_3l 顶部（相当于良一段），岩溶以溶蚀裂缝、溶蚀孔洞为主，局部发育小规模的缝洞，缝洞以机械充填为主，部分无充填。如 RP7 井，O_3l_1 段溶蚀孔洞较为发育，井深6696~6704m范围发育的溶蚀孔洞为角砾石钙质泥岩充填（砾径1~3cm）（图3-55a）；HA13-6井O_3l_1段溶蚀孔洞也较为发育，井深6716~6723m范围发育的溶蚀孔洞、溶蚀裂缝为钙质泥岩充填（图3-55b）。

（a）XK8H井一间房组溶洞充填方解石

（b）RP4井一间房组垂向溶蚀缝、压溶缝，泥质全充填

（c）RP4井一间房组溶蚀孔洞为方解石全充填

图3-54　强岩溶化层位缝洞充填

（a）RP7井良里塔格组（O_3l_1）小溶洞
为钙泥质岩充填

（b）HA13-6井良里塔格组（O_3l_1）小溶洞
溶蚀裂缝为钙泥质岩充填

图3-55　中等强岩溶化层位缝洞充填

（3）弱至中等岩溶化层位为 O_3l_3，古岩溶发育较弱，主要发育一些中小型缝裂缝和小型溶孔，以化学充填为主，局部有机械（钙泥质）充填。如 HA13-6 井 O_3l_3 段属砂屑灰岩，岩溶以小溶蚀孔洞、溶蚀裂缝为主，整体岩溶发育一般，井深 6716~6723m 范围发育的溶蚀孔洞、溶蚀裂缝，无充填（图 3-56a、b）；RP7 井 O_3l_3 段整体岩溶发育较弱，井深 6819.5~6826m 范围发育的溶蚀孔洞发育，为方解石充填（图 3-56c、d）。

（a）HA13-6 井良里塔格组（O_3l_3）发育的溶蚀裂缝

（b）HA13-6 井良里塔格组（O_3l_3）发育的溶蚀裂缝

（c）RP7 井良里塔格组（O_3l_3）发育的溶蚀孔洞，方解石充填

（d）RP7 井良里塔格组（O_3l_3）发育的溶蚀孔洞，方解石充填

图 3-56 弱至中等岩溶化层位缝洞充填

（4）弱岩溶化层位为 O_3l_2、O_3t，岩溶发育较弱或发育少量溶蚀裂缝及小溶蚀孔洞，缝洞多为化学充填为主，很难见到有一定规模的岩溶现象。如 RP4 井吐木休克（O_3t）岩性为浅褐色亮晶砂屑灰岩、灰褐色泥质条带灰岩夹红褐色泥质灰岩，整体岩溶发育较弱（图 3-57a）；XK101 井吐木休克（O_3t）岩性为褐灰色粉晶灰岩，整体岩溶发育较弱，局部发育溶孔，为泥质、黄铁矿全充填（图 3-57b）；RP1 井良里塔格组（O_3l_2）岩性为灰色瘤状灰岩、灰色泥质灰岩，整体岩溶不发育，局部发育溶蚀孔洞，方解石充填（图 3-57c、d）。

3.3.4.2 沉积间断对层间岩溶的控制

沉积间断岩溶作用是岩溶缝洞形成的基础，岩溶期厘定哈拉哈塘哈地区奥陶系地层发育经历了三个沉积间断历史时期，分别是：志留系柯坪塔格组（S_1k）/奥陶系桑塔木组（O_3s）沉积间断，志留系地层超覆或不整合于奥陶系地层之上；加里东中期第二幕运动在哈拉哈塘地区表现为桑塔木组（O_3s）/良里塔格组（O_3l）沉积间断，O_3s/O_3l之间缺失厚度为120~200m，缺失2个牙形刺带）；加里东中期第一幕运动表现为吐木休克组（O_3t）/一间房组（O_2yj）沉积间断（塔河地区一间房组（O_2yj）与上覆恰尔巴克组（O_3q）间的沉积间断，缺失2~3个牙形刺带，间断时间为1.5~2Ma，地层缺失200~300m）。

（a）RP4井吐木休克组（O_3t），　　　　　　（b）RP101井吐木休克组（O_3t），溶孔为泥质、
　　　岩溶现象较少　　　　　　　　　　　　　　　　黄铁矿全充填

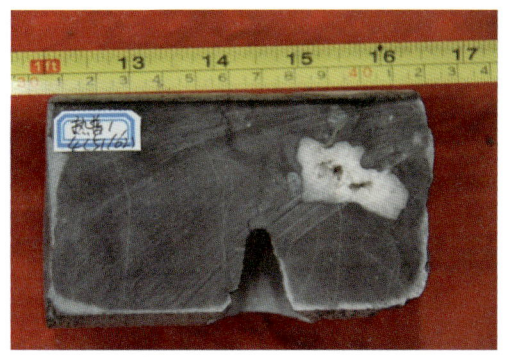 

（c）RP1井良里塔格组（O_3l_2）灰色泥质灰岩，　　（d）RP1井良里塔格组（O_3l_2）灰色瘤状
　　局部发育溶蚀孔洞，方解石充填　　　　　　　　　　灰岩，构造缝泥质充填

图3-57　弱岩溶化层位缝洞充填

（1）吐木休克组/一间房组沉积间断对层间岩溶的控制。

一间房组顶面剥蚀面分布地层主要为奥陶系一间房组碳酸盐岩，岩性主要为中厚层灰色、褐灰色亮晶砂屑灰岩、鲕粒灰岩、生屑灰岩、砂砾屑灰岩。一间房组沉积末期，构造属区域抬升、无明显褶皱构造，地势平坦，岩溶地貌的形成以溶蚀作用为主。加里东期第一幕沉积间断时间相对比较短，岩溶地貌形成仅显示初期岩溶地貌特征，未发育至成熟的岩溶地貌，如峰丛洼地、峰丛谷地等岩溶地貌状态（与南方现代岩溶地貌对比）。根据所恢复的古岩溶地貌，古地势平坦，地形起伏较小，岩溶地貌正、负地貌相对高差较小（10~20m），呈微地貌特征，岩溶地貌以微丘洼地、微丘峰洼地、微丘丛谷地为主。古岩溶流域，地表水系发育（多属分散小水系），水系弯曲蜿蜒，水力坡度较小（＜0.2%），地下水径流缓慢，反映岩溶作用主要位于古地下水位附近及上部，即岩溶缝洞仅发育于一间房组顶面下0~20m范围，溶蚀缝洞主要以溶蚀裂缝或溶蚀孔洞为主，具规模的岩溶洞穴、岩溶管道较少。由于岩溶作用主要位于一间房组层组之间，造成沿一间房组层组发育的岩溶缝洞—层间岩溶缝洞。形成的岩溶缝洞，也是后期岩溶作用的通道。

（2）桑塔木组/良里塔格组沉积间断对层间岩溶的控制。

良里塔格组岩溶面潜山岩溶区：潜山岩溶区属良里塔格组岩溶期岩溶流域补给区，受南部吐木休克组弱岩溶层组的影响，沿吐木休克组弱岩溶层组附近也可能形成了一系列岩溶湖或深切的河谷（切穿吐木休克组，出露一间房组），深切河谷或岩溶湖构成岩溶台地地下水的局部排泄基准，但良里塔格组岩溶期岩溶流域排泄区位于南部RP3井—RP8井及以南一带区域，造成岩溶台地区的岩溶作用方式较为复杂：浅部岩溶作用以垂向渗滤溶蚀作用为主，此时期形成的岩溶洼地相对较深，受深切河谷的影响，浅部岩溶作用也可能形成一系列岩溶管道系统；下部岩溶地下水受吐木休克组弱岩溶层组的影响，岩溶地下水向下潜流顺层（沿一间房组或鹰山组）或断裂向南部排泄区径流排泄，从而形成沿层间或沿断裂破碎带的岩溶缝洞。

层间岩溶区：良里塔格组岩溶面分布地层主要为奥陶系良里塔格组碳酸盐岩，岩性主要为浅绿灰、灰白、褐灰色混杂的瘤状灰岩、泥质灰岩，瘤体间为灰绿色泥质充填，岩溶地貌的形成以溶蚀作用为主。良里塔格组岩溶面地势相对高差较大，地形起伏也较大，岩溶地貌主要为丘峰洼地、丘丛洼地、丘丛垄脊沟谷、岩溶谷地、岩溶陡坡、丘丛谷地、岩溶盆地等7种古岩溶地貌类型。良里塔格组岩溶面地表水系发育，地表水系均自北向南、向南东径流汇入古海洋，古水系深切，把良里塔格组岩溶地貌分割成4个近南北延伸的垄岗地貌区，每个地貌区具有自分水岭地带向两侧河谷排泄特征，受下伏吐木休克组弱岩溶层组的影响，地表降水难以入渗径流至一间房组，因而岩溶作用主要位于良里塔格组碳酸盐岩，只有河床切深至一间房组的河段，接受潜山岩溶区岩溶地下水径流排泄，对一间房组岩溶缝洞的形成具有明显的控制作用。层间岩溶区属良里塔格组岩溶期潜山岩溶地下水径流、排泄区，受良里塔格组下伏地层属吐木休克组弱岩溶层组的限制，岩溶地下水径流主要沿一间房组岩溶面或顺一间房组、鹰山组层间或断裂向南部径流排泄，造成岩溶作用沿一间房组、鹰山组层组具有顺层特征，具有对一间房组岩溶期岩溶缝洞改造作用。

（3）志留系柯坪塔格组/奥陶系桑塔木组沉积间断对层间岩溶的控制。

潜山风化壳（奥陶系顶面剥蚀面）展布地层主要为：鹰山组"褐灰色砂屑灰岩段"（$O_{1-2}y_1$）岩性以褐灰色、浅褐灰色泥晶砂屑灰岩为主，夹亮晶砂屑、生屑、藻凝块灰岩、团块状泥晶灰岩、泥晶藻球粒灰岩；鹰山组"含云质砂屑灰岩段"（$O_{1-2}y_2$）岩性为泥晶、亮晶砂屑灰岩互层，中下部含白云质。岩溶作用条件较好，奥陶系良里塔格组、吐木休克组、一间房组、鹰山组剥蚀—尖灭线以北，各地层均有不同程度剥蚀，志留系超覆或不整合于奥陶系之上，说明岩溶作用具有一定的周期。根据所恢复的古岩溶地貌特征分析，峰洼相对高差一般为5~30m，局部达40~50m，整体属微地貌形态，岩溶地貌主要为微丘洼地、微峰洼地、微丘丛谷地、岩溶谷地等，整体属岩溶地貌形成演化过程中初期岩溶地貌特征。总体而言，前志留纪岩溶面地势平坦、地形起伏较小，受南部桑塔木组碎屑岩阻隔的作用，沿碳酸盐岩与碎屑岩边界附近形成了一系列岩溶湖及古水系，构成潜山岩溶区岩溶地下水的排泄基准，由于岩溶湖、古水系与潜山岩溶地貌相对高差约为30~50m，因而此时期岩溶作用主要位于浅部50~60m范围（即岩溶作用主要作用于地下水面附近及上方），可见此时期浅部岩溶缝洞比较发育。

桑塔木组尖灭线以南，为奥陶系桑塔木组碎屑岩覆盖区，属丘陵地貌区。自西向东发育3条地表水系，各水系均具有自北西向南东径流汇入沿RP5C井—RP302C井—RP4C井发育的主河流的特点，各水系切深较浅，且桑塔木覆盖区碎屑岩厚度较大，未能形成潜山岩溶地下水排泄口，因而南部地表水系对奥陶系碳酸盐岩岩溶作用影响较小。仅在层间岩溶—顺层改造区，由于覆盖层厚度较小，河流可能切穿桑塔木组切至良里塔格组，形成良里塔格组岩溶水的排泄通道，对良里塔格组岩溶缝洞发育具有一定的水动力条件。

3.3.4.3 良里塔格组岩溶期古岩溶地貌对层间岩溶的控制

根据所恢复的古岩溶地貌特征，岩溶地貌分布自北向南为：丘丛洼地、丘峰洼地、丘丛垄脊沟谷、岩溶陡坡、岩溶盆地等。不同地貌单元处于古岩溶流域不同的水动力条件，因而岩溶作用方式、岩溶作用程度具有明显的差异，对层间岩溶缝洞的影响程度不同。

（1）丘丛洼地、丘峰洼地地貌区。

丘丛洼地、丘峰洼地地貌区属层间岩溶—顺层改造区，古岩溶流域处于潜山补给区向层间岩溶区潜流径流转换部位。丘丛洼地地表水系不发育，具有较多岩溶槽谷，浅部属良里塔格组碳酸盐岩1段分布区，下伏地层为吐木休克组弱岩溶层组；受南侧岩溶谷地及下伏奥陶系吐木休克组弱岩溶层组的影响，此地貌单元岩溶作用主要位于良里塔格组碳酸盐岩，岩溶以垂向渗滤溶蚀作用为主，由于良里塔格组在此区块厚度相对较小，岩溶缝洞规模较小；此区属古岩溶流域径流区，潜山岩溶区岩溶地下水受吐木休克组的限制，主要顺层（一间房组、鹰山组）或断裂向南部运移，具有顺层岩溶作用特征。

丘峰洼地，地形起伏较大，峰洼相对高差一般为50~80m，此区地表水系发育，水系切深较大（80~100m），具有较多岩溶槽谷，古水系切割把良里塔格组岩溶地貌分割成4个近南北延伸的丘峰洼地与4个岩溶谷地和1个峰丛谷地地貌单元。丘峰洼地地貌具有自分水岭地带向两侧岩溶谷地排泄特征（图3-58），受下伏吐木休克组弱岩溶层组的影响，地表降水难以渗滤至一间房组，因而岩溶作用主要位于良里塔格组碳酸盐岩，岩溶以垂向渗滤溶蚀作用为主，由于良里塔格组在此区块厚度相对较小，且每个丘峰洼地地貌单元面积较小，接受大气降水有限，因而岩溶缝洞规模一般较小，且上覆地层为桑塔木组碎屑岩，岩溶缝洞较易充填。

河流切深至一间房组的区段，接受潜山岩溶区岩溶地下水径流排泄，对一间房组层间岩溶缝洞的形成具有明显的控制作用（图3-59）。此区也属良里塔格组顶面古岩溶流域的径流区，潜山岩溶区岩溶地下水受吐木休克组的限制，主要顺层或断裂向南部运移，具有顺层岩溶作用特征，存在多层顺层岩溶缝系统。

（2）丘丛垄脊沟谷、丘丛谷地地貌区。

丘丛垄脊沟谷、丘丛谷地地貌区属层间岩溶—台缘叠加区，古岩溶流域处于区域径流区。地势缓慢向南方向倾斜，地形相对高程为450~600m，东西向地形起伏明显，丘峰洼相对高差一般为20~50m（局部达50~80m），地表水系发育，具有较多岩溶槽谷、沟谷，古水系切割把良里塔格组岩溶地貌分割成5个近南北延伸的丘丛垄脊沟谷与5个岩溶谷地地貌单元。

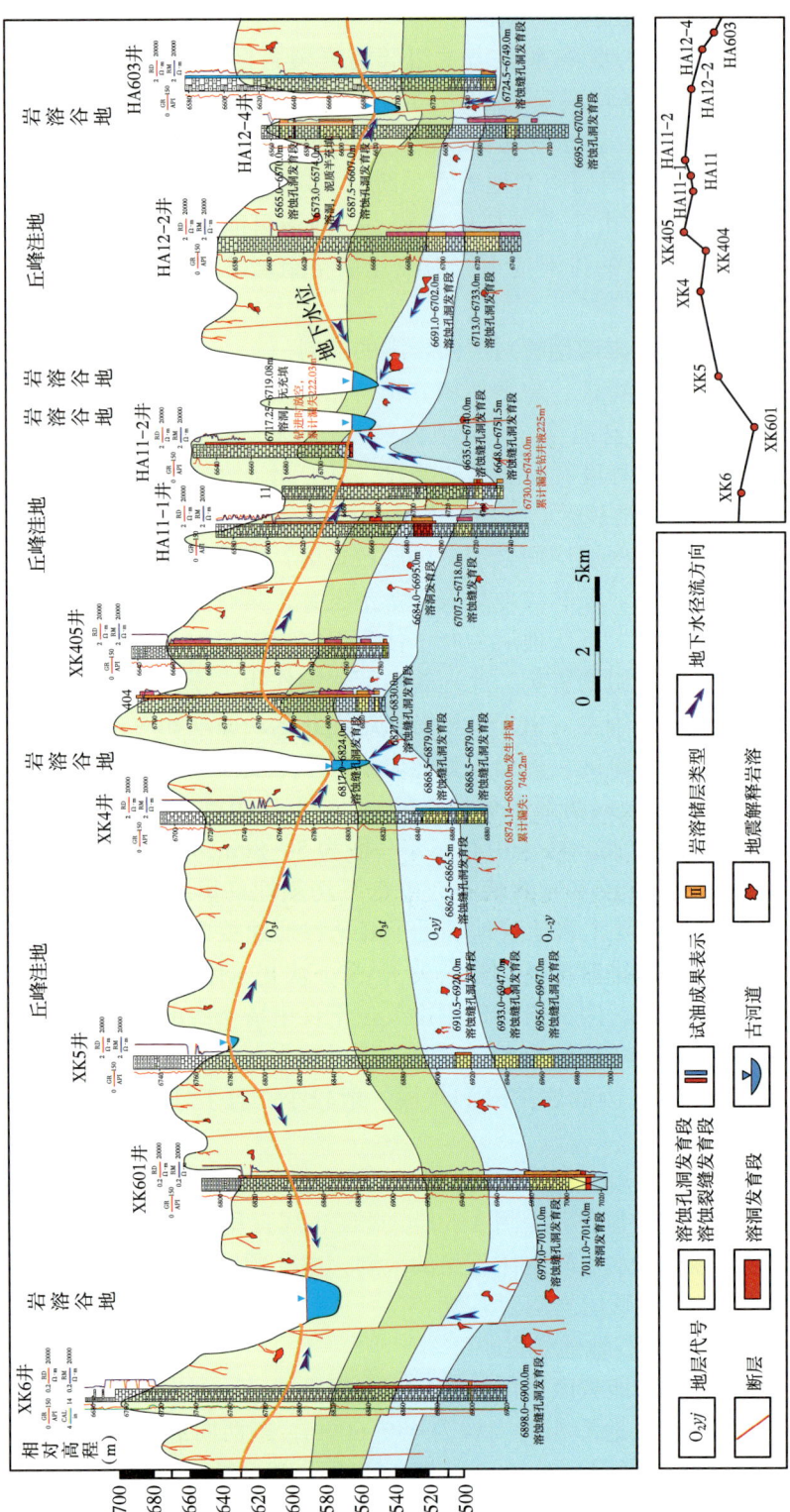

图 3-58 良里塔格格岩溶期层间岩溶—顺层改造区岩溶作用模式（西—东向）

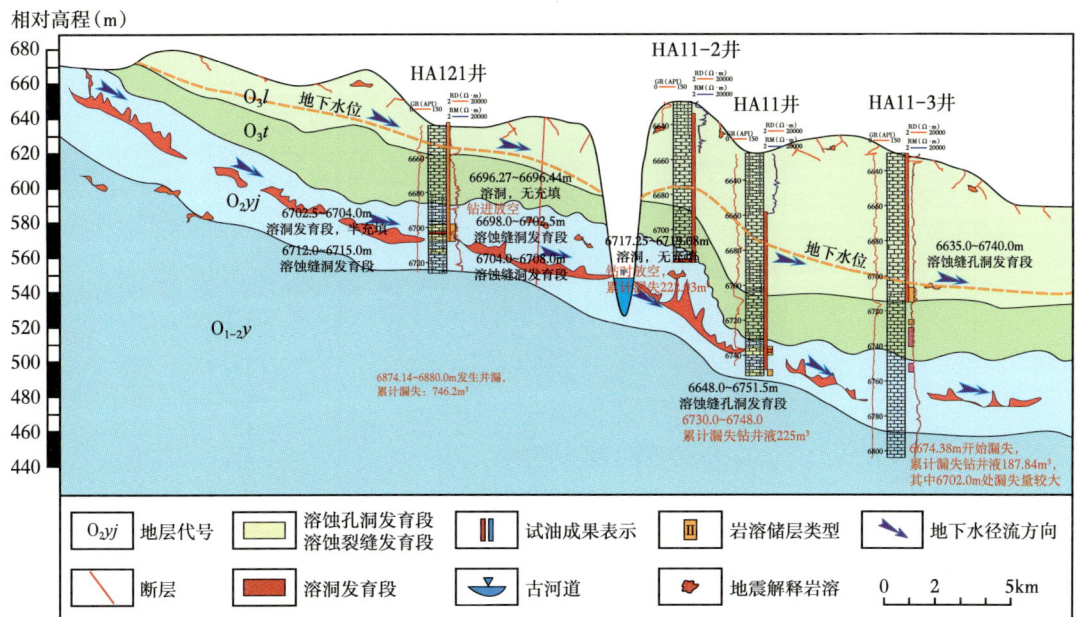

图 3-59　良里塔格岩溶期层间岩溶—顺层改造区岩溶作用模式（北—南向）

丘丛垄脊沟谷地貌具有自分水岭地带向两侧岩溶谷地排泄特征，受良里塔格组岩性特征及下伏吐木休克组弱岩溶层组的影响，且良里塔格组较厚、河流切深较浅（一般切至良里塔格组二段或三段），地表降水难以入渗径流至一间房组，因而岩溶作用主要位于良里塔格组碳酸盐岩，岩溶以垂向渗滤溶蚀作用及侧向岩溶作用为主（图 3-60），由于河间地段较小，水动力条件有限，岩溶缝洞规模较小，且上覆地层为桑塔木组碎屑岩，浅部岩溶缝洞较易充填。

河流切深至良里塔格组二段或三段，使良里塔格组二段或三段岩溶地下水具有局部径流排泄条件，是良里塔格组二段或三段岩溶缝洞主要控制因素。

此区也属良里塔格组顶面古岩溶流域的径流区，潜山岩溶区岩溶地下水受吐木休克组的限制，主要顺层或断裂向南部运移，因而顺层（一间房组、鹰山组）或断裂形成岩溶缝洞。

（3）岩溶陡坡、岩溶盆地地貌区。

此地貌区位于 RP12 井—RP9 井一带（即层间岩溶—断裂控储区），属良里塔格组岩溶期的岩溶流域排泄区带。根据岩溶盆地的地形特点，认为岩溶盆地属良里塔格组岩溶期的古海洋。此区带地势缓慢向南方向倾斜，地形相对高程为 200~300m，地形起伏较小。地层为良里塔格组、吐木休克组碳酸盐岩，厚度较小（20~40m），由于吐木休克组碳酸盐岩属弱岩溶层组，构成海盆底部相对隔水层，因而自潜山岩溶区径流补给的地下水，只能通过具有断裂部位形成排泄点，因而在此区域沿断裂形成的岩溶缝洞较多，且处于排泄区，属流出型岩溶管道系统，后期不易充填。

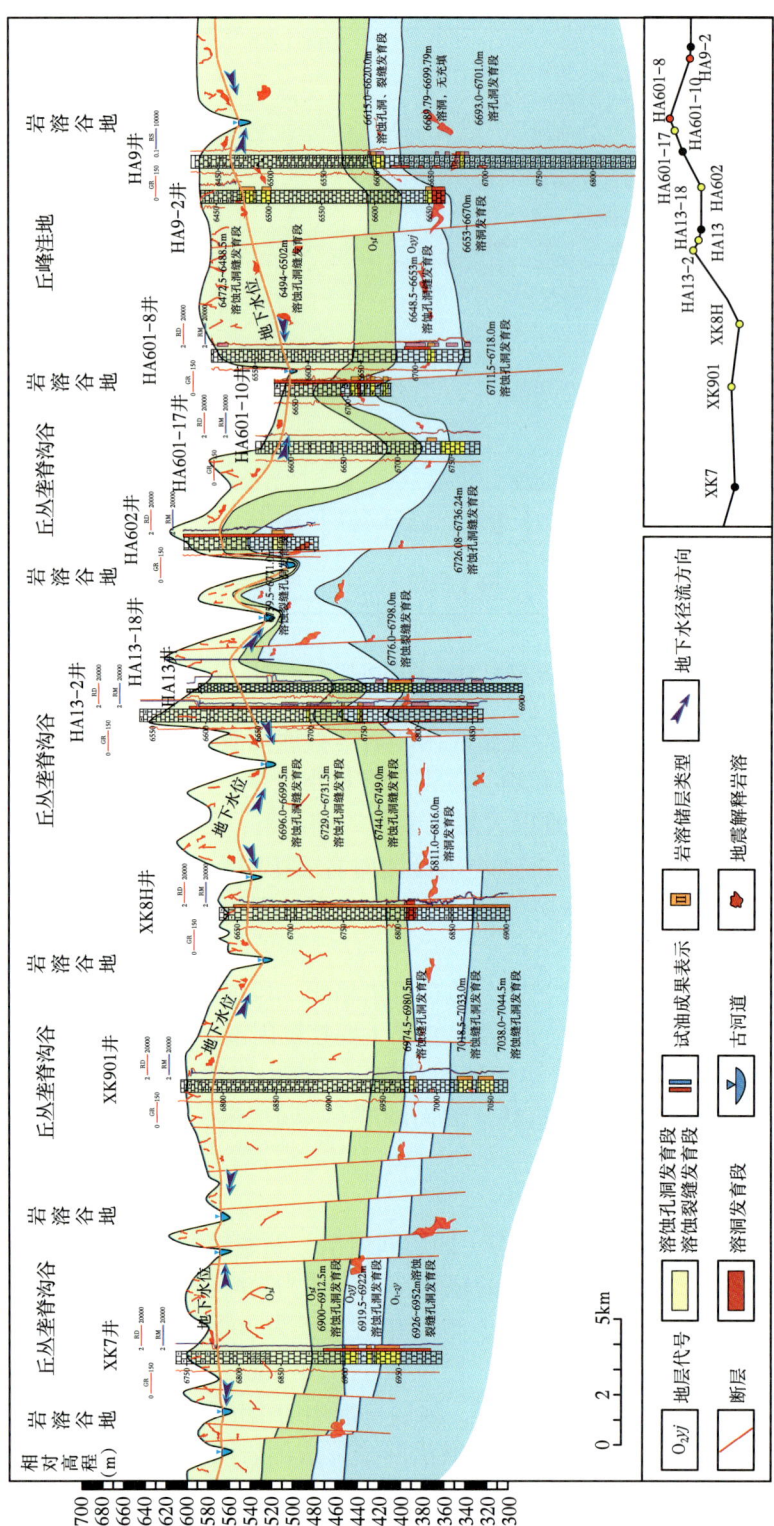

图 3-60　良里塔格组岩溶期层间岩溶—台缘叠加区岩溶作用模式（东—西向）

3.3.4.4 断裂构造对岩溶缝洞的控制

（1）构造运动对岩溶缝洞的影响。

早海西期受北西—南东向的挤压运动，在大斜坡的背景上形成了北东—南西走向的轮南大型背斜，哈拉哈塘地区主体位于轮南大型背斜的西断裂控储区；晚海西期和印支期由于持续挤压英买力低凸起形成，寒武系盐岩分布厚度则受挤压力隆起发育成英买地区的局部古构造带；印支末期英买力低凸起与轮台凸起夹持着哈拉哈塘凹陷形成了与现今近似的基本构造格局；燕山和喜马拉雅期受库车坳陷整体沉降的影响，轮台低凸起—哈拉哈塘凹陷—英买力低凸起整体北倾，地层由正常沉积逐渐形成南高北低的沉积特征，形成了现今哈拉哈塘地区的构造格局。

哈拉哈塘地区经历了多次沉降、抬升的构造历史，使得岩溶储集体的演变发展非常复杂：在加里东晚期第一次深埋时，压实、固结、压溶和硅化作用使储集岩原生的孔隙锐减，使其成为致密石灰岩；随之在早海西的第一次抬升过程中，剥蚀了志留系及部分奥陶系地层，表生作用使潜山表层岩溶化，形成大量的次生溶蚀孔、缝、洞体系—古岩溶缝洞；在海西中、晚期的第二次沉降过程中，志留系由南往北层层超覆，早期形成的古岩溶缝洞发生充填及胶结作用，使储集体物性变差，并使岩溶储集体被隔离，非均质性进一步加强；燕山—喜马拉雅期，哈拉哈塘潜山被迅速埋藏，从中生代晚期开始的有机质热演化所产生的酸性水沿裂缝和孔缝渗入，潜山原有的孔、洞、缝发生扩溶，这个时期的深埋扩溶是形成有效储集空间的重要作用。

哈拉哈塘地区奥陶系碳酸盐岩储层在三期埋藏过程中变得致密，基质孔隙度很低，优质储层的储集空间主要是三期抬升期形成次生的溶蚀孔、洞，这些储集空间又靠裂缝，特别是经过扩溶的裂缝串联起来，才能成为连通的孔、洞、缝古岩溶缝洞。

（2）断裂构造对岩溶缝洞的控制。

构造运动产生的褶断构造形迹，在岩溶系统中，褶断构造造成岩层张裂，利于水流循环和运移。当具有溶蚀能力的入渗水，通过水岩作用，溶质迁移，构造缝隙转变成溶蚀缝洞。自加里东运动晚期直至海西运动早期，是哈拉哈塘地区奥陶系褶皱、断层、裂隙的重要发育期。受南东—北西方向的挤压应力影响，形成的断裂以北东—南西向、北北西—南南东向和近南北向的走滑断层为主，且平面多形成"X"形组合，是哈拉哈塘不同岩溶期岩溶作用主要通道（特别是层间岩溶区）。因而，沿断裂岩溶缝洞比较发育。

根据地震强反射"串珠"分布特征及钻井放空、漏失分布特征（图3-61），不同岩溶区带断裂对岩溶缝洞形成的控制程度不同：

潜山风化壳岩溶区：此区经历了多期岩溶作用的影响，岩溶缝洞极为发育，除部分地震强反射"串珠"沿断裂分布明显外，如HA801井北东侧沿断裂分布的"串珠"、QG1井西侧沿断裂分布的"串珠"，大部分地震强反射"串珠"分布与水动力条件、古岩溶地貌具有明显关系，说明潜山风化壳岩溶区岩溶缝洞的形成受水动力条件、断裂、地貌的共同控制。

层间岩溶区：此区主要经历了一间房组、良里塔格组岩溶作用的影响，一间房组岩溶期岩溶作用主要位于浅部，岩溶缝洞的形成主要与古地貌、古水系具有明显的关系，断裂构造对岩溶缝洞形成控制不明显；良里塔格组岩溶期，岩溶地下水径流自潜山岩溶区入渗后，受吐木休克组弱岩溶层组的影响，入渗后的岩溶地下水主要沿一间房组或鹰山组层间向南部径流，因而古地貌对岩溶缝洞形成的控制作用不明显，岩溶层组、断裂对岩溶缝洞

塔北地区奥陶系碳酸盐岩古岩溶特征及成因模式——以哈拉哈塘地区为例

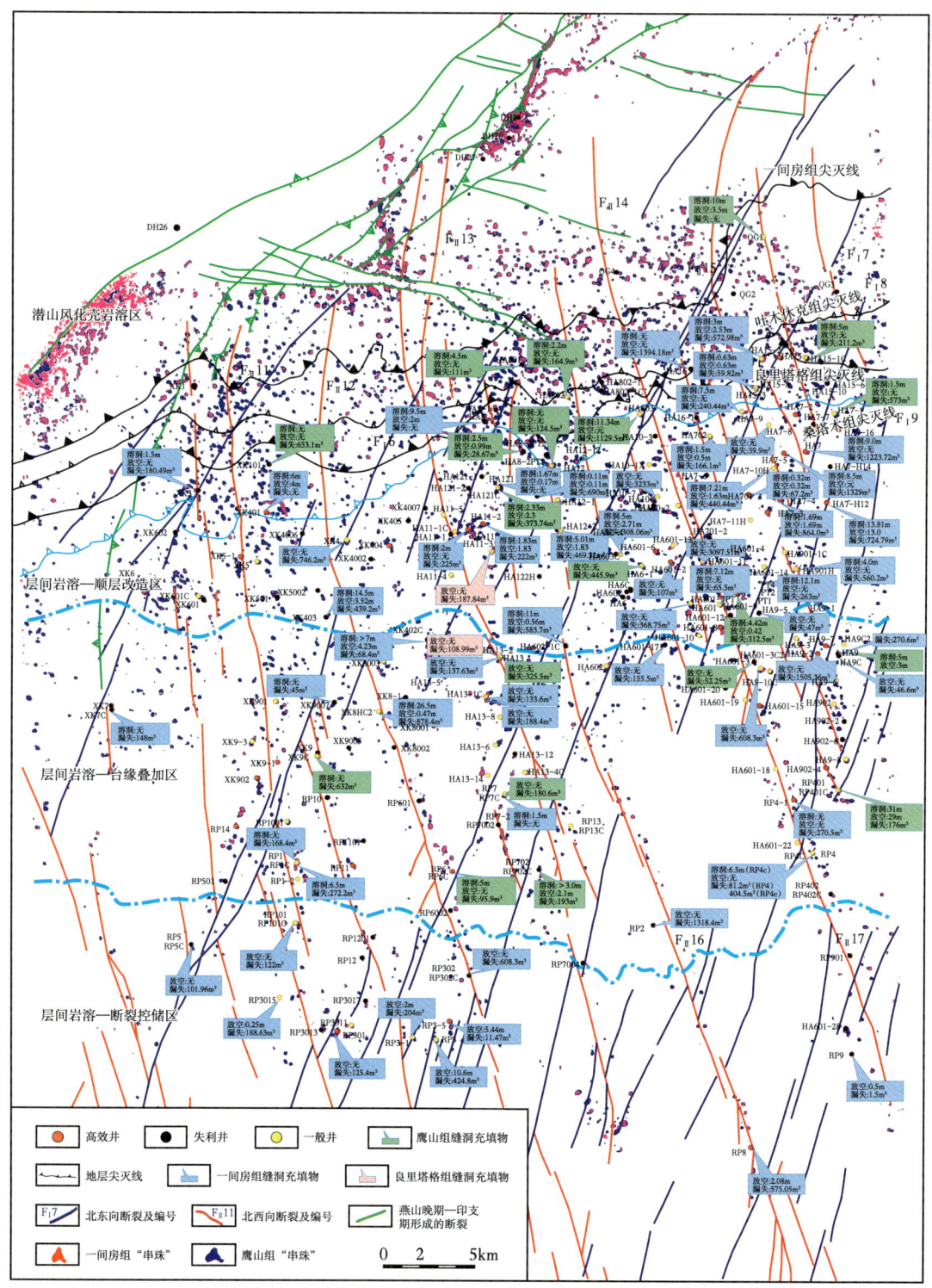

图 3-61　哈拉哈塘地区钻井漏失、放空与断裂、地震"串珠"叠合图

形成成为关键因素。地震强反射"串珠"具有沿断裂分布的特征，如沿HA9井—HA902井—HA9-8井、HA902-4井—RP401井、HA601井—RP4-1井—RP402井、RP601井—RP6井、XK902井—RP14井、RP301井—RP3011井等断裂分布，根据钻井放空、漏失分布特点，沿断裂的钻井大部分具有漏失或放空，如RP401井放空20m、RP4井漏失钻井液485.7m^3。可见，断裂是岩溶地下水径流、岩溶作用主要通道，在层间岩溶区成为岩溶缝洞形成的主要控制因素。

4 古岩溶缝洞充填演化特征

哈拉哈塘地区奥陶系碳酸盐岩古岩溶洞穴和溶缝中的充填物既是岩溶综合作用的产物，又是岩溶作用与环境信息的载体，对其进行地球化学分析（包括岩石化学、电子探针、能谱分析、包裹体测试、同位素分析等），有助于认识古岩溶的形成环境、改造、演化及其与油气储层发育、储层物性的关系（李定龙，1999a，b；李定龙等，1998，1999；顾家裕，1999；孔兴功，2009；黎廷宇，2004；雷国良等，1994）。

4.1 古岩溶缝洞充填特征

岩溶成因的溶蚀孔洞、大型溶洞和溶缝是其主要的储集空间。研究表明，岩溶储层非均质性较强，其发育受古岩溶地貌、古水文地质条件以及构造运动等多种因素的影响。而溶蚀缝洞充填物是岩溶储层形成与转化过程中的产物，对其分类及其地球化学分析（包括岩石常量、微量元素分析，包裹体测试同，同位素分析，稀土元素分析等）有助于认识岩溶形成环境、发育演化及其与油气储层发育的关系（兰光志，1996；何登发，2011；贾振远，1995，2004）。

哈拉哈塘地区奥陶系碳酸盐岩自沉积以来，先后经历了沉积成岩→裸露风化→沉积充填→埋藏改造等漫长的多期地质作用。受古岩溶地貌、古水文地质条件以及构造运动等多种因素的影响，岩溶的发育具有明显的时空性。奥陶系碳酸盐岩溶蚀缝洞的充填是岩溶储层形成与转化的主要岩溶地质过程。根据岩心观察，潜山区奥陶系碳酸盐岩古岩溶溶蚀形态主要为溶洞、溶蚀孔洞和构造溶蚀缝，其充填物主要为泥质、方解石、有机质和黄铁矿等。在不同岩溶期，受岩溶发育和充填条件的控制，充填物的类型、性质与结构具有不同的特征。

4.1.1 充填物类型

对于溶蚀缝洞充填物类型的划分，国内外学者均有研究，但划分方案各有不同。基于塔北露头调查与井下岩心观察，综合张美良、朱学稳等根据现代岩溶充填物划分方案，根据缝洞充填物的物质成分、沉积堆积环境以及形态组合等特征，将哈拉哈塘地区古岩溶缝洞充填物划分为：机械沉积物、化学淀积物、风化残积物、塌积充填物四大类型（图4-1）。其他充填物包括有机充填物，如有机质、干沥青、油侵，特殊成岩自生矿物，如黄铁矿等。化学淀积物主要为方解石，其次还包括萤石、石英等。机械沉积物主要有两类：一是成岩早期残余泥质，一般含残余有机质，主要见于储集意义不大成岩微缝中；另一类是缝洞中充填的钙泥岩、角砾岩，为流水机械搬运成因。在不同岩溶期，受岩溶发育和充填条件控制，充填物的类型、性质与结构具有不同的特征。

机械沉积物：机械沉积物主要是流水带入岩溶空间、在重力作用下沉积形成的充填物质，具有流水冲积和重力分异作用产生的层理以及分选性结构特征；成分复杂，以钙

4 古岩溶缝洞充填演化特征

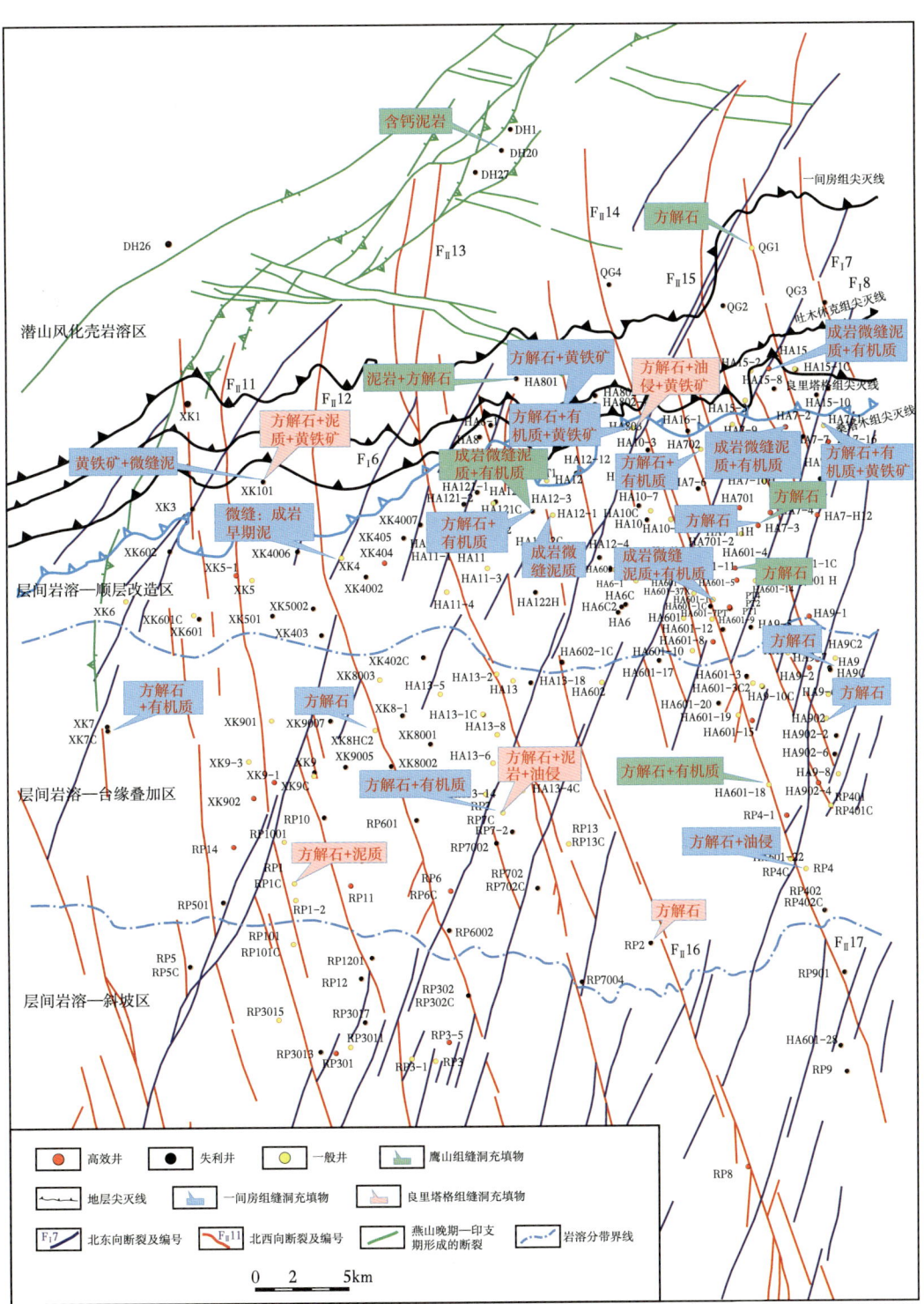

图 4-1 哈拉哈塘地区岩溶缝洞充填物特征图

泥质和碳酸盐岩砾石、岩屑为主，有的还含有岩溶系统外来岩石碎屑、砾石、泥砂、高岭土等。此类充填物常见于地下河溶洞以及与其相联的层间溶缝、溶蚀裂缝体系，主要发育于裸露岩溶期地表或近地表与外部空间具有联系的缝洞空间。如塔北露头区巴楚一间房、柯坪硫磺沟等地发育的奥陶纪古地下河溶洞,充填物除钙泥、碳酸盐岩角砾外,还充填有大量来自志留系砂页岩的泥、砂和岩屑,沉积层理发育(图4-2、图4-3)。

对哈拉哈塘地区奥陶系井下岩心观察发现,岩溶缝洞中机械沉积物也较常见,如HA7-1在6569~6577m井段的溶蚀裂缝,被灰绿色钙质泥岩胶结(图4-4);HA601-2井6642.0~6666.0m井段溶蚀裂缝、溶孔充填灰绿色泥质、黄铁矿(图4-5)。

图4-2 塔北柯坪硫磺沟鹰山组溶洞充填物特征(砂泥质沉积,流水沉积微层理清晰,洞顶及洞底见塌积角砾)

图4-3 塔北巴楚一间房地区一间房组溶洞充填物特征(砂泥质与方解石共同沉积,流水沉积微层理清晰,后期洞穴压实垮塌形成角砾)

图4-4 HA7-1井6569~6577m井段的溶蚀裂缝(机械充填)

图4-5 HA601-2井6642.0~6666.0m井段溶蚀裂缝、溶孔充填灰绿色泥质、黄铁矿(机械充填)

化学淀积物:化学淀积充填物主要形成于水流滞缓的水动力环境,由于物源条件的不同,充填物的成分不同,大致可分为两类:(1)在表生期和裸露岩溶期的近地表环境下,形成具有淡水岩溶特征的充填物。(2)在埋藏深岩溶环境下,压释水和热水岩溶作用首先对早期溶缝进行改造,产生溶蚀,使原来的微孔隙、裂隙溶蚀扩大。待溶解的矿物质逐渐达到饱和、过饱和时产生沉淀,对岩溶空间形成差异性充填。

充填作用主要分布于岩溶层段的下部和顶部,以及水流渗流、对流循环带的边缘,而在水流运移的主要层段则充填程度较低,形成有利的油气储集空间。如塔北露头地区一间房南部一带,岩溶受到区域性大断裂和岩浆侵入活动的影响溶洞的化学淀积充填物主要有巨晶方解石、紫色萤石、冰洲石等,反映了晚期地热活动的影响,多形成致密的结晶充填体(图4-6);在塔北露头区硫磺矿西一带,岩溶系统的物源区主要为志留纪泥砂岩,酸性不饱和淡水流入碳酸盐岩地层产生溶蚀,将碳酸盐带入岩溶空间,随水中溶解质饱和度的增大,形成方解石、钙华的沉淀充填(图4-7)。

图4-6 塔北巴楚一间房地区一间房组溶洞中充填紫色萤石　　图4-7 塔北柯坪硫磺沟一间房组溶洞中充填钙华

井下岩心观察发现,各井均有化学淀积物出现,如晶形较好的方解石、白云石、石英等(图4-8、图4-9)。方解石的沉淀在碳酸盐岩成岩同生期、表生期、埋藏期均可发育,只要存在相对静滞或封闭环境,碳酸盐流体达到饱和就会沉淀,反之,则会溶蚀。因此通过方解石分析可以认识岩溶环境的改变过程,主要借助地化分析、包裹体分析等方法。

图4-8 HA601-1井6633.0~6641.0m井段溶蚀裂缝充填方解石、钙泥质(化学、机械混合充填)　　图4-9 HA12-2井6675.0~6683.0m井段溶蚀裂缝、溶孔充填方解石(化学充填)

风化残积物:风化残积物一般分布于风化壳表层的溶沟、溶槽或落水洞、竖井的底部及浅部的溶蚀裂缝中,其主要形成于风化壳氧化环境,属基岩溶蚀、风化残留下来的物质。如新垦101井一间房组顶面残留角砾灰岩(图4-10);RP7井良里塔格组顶面残留角砾灰岩(图4-11)。

塌积充填物:塌积充填物主要位于溶洞内。主要有两个形成时期,一是溶洞在埋藏期早期由于上覆地层沉积,压力增大,由前期半—未充填溶洞洞顶垮塌而成,如塔北柯坪地区鹰山组溶洞顶部垮塌的角砾。此外,在表生岩溶期岩溶作用过程中,不饱和碳酸盐的大气淡水和地下水对化学性质活泼的碳酸盐矿物、易溶的盐类矿物淋滤、渗透，使这些矿物溶解并形成溶蚀孔洞缝。溶蚀作用继续发展到一定程度岩石会发生崩落，崩落的结果就产生了垮塌角砾岩，即边溶边塌。当岩块较大时仍残余岩层层理，垮塌体的上部多充填钙泥，下部则在钙泥中夹有大量原岩角砾。与埋藏早期受压力垮塌角砾区分主要是埋藏受压力垮塌角砾，发育于洞顶，表生期垮塌角砾是在溶洞其他充填物沉积时发生的垮塌，在岩心中表现为角砾"悬浮"在细粒基质中。如 DH12 井，取心位于 5668.9~5670.5m，岩心块 17（1-16/16）位于溶洞发育段（洞高 1.6m），充填石灰岩角砾（图 4-12）、灰绿色泥质及黄铁矿颗粒（图 4-13），角砾的大小混杂，形状不规则，无分选和磨圆特征，其粒径一般为几厘米至几十厘米。角砾一般与其它充填物一起出现，如角砾间的填隙物质由细小的碳酸盐岩碎屑物质或由地表径流携带的渗流砂、泥质组成，也有少量方解石沉淀。

图 4-10　XK101 井一间房组顶面残留角砾灰岩（风化残积充填）

图 4-11　RP7 井良里塔格组顶面残留角砾灰岩（风化残积充填）

图 4-12　DH12 井 17（1/16）溶洞，角砾岩及灰绿色泥质

图 4-13　DH12 井 17（4/16）溶洞石灰岩角砾，泥质及黄铁矿充填

4.1.2 充填空间形成与充填方式

尽管古岩溶缝洞的形成受控因素较多，但根据古岩溶缝洞识别，主要存在如下几种形式的古岩溶缝洞（图 4-14）。

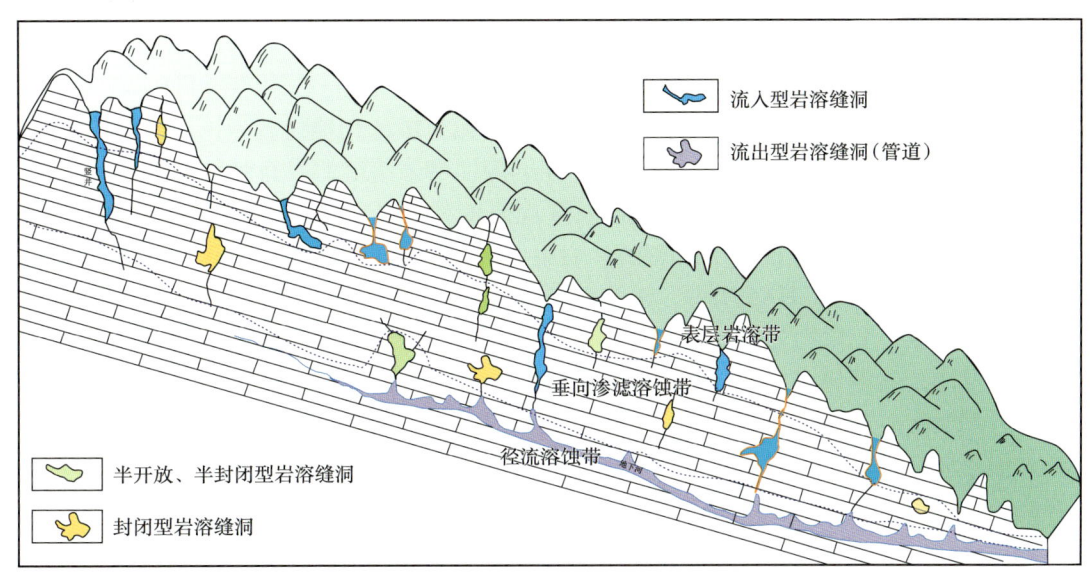

图 4-14　古岩溶缝洞形成特征模式图

（1）开放式岩溶缝洞（流入型、流出型）。

对于流入型古岩溶缝洞，一般位于补给区或补给、径流区，主要分布于表层岩溶带、垂向渗滤溶蚀带。此种古岩溶缝洞一般与地表具有较好的连通性，因而后期多被充填。以机械充填为主，充填物主要为泥岩或粉砂质泥岩、溶洞角砾岩，方解石充填相对较少。古岩溶缝洞形态：落水洞、竖井式岩溶缝洞，溶洞规模中等。

对于流出型古岩溶缝洞，一般位于径流或排泄区，主要分布于径流溶蚀带或垂向渗滤溶蚀带。后期多被充填，也以机械充填为主，充填物主要为泥岩或粉砂质泥岩及方解石胶结的砂泥质岩，具层理。古岩溶缝洞形态：管道式、厅堂式缝洞，溶洞规模一般较大。如潜山岩溶区的暗河的岩溶缝洞。

（2）半开放、半封闭岩溶缝洞（裂缝连通型）。

一般属溶蚀裂缝连通型小规模的岩溶缝洞，位于补给、径流区（浅覆盖区）形成的岩溶缝洞。溶洞通过溶蚀裂缝与地表具有弱连通性，后期不易被充填（多为半充填），充填物主要为泥质岩或钙质胶结物（化学沉积）。缝洞形态：串珠状、孤立状缝洞，溶洞规模一般相对较小，多以小溶洞系统为主。如层间岩溶—顺层改造区的岩溶缝洞。

（3）封闭式岩溶缝洞（孤立型）。

属相对封闭岩溶缝洞，一般位于径流、排泄区形成的岩溶缝洞，多属溯源侵蚀的溶蚀空间。溶洞一般与地表连通性较差，与径流带通过溶蚀裂缝具有一定的弱连通性，后期不易被机械充填，以化学沉积充填为主。孤立状岩溶缝洞或溶孔，古岩溶缝洞规模一般相对较小。如台缘叠加区、断裂控储区的岩溶缝洞。

4.1.3 岩溶缝洞充填特征

4.1.3.1 溶洞充填特征

岩溶缝洞充填物总体上潜山区以泥质充填物为主、化学充填物为辅；顺层改造区、台缘区化学充填物为主，局部具有泥质充填。良里塔格组缝洞充填物在改造区及台缘区均为泥质、方解石充填，泥质主要来自良里塔格组泥灰岩本身。

通过成像测井、常规测井钻井资料统计分析，哈拉哈塘地区古岩溶缝洞（具规模溶洞）发育（表4-1），充填程度相对较低、多数岩溶缝洞无充填，充填物多为钙泥质岩、角砾岩灰质胶结及方解石充填。由表4-1可见，不同岩溶区带岩溶缝洞发育特征、充填特征具有一定差异：潜山风化壳岩溶区，岩溶缝洞发育规模相对较大，岩溶缝洞充填程度相对较低，充填物以机械充填物为主；顺层改造区，岩溶缝洞发育规模一般以1~5m为主，局部（近断裂）溶洞规模较大（如HA6-1井，溶洞9.35m），岩溶缝洞充填程度以无充填—半充填为主，部分全充填，充填物为机械充填物、化学充填；台缘叠加改造区，岩溶缝洞一般沿断裂破碎带发育，岩溶缝洞发育规模一般小于2m，局部（近断裂）溶洞规模较大（如RP401井，溶洞11.0m），岩溶缝洞充填程度以无充填—半充填为主，部分全充填，充填物以化学充填为主，部分为机械充填；断裂控储区，岩溶缝洞一般沿断裂破碎带发育，岩溶缝洞发育规模一般小于2m，岩溶缝洞充填程度以无充填—半充填为主，充填物以化学充填为主。

表4-1 哈拉哈塘地区古岩溶缝洞规模及充填特征表

岩溶分区	井号	层位	深度（m）	溶洞发育规模（m）						岩溶缝洞充填特征
				<0.2	0.2~0.5	0.5~1	1~2	2~5	>5	
潜山风化壳岩溶区	QG1	$O_{1-2}y$	6693.97~6695.5				1.54			溶洞，淀晶方解石全充填
		$O_{1-2}y$	6705.5~6709.0					3.5		溶洞，无充填，钻进放空
		$O_{1-2}y$	6713.0~6718.0					5.0		溶洞发育段，测井孔隙度35%~70%
	HA801	$O_{1-2}y$	6767.0~6772.0					5.0		溶洞发育段，钻进时井漏
	HA802	$O_{1-2}y$	6716.5~6718.7					2.2		溶洞发育段，钻进时井漏
	HA803	O_2yj	6649.0~6653.0					4.0		溶洞发育段，测井孔隙度100%
		$O_{1-2}y$	6653.0~6666.0						13.0	溶洞发育段，测井孔隙100% 6654.66~6660m（5.34m）放空
	XK401	O_2yj	6838.0~6844.0						6.00	溶洞发育段，6840~6844m溶洞
	XK403	$O_{1-2}y_1$	6889.86~6891.4				1.56			溶洞，无充填，钻进放空、漏失
		$O_{1-2}y_1$	6897.8~6899.76				1.96			溶洞，无充填，钻进放空、漏失
		$O_{1-2}y_1$	6901.0~6909.5						8.5	溶洞发育段，测井为洞穴型储层
	HA8	O_2yj	6675~6677				2.0			溶洞，无充填，放空、井液漏失
	HA15-2	O_2yj	6598.0~6601.0					3.0		溶洞发育段，其中6595.67~6598.20m（2.53m）放空、漏失
	HA15-3	$O_{1-2}y$	6584.57~6585.2			0.63				溶洞，钻进时微放空、井漏

续表

岩溶分区	井号	层位	深度（m）	溶洞发育规模（m）						岩溶缝洞充填特征
				<0.2	0.2~0.5	0.5~1	1~2	2~5	>5	
顺层改造区	HA6-1	O_2yj	6694.0~6703.35						9.35	溶洞缝发育段，漏失井液445.9m³
	HA11	O_2yj	6736.5~6738.5				2.0			溶洞，全—半充填
	HA7	O_2yj	6624.55~6626.4				1.85			溶洞，无—半充填，钻进时井漏
	HA10	O_2yj	6714.0~6717.0					3.0		溶洞，全充填
	HA601-1	O_3l	6528.5~6530.0				1.5			溶洞，全充填
	HA601-3C2	O_2yj	6904.0~6924.5						20.5	溶洞发育段，孔隙度39.2%
		O_2yj	6949.0~6958.0						9.0	溶洞发育段，孔隙度15.9%
	HA601-9	O_2yj	6669.0~6673.0					4.0		溶洞发育段，孔隙度6.1%
	HA701	O_2yj	6617.68~6618.0		0.32					溶洞，钻进时放空、井液漏失
	HA702	O_2yj	6682.5~6684.0				1.5			溶洞，无—半充填，钻进时井液漏失，其中6682.5~6683m放空
	HA7-12H	O_2yj	6736.19~6750.0						13.81	溶洞，其中：6737~6750m放空13m
	HA9	$O_{1-2}y$	6689.8~6690.8			1.0				溶洞，无充填，钻进中放空
		$O_{1-2}y$	6693.0~6697.0					4.00		溶洞发育段（钻进中放空1.0m），孔隙度高达74.7%
	HA11-2	O_2yj	6717.2~6719.08				1.83			溶洞，无充填，钻进时放空、漏失
	HA121	O_2yj	6696.27~6696.4	0.17						溶洞，钻进时有放空
		O_2yj	6702.5~6704.0				1.5			溶洞发育段，半充填，孔隙度12.7%
	HA121C	O_2yj	6814.70~6817.0					2.3		溶洞，无充填，钻进时放空、漏失钻井液73.74m³
	HA12-4	O_3l	6573.0~6574.0			1.0				溶洞，泥质半充填，孔隙度13.%
	XK601	$O_{1-2}y_1$	7011.0~7014.0					3.0		溶洞发育段，钻井液漏失，测井为洞穴型储层
	XK602	O_2yj	6873.79~6874.6			0.80				溶洞，无充填，钻进放空、漏失
		O_2yj	6875.5~6877.5				2.00			溶洞发育段，测井为洞穴型储层
	XK8H	O_2yj	6807.8~6816.0						8.20	溶洞，方解石及钙泥质全—半充填，孔隙度18.7%

续表

岩溶分区	井号	层位	深度（m）	<0.2	0.2~0.5	溶洞发育规模（m）0.5~1	1~2	2~5	>5	岩溶缝洞充填特征
顺层改造区	HA9-2	O_3l	6499.0~6502.0					3.0		泥质半充填，孔隙度16.3%
	HA9-2	O_2yj	6665.0~6669.5					4.5		无—半充填，钻至6668.4m开始放空，井液漏失1505.36m³
	RP1	O_2yj	6959.5~6961.0				1.50			溶洞，测井孔隙度24.7%
	RP1	O_2yj	6964.0~6965.0			1.00				溶洞，测井孔隙度50%
	RP1	O_2yj	6967.0~6971.0					4.00		溶洞，测井孔隙度78.3%
台缘叠加区	RP2	O_3l	6819.26~6819.9			0.60				岩心破碎呈岩粉，推测为溶洞
	RP4	O_3l	6704.5~6706.0				1.50			溶洞，泥质充填洞
	RP4	O_2yj	6752~6753.3				1.30			溶洞，方解石半—全充填，见油浸
	RP4	O_2yj	6763.8~6764.85				1.05			溶洞，方解石半—全充填
	RP401	$O_{1-2}y$	6757.0~6768.0						11.0	溶洞，其中6759~6768m（9.0m）钻进时放空
	RP401	$O_{1-2}y$	6768.0~6788.0						20.0	溶洞，无充填，钻进时放空，井液漏失
断裂控储区	RP9	$O_{1-2}y$	6864.9~6865.5			0.60				溶洞，无充填，钻时放空
	RP3	O_2yj	7029.4~7040.0						10.60	溶洞，无充填，钻时放空
	RP8	$O_{1-2}y$	6944.22~6946.30					2.08		溶洞，无充填，钻时放空
	RP7	O_2yj	6863.0~6864.5				1.5			溶洞，泥质充填
	RP702	O_2yj	6857.19~6858.5				1.28			溶洞，无充填，钻时放空
	RP702	O_2yj	6863.60~6864.4			0.80				溶洞，无充填，钻时放空

测井显示QG1井6693.97~6695.51m发育1.54m溶洞一处，淀晶方解石全充填，6705.5~6709.0m和6713.0~6718.0m发育2~5m溶洞发育2段，后者测井孔隙度35%~70%，发育层位均为鹰山组；XK401井6838.0~6844.0m，溶洞发育段。其中6840~6844m空洞（钻进放空）发育层位为一间房组；HA8井，6675~6677m，发育溶洞，发育层位位于一间房组；HA801井6767.0~6771.5m溶洞发育段，发生井漏，发育层位位于鹰山组。HA15-2井，溶洞发育段，其中6595.67~6598.20m（2.53m）放空、漏失等。

岩心显示DH12井，取心位于5668.9~5670.5m，取心段：17（1-16/16）为溶洞发育段，洞高1.6m，充填灰岩角砾（图4-12），灰绿色泥质及黄铁矿颗粒（图4-13）。

4.1.3.2 溶蚀孔充填特征

潜山风化壳岩溶区，浅部溶蚀孔洞发育，孔径0.1~10cm不等，充填物类型及充填程度各有差异。充填程度主要为无充填或半充填,部分全充填;充填物有泥质、方解石、有机质及黄铁矿等。溶蚀孔半充填—全充填主要为化学充填,充填物为自形晶、半自形晶方解或它形晶方解石。岩心观察表明:DH20井见针状溶蚀孔发育,且发育微缝,无充填,连通性较好,形成较好的岩溶储层(图4-15);HA803井6567~6577.2m,发育颗粒灰岩,岩心见油浸,溶蚀孔较发育,多为自形晶—半自形晶方解石半充填,与晶间孔一起形成较好的储集空间,储层发育(图4-16)。

图4-15 DH20井,17(23/27)针状孔发育,无充填　　　图4-16 HA803井,溶蚀孔,方解石半充填

4.1.3.3 溶蚀裂缝充填特征

哈拉哈塘潜山区构造裂缝发育,岩心上主要发育近直立缝、斜交缝、水平缝、网状缝和不定向缝5种类型。其中近直立缝和斜交缝属于构造成因缝,多为方解石、泥质充填,后期具有溶蚀扩溶现象。水平缝和不定向缝多为成岩缝,网状缝为构造作用和成岩作用叠加形成的叠合成因缝。5种类型裂缝主要发育于中加里东期、晚加里东期和早海西期、中晚海西期4个构造活动时期。QG1井岩心显示发育宽缝,淀晶方解石全充填(图4-17)。

HA803井发育高角度缝,泥质方解石半充填,沿着缝壁具有扩溶现象,且前期充填的方解石在后期溶蚀成孔状(图4-18)。HA801井高角度缝发育,前期灰黑色钙泥质沿着缝壁半充填,亮晶方解石后期充填剩余空间,至此造成该构造溶蚀缝全充填(图4-19)。QG1井发育构造溶蚀缝,方解石沿缝壁一期充填,后期油浸,充填干沥青(图4-20)。

图4-17 QG1井1(34/58)宽缝发育,淀晶方解石全充填　　　图4-18 HA803井,高角度缝,泥质、方解石半充填,具有后期溶蚀现象

图 4-19　HA801 井，2（12/27）高角度缝，一期充填钙泥质，二期充填方解石

图 4-20　QG1 井 2（10/24）构造溶蚀缝，缝壁方解石充填，后期油浸充填干沥青

4.2　充填物碳氧同位素对古岩溶环境的指示性

4.2.1　碳氧同位素对古岩溶环境的指示性

4.2.1.1　碳氧同位素环境的指示性

碳、氧同位素识别古岩溶，是利用不同地质作用下地球物质迁移过程中碳、氧稳定同位素的丰度变化来反映古岩溶作用各阶段的环境特征。在不同气候条件下，碳、氧同位素有不同的丰度特征，且具有后期蚀变小和良好的区域可对比性特征，因而成为研究古气候、恢复古环境的良好材料（孔兴功，2009）。

碳酸盐的 $\delta^{13}C$ 值和 $\delta^{18}O$ 值可作为沉积环境的标志（黎廷宇，2004），根据经验公式可区分海相和淡水相石灰岩：

$$Z=a（\delta^{13}C+50）+b（\delta^{18}O+50）$$

式中，$\delta^{13}C$ 值和 $\delta^{18}O$ 值均以 PDB 为标准，$a=2.048$，$b=0.498$。

当 $Z \geqslant 120$ 时为海相，$Z < 120$ 时为淡水相。从深海盆内部、斜坡到潟湖和岸堤，碳酸盐的 $\delta^{13}C$ 值有逐渐升高的趋势；另外，碳酸盐岩在成岩或后生阶段发生次生变化或交代作用（比如溶解—重结晶、白云岩化和去白云岩化等）时的水介质条件和碳源，也可以利用同位素组成来鉴别。

碳酸盐岩在海洋沉积环境中的不同相带内，由于其物化条件不同，因此从其中沉淀下来的碳酸盐的 $\delta^{18}O$ 和 $\delta^{13}C$ 值也不同，基岩的碳、氧稳定同位素能反映沉积环境变化和事件地层界线。而碳酸盐岩缝洞中的沉淀方解石是后期岩溶流体对母岩改造后沉淀形成，由于流体性质、温压条件等溶蚀环境不同，从其中沉淀下来的方解石 $\delta^{18}O$ 和 $\delta^{13}C$ 值也不同，因此可以用其指示古岩溶环境。碳酸盐的溶解与沉淀平衡，对环境反应敏感，因此其沉淀可发生于成岩作用的各个阶段，记录了各个阶段的古环境信息。

碳酸盐岩及古岩溶缝洞充填物的碳、氧同位素组成，常常受到以下几方面因素的影响：

（1）沉积环境：在海洋沉积环境中的不同相带内，由于其物化条件不同，从其中沉淀下来的碳酸盐的 $\delta^{18}O$ 和 $\delta^{13}C$ 值也不同，碳、氧稳定同位素能反映沉积环境变化和事件地层界线，但是，由于$\delta^{18}O$受成岩作用影响明显，一般很难反映原始沉积环境，而碳同位素则受成岩作用影响相对较小，所以可以反映沉积环境变化。

（2）成岩作用：受较强的成岩作用的影响，沉积物中的$\delta^{18}O$和$\delta^{13}C$值因同位素交换而发生变化。

（3）年代效应：不同地质时代所发生的地质作用不同，导致样品的同位素组成有所差异，通常年代愈老，受成岩作用愈强烈，$\delta^{18}O$和$\delta^{13}C$的偏离也越大。

（4）沉积物中的有机质被微生物氧化时产生CO_2污染，从而改变了$\delta^{18}O$和$\delta^{13}C$的原始值，降低了其指示原始环境（古盐度、古温度）的可靠性。

4.2.1.2 氧同位素对环境响应

稳定同位素$\delta^{18}O$作为古气候指标研究始于20世纪60年代以后（Duplessy，1970；Hendy，1971，1986）。在同位素平衡分馏情况下（Hendy，1971），$\delta^{18}O$主要受控于环境温度的变化，温度控制的水岩反应同位素分馏系数使得$\delta^{18}O$有约-0.24‰/℃的温度梯度（O'Neil，1969）。当在表生期有大气淡水参与时，在同位素平衡条件下，参与水岩反应的$\delta^{18}O$反映了大气降水的年均值（Yong，1985）；大气降水的$\delta^{18}O$变化又同时受水汽源、水汽运移路径，水汽凝结温度和降雨量等因素控制（Gascoyne，1992）。因此，岩溶缝洞充填物$\delta^{18}O$主要反映了其形成时期的环境温度和大气降水信息。一方面大气淡水环境中，赤道附近蒸发量大于降雨量，较轻的^{16}O优先升腾到大气中，致使海水中^{18}O相对富集，$\delta^{18}O$值相应趋正，而大气淡水在陆地降落后致使地表淡水$\delta^{18}O$值偏负。沉积与海相环境的碳酸盐岩富^{18}O，大气淡水严重贫^{18}O，受其影响水—岩反应后的沉淀物方解石的$\delta^{18}O$也严重偏负，同时，在降雨量大的季节里形成的方解石沉淀物将贫$\delta^{18}O$（王大锐，2000；郑永飞等，2000），反之，则相对富集$\delta^{18}O$。在蒸发过程中，气体富集^{16}O，而水体富集^{18}O，从而方解石胶结物相对富集^{18}O（Gonzalez et al.，1988）。

另一方面氧同位素在成岩过程中对温度敏感，当温度上升后^{16}O活跃，易于进入方解石中，使得$\delta^{18}O$值偏负。按照O'Neil等（1969）的方程：$1000 \ln a = 2.78 \times 10^6 / T^2 - 2.89$，$\delta^{18}O$为-14.5‰的方解石不可能是在小于50℃淡水环境下沉淀的，很可能来自深埋藏条件下深部高温流体。因此$\delta^{18}O$值为负值，既可以为低温淡水成因，也可以为高温盆地流体或热液流体成因，主要是由于方解石氧同位素值受原始沉淀环境及后期成岩温度影响。

考虑到塔里木盆地目前处于地质历史上北纬最高处，加里东期塔里木盆地淡水的$\delta^{18}O$值约比现今重2.5‰（蔡春芳，2000），约为-7‰~-9‰。

4.2.1.3 碳同位素对环境响应

一般来说，影响$\delta^{13}C$的因素主要有$\delta^{13}C$的来源、水岩反应的程度、有机质氧化等因素（Lohmann，1988）。首先最主要的因素是介质水中^{13}C的来源，即与盐度有关。Schopf（1980）总结出如下特征：如果^{13}C来自淡水，那么此环境中沉积的淡水碳酸盐沉积物的$\delta^{13}C$具有较高负值；如果大气中CO_2含量很小，溶解在淡水中的CO_2多来自土壤和腐植质，那么$\delta^{13}C$为高负值。如果来自海相灰岩，则$\delta^{13}C$值接近于海相灰岩。所以^{13}C的来源环境不同，那么$\delta^{13}C$值就差别较大。原理是因为海水在与大气交换过程中，趋于更多地逸散^{12}C至大气中，致使大气CO_2的$\delta^{13}C$明显偏轻，海水偏重。当随大气淡水环境降至地表后，其值偏负。土壤中，主要靠陆生植物光合作用提取大气中的CO_2，造成有机质$\delta^{13}C$为高负值。表生岩溶环境大气降水对缝洞方解石$\delta^{13}C$影响较大，往往为负值。埋藏环境中缝洞方解石沉淀物的 ^{13}C 的来源主要是碳酸盐岩围岩，δ^{13}C 偏负的程度则依赖于水岩反应的程度，反应强度大，来自围岩的 δ^{13}C 比重增加，方解石胶结物的 δ^{13}C 偏负程度小，反之，偏负程度大。同时，脱气作用对 δ^{13}C 也有影响，在脱气过程中，由于存在动力学分馏，水体富集 δ^{13}C，此时沉淀的方解石胶结物富集 δ^{13}C。

其次后期成岩作用过程中有机质的氧化作用所产生的有机碳对其影响较大，成岩作用本身温压对 δ^{13}C 影响较弱。受表层有机质氧化作用形成 CH_4 或深部石油裂解形成 CH_4，常使得 δ^{13}C 为较高负值。

4.2.2 古岩溶缝洞充填物碳氧同位素特征及对古环境指示

4.2.2.1 塔北碳氧同位素环境的指示性

根据塔北古潜山地区（哈拉哈塘、塔河、轮南等古潜山）奥陶系岩溶缝洞充填物（钙质充填物、方解石等）的 δ^{18}O、δ^{13}C 分析（卢玉红等，2007；倪新锋，2010；张庆玉等，2015），岩溶缝洞充填物的 δ^{18}O、δ^{13}C 能较好反映古岩溶缝洞充填物的岩溶作用环境，从 δ^{13}C-δ^{18}O 关系图（图4-21）可见，岩溶充填物中碳酸盐矿物的形成至少有4种不同的环境条件：

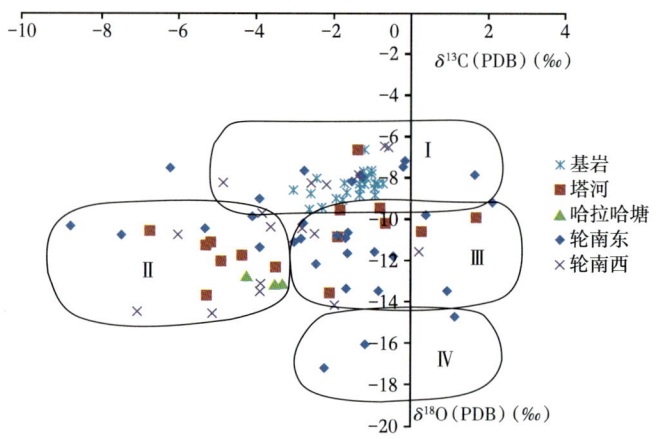

图4-21 塔北潜山区不同区域奥陶系岩溶缝洞方解石碳氧同位素交汇图

（1）同生期或早成岩期岩溶环境（Ⅰ），δ^{18}O 分布范围一般为 -10‰~-5‰，δ^{13}C 分布范围一般为 -5‰~2‰。岩溶缝洞充填物其 δ^{18}O 分布范围与碳酸盐岩基岩背景值区域相同，但 δ^{13}C 变化较大，说明该岩溶环境与碳酸盐岩沉积环境类似，反应了成岩早期或同生期碳酸盐岩沉积不久后短暂的暴露岩溶，沉淀的方解石特征，δ^{13}C 因受大气水-海水混合的影响而分布相对基岩较宽。

（2）风化壳岩溶环境（Ⅱ），δ^{18}O 分布范围一般为 -15‰~-10‰，δ^{13}C 分布范围一般为 -10‰~-3‰。δ^{13}C 及 δ^{18}O 值的偏负程度较高，δ^{13}C 较低有两个因素：一是暴露环境受大气淡水中低 δ^{13}C 的 CO_2 影响，与碳酸盐岩反应后沉淀的方解石 δ^{13}C 偏负；二是上覆地层碎屑岩地层中有机质含量高，受有机质氧化作用形成 CH_4 影响，δ_{13}C 值较低。δ^{18}O 值的偏负主要是由于大气淡水 δ^{18}O 值较低，导致沉淀方解石 δ^{18}O 偏负。

（3）埋藏岩溶环境（Ⅲ），方解石沉淀物的 ^{13}C 的来源主要是碳酸盐岩围岩，δ^{18}O 分布范围一般为 -10‰~-15‰，δ^{13}C 分布范围一般为 -3‰~2‰。充填物方解石具有较高的 δ^{13}C

值及较低的 $\delta^{18}O$ 值。$\delta^{13}C$ 偏负的程度则依赖于水岩反应的程度，由于温度上升，水岩反应强度大，来自围岩的 $\delta^{13}C$ 比重增加，方解石沉淀物的 $\delta^{13}C$ 偏负程度小，此外，$\delta^{13}C$ 值为较高可能反应了埋藏条件下高盐度地层水沉淀环境。$\delta^{18}O$ 值较低主要是氧同位素对温度敏感，当温度上升后 ^{16}O 活跃，易于进入方解石中，使得 $\delta^{18}O$ 值偏负。

（4）高温热液岩溶环境（Ⅳ），$\delta^{18}O$ 分布范围一般为 $-15‰\sim-20‰$，$\delta^{13}C$ 分布范围一般为 $-3‰\sim2‰$。方解石 $\delta^{18}O$ 值明显偏负，反映方解石充填物的形成与热液作用具有明显的关系。

4.2.2.2 哈拉哈塘地区碳氧同位素环境的指示性

对哈拉哈塘地区奥陶系岩溶缝洞方解石、不同层位碳酸盐岩基岩采样，进行碳氧同位素测试分析。分析结果显示（表4-2），岩溶缝洞充填方解石的碳—氧稳定同位素明显反映出次生矿物的同位素丰度特点。

表4-2 哈拉哈塘地区缝洞充填物碳氧同位素地球化学特征

样品位置	地层符号	深度（m）	缝洞类型	充填物特征	测定矿物	$\delta^{13}C$（PDB）‰	$\delta^{18}O$（PDB）‰	环境的指示性
HA803 2（42/64）	O_3s	6574.7	胶结物	生物砂屑被钙质胶结	生物砂屑灰岩	0.82	-5.17	同生期或早成岩期岩溶环境
HA803 6（63/68）	O_3t	6609.2	溶缝	垂向缝，缝宽1~2mm，方解石、有机质充填	方解石	1.16	-5.80	
RP4 4（35/37）	O_2yj	6764.65	溶洞	溶洞底部，方解石半—全充填，油浸	方解石	-1.92	-9.25	
HA601-18 1（9/27）	O_2yj	6756.1	溶缝	斜缝，宽3~6mm，方解石全充填	方解石	-3.79	-15.17	风化壳岩溶环境
HA801 2（12/27）	$O_{1-2}y$	6733.1	溶缝	垂向缝，缝宽8mm，缝壁黑色有机质充填，中间为后期方解石全充填	方解石	-3.44	-13.13	
XK101 7（24/57）	O_2yj	6813.4	构造缝	杂色方解石全充填	方解石	-3.25	-13.08	
QG1 1（38/58）	$O_{1-2}y$	6694.0	溶洞	溶洞大小1.54m 淀晶方解石全充填	方解石	-4.17	-12.71	
HA601-18 1（17/27）	O_2yj	6756.6	溶洞	高角度缝，缝宽5~8mm，他形晶方解石全充填	方解石	-0.47	-11.74	埋藏岩溶环境
XK8H 1（2/14）	O_2yj	6807.8	溶洞	白色结晶方解石全充填	方解石	-0.30	-14.54	
XK8H 1（8/14）	O_2yj	6808.3	溶洞	白色结晶方解石全充填	方解石	-0.40	-14.71	
RP1 4（51/62）	O_3l	6850	溶蚀孔	溶孔φ3cm，方解石全充填	方解石	1.59	-10.89	
RP4 3（4/54）	O_2yj	6749.3	溶缝	高角度缝宽2~3cm，方解石全充填	方解石	-2.10	-10.30	
RP4 3（32/54）	O_2yj	6752.0	溶洞	溶洞大小1.3m方解石半—全充填，见油浸	方解石	0.06	-15.71	
RP7 2（24/48）	O_3l	6823	晶洞	晶洞大小4×5cm，方解石半—全充填，见油浸	方解石	-1.63	-10.25	

哈拉哈塘地区奥陶系碳酸盐岩古岩溶缝洞充填物的 $\delta^{13}C$ 和 $\delta^{18}O$ 值的变化范围较大，$\delta^{13}C$ 值为 $-4.17‰\sim1.59‰$，$\delta^{18}O$ 值为 $-15.71‰\sim-5.17‰$。古岩溶缝洞的充填物的 $\delta^{18}O$ 值均

具有明显偏负特征，表明古岩溶缝洞充填物形成过程中受到大气成因的淡水影响，反映了当时的风化壳岩溶沉积环境。

从 $\delta^{13}C$—$\delta^{18}O$ 关系图（图 4-22）可见，岩溶充填物中碳酸盐矿物的形成主要有 3 种不同的环境条件：第 I 类为同生期或早成岩期岩溶环境，$\delta^{18}O$ 为 -9.25‰~-5.17‰，$\delta^{13}C$ 为 -1.92‰~1.16‰，$\delta^{18}O$ 分布范围与碳酸盐岩基岩背景值区域相同，但 $\delta^{13}C$ 变化较大，说明该岩溶环境与碳酸盐岩沉积环境类似，反映了成岩早期或同生期碳酸盐岩沉积不久后短暂的暴露岩溶，$\delta^{13}C$ 因受大气水—海水混合的影响而分布相对基岩较宽；第 II 类为风化壳岩溶环境，机械充填过程形成，充填物为富含泥质的钙泥质沉积充填，是流水作用下伴随机械充填形成的碳酸盐沉积，处于相对较干热条件 $\delta^{18}O$ 较低、$\delta^{13}C$ 较高，$\delta^{18}O$ 为 -15.17‰~-12.71‰，$\delta^{13}C$ 为 -4.17‰~-3.25‰；第 III 类为埋藏岩溶环境，方解石 $\delta^{18}O$ 值明显偏负，反映方解石充填物的形成与热液作用具有明显的关系，钙泥质物 $\delta^{18}O$ 值亦偏负，反映早期充填的泥质后期受热液作用而钙质胶结，$\delta^{18}O$ 为 -15.71‰~-10.25‰，$\delta^{13}C$ 为 -2.10‰~-1.59‰，主要充填于溶洞、岩溶裂隙或溶蚀构造缝中，充填过程缓慢，持续较长，可见多层状，表现为同期多次性。

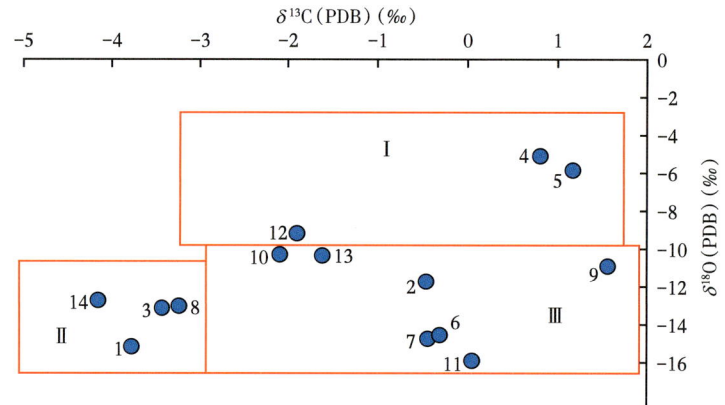

图 4-22　哈拉哈塘地区充填物碳氧同位素交会图

II、III 类岩溶充填物中碳酸盐矿物的形成环境在哈拉哈塘地区较为普遍，分别属古岩溶缝洞充填、改造过程的主要时期。

总体来看，淡水淋滤、溶滤作用和有机酸介入的岩溶作用过程中所产生的淀积充填物的碳氧同位素值明显偏负。其中，早表生和裸露环境下产生的岩溶充填物中氧同位素较富集，$\delta^{18}O$ 值明显偏负，$\delta^{13}C$ 值变化较小；埋藏环境压释水中有机酸介入水岩作用后产生的沉淀物中 CO_2 含量较高，$\delta^{13}C$ 明显偏负，$\delta^{18}O$ 值也较低；热水作用下有机质分解及甲烷化，水中重同位素富集，产生的沉淀物 $\delta^{13}C$ 较高，部分出现较高的正值。

4.3　充填物包裹体对古岩溶作用的指示性

4.3.1　包裹体对古岩溶作用的指示性

流体包裹体作为一种技术手段广泛应用于石油地质研究（麦碧娴，1991；Karlsen，1995），利用均一温度可进行成藏时间和古地温梯度的估算、成岩作用历史的推断及成熟度的研究等（Haszeldine，1984）。充填物包裹体的形态、成分及均一温度特征能较为直观地反映其形成时的流体特征与环境条件（柳少波，1997）。包裹体特征对古岩溶作用环境和期次也有较好的指示性（Taugourdeau，1965；卢焕章，1990；兰光志，1996；贾振远，1995，2004；陈学时，2004；姜平，2005；楼雄英，2005；许效松，2005；夏日元，2004，2006；刘小平，2007）。

（1）包裹体的大小、形态和分布特征可直接显示充填矿物形成的水流、温度、压力等环境特征与条件；如果包裹体中含有一定量的CH_4和较高浓度的H_2S和CO_2，表明古岩溶作用与油气运移有密切关系，形成于埋藏条件下较封闭的还原环境。

（2）包裹体类型具可反映古岩溶作用与有机质熟化程度关系：盐水包裹体与有机质低成熟—成熟早期对应；含气液烃包裹体与有机质成熟期对应；而含烃盐水包裹体则与有机质成熟晚期—过成熟期相对应。

（3）包裹体同位素δD值能反映古岩溶充填物的形成环境：δD值低于地下水的δD值时，表明古岩溶充填物形成于D富集的热蒸发环境。如果古溶蚀孔缝充填矿物包体水的δD、$\delta^{18}O$值分布在黏土矿物水范围内，但与现代黏性土壤水有明显差异，则表明古岩溶作用的地下水来源于泥质烃源岩压释水，处于温热水环境（卢焕章，1990）。

（4）包裹体各特征指标的差异性与古岩溶作用的多期性相对应：不同种类的盐度反映不同的埋藏环境；不同的均一温度段反映出古岩溶发育的多期次。

4.3.2 古岩溶缝洞充填物包裹体特征

哈拉哈塘地区8口井、样品13块（表4-3）。鉴定发现，哈拉哈塘地区包裹体种类多样，有烃质包裹体和水质包裹体两大类（表4-4）。由表4-4可见，所有井岩溶缝洞充填的方解石均含有烃质包裹体（单相气态烃包裹体、单相液态烃包裹体，包裹体含量占总量25%~35%）、气液两相烃包裹体（包裹体含量占总量5%~15%）、水质包裹体（单相盐水包裹体、气液两相盐水溶液包裹体，包裹体含量占总量55%~65%），有三相含烃盐水溶液包裹体的井为HA803井岩心编号2（42/64）与6（63/68）、XK8H井岩心编号1（2/14）与1（8/14）、RP4井岩心编号3（4/54）、RP7井岩心编号2（24/48），包裹体含量占总量1±%。由于烃质包裹体或含烃包裹体受烃类影响，对判断充填物形成时的温度、盐度产生一定误差。

（1）包裹体物理特征

在方解石中，其所含包裹体是以原生包裹体为主，因此本次测试结果不作原生、次生区分，均视为原生包裹体。由表4-4可见，不同类型的包裹体其物理特征具有明显差异，以HA803井岩心编号6（63/68）垂向溶蚀裂缝充填方解石为例，不同类型包裹体物理特征如下：

单相气态烃包裹体：形态为圆形、椭圆形、多边形；包裹体主要沿缝洞方解石充填物微裂隙成线/带状分布，少量成群分布于缝洞方解石充填物中；OV相在透光下呈灰色或深灰色，无荧光显示；大小一般5~15μm；占总量10%。

单相液态烃包裹体：形态为圆形、椭圆形、不规则状和长方形；包裹体主要沿缝洞方解石充填物微裂隙呈线/带状分布；在透射光下呈无色、淡黄色、黄色、褐黄色、深褐色或显示蓝色、黄绿色、黄色、暗褐色荧光；大小一般4~20μm；占总量25%~30%。

气液两相烃包裹体：形态为圆形、椭圆形、不规则状和长方形；包裹体主要沿缝洞方解石充填物微裂隙呈线/带状分布；包裹体液烃在透射光下呈淡黄色—灰色、黄色—灰色、褐黄色—灰色或显示黄绿色、黄色、暗褐色荧光，包裹体气态烃在透射光下呈深灰色，无荧光显示；大小一般5~25μm；占总量15%~20%。

单相盐水包裹体：形态呈圆形、方形、椭圆形、多边形或不规则状；在缝洞方解石充填物中成群分布、均匀分布或成带分布，少数沿缝洞方解石充填物愈合微裂隙与烃质包裹体伴生呈线/带状分布；在透光下呈透明无色、淡褐色，无荧光显示；大小一般2~20μm；占总量约20%。

单相盐水包裹体：形态呈圆形、多边形、长方形，少量不规则状；在缝洞方解石充填物中成群分布、均匀分布或成带分布，少数沿缝洞方解石充填物愈合微裂隙与烃质包裹体伴生呈线/带状分布；在透光下呈透明无色、淡褐色，无荧光显示；大小一般5~20μm；占总量约35%。

三相含烃盐水溶液包裹体：形态呈多边形、长方形，少量不规则状；在缝洞方解石充填物中成带分布，少数沿缝洞方解石充填物愈合微裂隙与烃质包裹体伴生呈线/带状分布；WL相在透光下呈透明无色、淡褐色，无荧光显示；OL相在透光下呈褐黄色，显示暗褐色荧光；大小一般5~10μm；占总量1±%。

总体而言，单相盐水包裹体一般形态呈圆形、方形、椭圆形、多边形、不规则状；在方解石矿物中成群分布、均匀分布或成带分布，少数沿方解石矿物愈合微裂隙与烃质包裹体伴生呈线/带状分布；在透光下呈透明无色、淡褐色，无荧光显示；大小一般3~40μm，部分能达到85μm；一般单相盐水包裹体数占包裹体总数60%以上。气液两相盐水包裹体形态呈圆形、多边形、长方形，少量不规则状；在方解石矿物中成群分布、均匀分布或成带分布，少数沿方解石矿物愈合微裂隙与烃质包裹体伴生呈线/带状分布；WL相在透光下呈透明无色、淡褐色，无荧光显示；大小一般2~50μm。

表4-3 气液两相盐水包裹体测试结果

样号	井号	取样深度（m）	层位	测试矿物	气液比（vol%）	冰点温度（℃）	均一温度（℃）	w(NaCl)（%）	包裹体盐度划分
1	HA601-18 1（9/27）	6756.1	O_2yj	方解石	5-10	-16.4~-20.1℃	82~92	19.60~22.44	高盐度
				方解石	10-15	-3.9~-7.5	95~119	6.30~11.10	低盐度
2	HA601-18 1（17/27）	6756.6	O_2yj	方解石	5-10	-12.0~-18.6	99~140	15.96~21.40	高盐度
3	HA801 2（12/27）	6733.1	$O_{1-2}y$	方解石	5-10	-10.0~-19.8	78~119	13.94~22.24	高盐度
4	HA803 2（42/64）	6574.7	O_3s	生物砂屑灰岩	5-10	-0.3~-1.1	80~129	0.53~1.74	低盐度
5	HA803 6（63/68）	6609.2	O_3t	溶缝方解石	5-10	-1.1~-5.6	67~110	1.91~8.68	低盐度
6	XK8H 1（2/14）	6807.8	O_2yj	方解石	5-10	-6.8~-18.0	72~128	10.24~20.97	高盐度
7	XK8H 1（8/14）	6808.3	O_2yj	方解石	5-10	-8.5~-15.3	82~110	12.28~18.88	中盐度
8	XK101 7（24/57）	6813.4	O_2yj	构造缝（杂色方解石）	5-10	-1.5~-5.6	69~110	2.57~8.68	低盐度
9	RP4 3（4/54）	6749.3	O_2yj	方解石+萤石	3-5	-1.9~-4.5	59~83	3.23~7.17	低盐度
				方解石+萤石	5-10	-11.2~-14.9	92~122	15.17~18.55	中盐度
10	RP4 3（32/54）	6752	O_2yj	方解石+萤石	3-5	-2.7~-11.8	73~95	4.49~15.76	中盐度
11	RP4 4（35/37）	6764.65	O_2yj	方解石	3-5	-9.7~-14.7	74~108	13.62~18.38	中盐度
12	RP7 2（24/48）	6823	O_3l	构造缝方解石充填	3-5	-1.8~-8.7	67~109	3.06~12.51	低盐度
13	QG1 1（38/58）	6694	$O_{1-2}y$	溶洞方解石充填物	3-5	-1.4~-18.7	70~105	2.41~21.47	中盐度

4 古岩溶缝洞充填演化特征

表4-4 哈拉塘地区奥陶系古岩溶缝洞系统充填物包裹体特征表

样品位置	地层符号	深度(m)	古岩溶缝洞系统类型与充填物特征	包裹体类型	包裹体相态	包裹体形态特征	大小(μm)	占总量(%)	均一温度(℃)	平均均一温度(℃)/包裹体个数	盐度(NaCl质量分数,%)	冰点温度(℃)
HA601-18 1 (9/27)	O₂yj	6756.1	斜溶缝：方解石全充填	烃质包裹体	单相气态烃包裹体	形态为圆形、椭圆形、多边形，少量成群分布。主要沿方解石矿物微裂隙成线/带状分布，在透光下呈灰色或深灰色。无荧光显示	4~8	10~15				
				烃质包裹体	单相液态烃包裹体	形态为圆形、椭圆形，不规则状和长方形，均匀成群或沿方解石矿物微裂隙呈线/带状分布。液烃透射光下呈黄色，深褐色，分别显示黄色，暗褐色	5~30	15~20				
				烃质包裹体	气液两相烃包裹体	形态呈圆形、不规则状呈方形，均匀成群或分布。气液烃透射光下呈淡黄色，黄色，深褐色，液烃透射光下呈淡黄色，暗褐色，无荧光显示	5~25	1~2				
				水质包裹体	两相盐水溶液包裹体	形态呈圆形、方形，多边形，不规则状，长方形，少量不规则状，均匀分布或成群分布，少数沿伴生裂线/带状分布。在方解石矿物中成群裂隙合微裂隙与烃质包裹体伴生呈线/带状分布。无色，淡褐色	2~30	40±	82~92	85.2/17	19.6~22.44	−20.1~−16.4
HA601-18 1 (17/27)	O₂yj	6756.6	高角度斜溶缝：方解石全充填	水质包裹体	两相盐水溶液包裹体	形态呈圆形、椭圆形、多边形，不规则状呈方形，少量成群成沿方解石矿物微裂隙呈线/带状分布。在透光下呈灰色或深灰色。无荧光显示	5~30	30±	95~119	108.9/7	6.3~11.0	−7.5~−3.9
				烃质包裹体	单相气态烃包裹体	形态为圆形、椭圆形、多边形，少量成群分布。主要沿方解石矿物微裂隙成线/带状分布。在透光下呈灰色或深灰色。无荧光显示	5~10	10~15				
				烃质包裹体	单相液态烃包裹体	形态为圆形、椭圆形，不规则状和长方形，均匀成群或沿方解石矿物微裂隙呈线/带状分布。液烃透射光下呈无色、绿色，暗褐色	4~20	10~15				
				烃质包裹体	气液两相烃包裹体	形态为圆形、椭圆形，不规则状和长方形，主要沿方解石矿物微裂隙呈线/带状分布。包裹体液烃透射光下呈黄色，黄绿色，液烃一灰色；包裹体气态经透射光下呈深灰色	5~20	15~20				

续表

样品位置	地层符号	深度(m)	古岩溶缝洞系统类型与充填物特征	包裹体类型	包裹体相态	包裹体形态特征	大小(μm)	占总量(%)	均一温度(℃)	平均均一温度(℃)/包裹体个数	盐度(NaCl质量分数,%)	冰点温度(℃)
HA601-18 1 (17/27)	O_{2yj}	6756.6	高角度斜溶缝：方解石全充填	水质包裹体	单相盐水溶液包裹体	形态呈圆形、方形、椭圆形、多边形、不规则状；在方解石矿物中成群或沿微裂隙分布，少数沿方解石矿物生长线/带状分布伴生呈线/带状分布。WL相在透光下呈透明无色，淡褐色；无荧光显示	2~20	35±				
				水质包裹体	两相盐水溶液包裹体	形态呈圆形、方形、多边形、长条形、少量不规则状。在方解石矿物中成群分布，均匀分布或沿成合微裂隙与烃质隙包裹体伴生呈线/带状分布。WL相在透光下呈透明无色，淡褐色	5~20	30±	99~140	122.24/33	15.56~21.40	-18.6~-12.0
				烃质包裹体	单相气态烃包裹体	形态呈圆形、椭圆形、多边形，少量不规则状。主要沿方解石矿物微裂隙成线/带状分布，无色－灰色或深灰色。无荧光显示	5~8	5~8	5±			
				烃质包裹体	单相液态烃包裹体	形态为圆形、椭圆形、不规则状和长方形。液经射光下呈黄绿色，深褐色、黄色、暗褐色	4~20	5~10				
				烃质包裹体	气液两相烃包裹体	形态呈圆形、椭圆形、不规则状和长方形，包裹体主要沿方解石矿物微裂隙呈线/带状分布，包裹体液经透射光呈黄绿色、黄色、呈深黄色－灰色，包裹体气态在透射光下呈深灰色；无荧光显示	5~20	5~10				
HA801 2 (12/27)	O_{1-2y}	6733.1	垂向溶缝：方解石全充填	水质包裹体	单相盐水溶液包裹体	形态呈圆形、方形、多边形、不规则状；在方解石矿物中成群或沿微裂隙分布，少数沿方解石矿物生长线/带状分布伴生呈线/带状分布。WL相在透光下呈透明无色，淡褐色；无荧光显示	2~20	40±				
				水质包裹体	两相盐水溶液包裹体	形态呈圆形、方形、多边形、长方形，少量不规则状，均匀分布或沿成合微裂隙与烃质隙包裹体伴生呈线/带状分布。WL相在透光下呈透明无色，淡褐色；无荧光显示	5~25	35±	78~119	92.86/22	13.94~22.24	-19.8~-10.0

4 古岩溶缝洞充填演化特征

续表

样品位置	地层符号	深度(m)	古岩溶缝洞系统类型与充填物特征	包裹体测定结果						
				包裹体类型	包裹体相态	包裹体形态特征	大小(μm)	占总量(%)	均一温度(℃)	平均均一温度(℃)/包裹体个数	盐度(NaCl质量分数,%)	冰点温度(℃)

由于表格结构复杂，下面按样品重新整理：

样品位置	地层符号	深度(m)	古岩溶缝洞类型与充填物特征	包裹体类型	包裹体相态	包裹体形态特征	大小(μm)	占总量(%)	均一温度(℃)	平均均一温度(℃)/包裹体个数	盐度(NaCl质量分数,%)	冰点温度(℃)
HA803 2 (42/64)	O₃s	6574.7	胶结物:生物砂屑被钙质胶结	烃质包裹体	单相气态烃包裹体	形态为圆形、椭圆形、多边形。主要沿缝洞方解石充填物微裂隙成线/带状分布于缝洞方解石充填物中,少量成群分布,OV相在透射光下呈深灰色或深灰色,无荧光显示	5~15	10±				
				烃质包裹体	单相液态烃包裹体	形态为圆形、椭圆形,不规则状和长方形。液经沿缝洞方解石充填物微裂隙与方解石充填物中呈带状分布,在透射光下呈无色、淡黄色、黄色、褐黄色、深褐色,显褐黄色荧光	4~20	25~30				
				烃质包裹体	气液两相烃包裹体	形态为圆形、椭圆形,不规则状和长方形。主要沿缝洞方解石充填物微裂隙呈带状分布,在透射光下呈淡黄色-灰色、黄绿色、褐黄色,暗褐色,包裹体液经呈显灰黄绿色,包裹体气经在透射光下呈深灰色,无荧光显示	5~25	15~20				
				水质包裹体	单相盐水溶液包裹体	形态呈圆形、方形、椭圆形、多边形,不规则状,均匀分布或成带分布,少数沿微裂隙愈合呈质裂隙与方解石伴生呈线/带状分布,在透射光下呈透明无色、淡褐色,无荧光显示	2~20	20±				
				水质包裹体	两相盐水溶液包裹体	形态呈圆形、多边形、长方形,少量不规则状,均匀分布或成带分布,少数沿缝洞愈合呈质裂隙与方解石伴生呈线/带状分布。在缝洞分解方解石充填物中成群生长,在透射光下呈透明无色、淡褐色,无荧光显示	5~20	35±	80~129	98.87/23	0.53~1.74	-1.1~-0.3
				水质包裹体	三相含烃盐水溶液包裹体	形态呈多边形、长方形,少量不规则状。在缝洞分解物中成带呈生,少量沿缝洞愈合呈质裂隙与方解石伴生呈线/带状分布,WL相在透射光下呈透明无色、淡褐色,无荧光显示,OL相在透射光下呈暗褐黄色,显示褐色荧光	5~10	1±				

143

续表

样品位置	地层符号	深度(m)	古岩溶缝洞系统类型与充填物特征	包裹体测定结果						
				包裹体类型	包裹体相态	包裹形态特征	大小(μm)	占总量(%)	均一温度(℃)	平均均一温度(℃)/包裹体个数	盐度(NaCl质量分数,%)	冰点温度(℃)
HA803 6 (63/68)	O_3t $O_2y?$	6609.2	垂向溶缝;方解石、缝边有机质充填	烃质包裹体	单相气态烃包裹体	形态为圆形、椭圆形、多边形。主要沿溶缝方解石矿物微裂隙成线/带状分布于溶蚀方解石矿物中。在透光下呈灰色或深灰色;无荧光显示		5~8				
				烃质包裹体	单相液态烃包裹体	形态为圆形、椭圆形、不规则状和长方形。沿溶缝方解石矿物微裂隙主要呈黄色、淡黄色、褐黄色、暗褐色。液烃射光下呈无色,在荧射光下呈蓝色、绿色、黄色,显示蓝色、黄色荧光	4~25	20~30	50±			
				烃质包裹体	气液两相烃包裹体	形态为圆形、椭圆形、不规则状和长方形。气液经包裹体主要沿溶缝方解石矿物微裂隙呈带状分布,包裹液烃在透射光下呈无色—灰色,淡黄色—灰色、黄色、褐黄色;包裹体气态烃在透射光下呈深灰色、包裹体液烃在透射光下呈深灰色,无荧光显示	5~30	35±				
				水质包裹体	单相盐水溶液包裹体	形态呈圆形、椭圆形,多边形、不规则状、在溶溶方解石矿物中成群分布或均匀分布成带状伴生呈线/带状分布,少数沿溶缝方解石矿物愈合微裂隙包裹体伴生呈线/带状分布,在透光下呈透明无色、淡褐色;无荧光显示	4~25	15±				
				水质包裹体	两相盐水溶液包裹体	形态呈圆形、多边形、长方形,均匀分布成群分布,少数沿溶缝愈合微裂隙包裹体伴生呈线/带状分布,在溶溶方解石矿物愈合微裂隙包裹体伴生呈线/带状分布,在透光下呈透明无色、淡褐色;显示黄色荧光	3~25	25±	67~110	86.81/26	1.91~8.68	
				水质包裹体	三相含烃盐水溶液包裹体	形态呈多边形、长方形,少数沿溶缝方解石矿物中成带生呈线/带状分布。WL相在透光下呈褐色,淡褐色包裹体在透光下呈透明无色、淡褐色;OL相在透光下呈黄色;显示黄色荧光	5~30	1±				-5.6~-1.1

续表

4 古岩溶缝洞充填演化特征

样品位置	地层符号	深度(m)	古岩溶缝洞系统类型与充填物特征	包裹体测定结果							
				包裹体类型	包裹体相态	包裹体形态特征	大小(μm)	占总量(%)	均一温度(℃)	平均均一温度(℃)/包裹体个数	盐度(NaCl质量分数,%)	冰点温度(℃)
XK8H 1 (2/14)	O_2yj	6807.8	溶洞：白色结晶方解石全充填	烃质包裹体	单相气态烃包裹体	形态为圆形、椭圆形、多边形。主要沿方解石矿物微裂隙成线/带状分布，少量成群分布于方解石矿物中。在透光下呈灰色或深灰色；无荧光显示	3~10	5±				
				烃质包裹体	单相液态烃包裹体	形态为圆形、椭圆形、不规则状和长方形。沿方解石矿物微裂隙呈线/带状分布。液烃包裹体主要呈黄色、深褐色、显示绿色、黄绿色，暗褐色	2~20	5~10				
				烃质包裹体	气液两相烃包裹体	形态为圆形、椭圆形、不规则状和长方形。主要沿方解石矿物微裂隙呈线/带状分布。在透射光下呈黄色-灰色，包裹体液烃呈绿色、黄绿色；包裹体气态烃在透射光下呈深灰色	5~20	25±				
				水质包裹体	单相盐水包裹体	形态呈圆形、方形、椭圆形、不规则状；在方解石矿物愈合微裂隙与烃质包裹体伴生呈线/带状分布。在透光下呈透明无色，无荧光显示	3~35	15±				
				水质包裹体	两相盐水溶液包裹体	形态呈圆形、多边形、长方形，均匀分布或成群分布，少数沿方解石矿物愈合微裂隙与烃质包裹体伴生呈线/带状分布。在透光下呈透明无色，淡褐色，无荧光显示	3~35	55±	72~128	99.44/32	10.24~20.97	-18.0~-6.8
				水质包裹体	三相含烃盐水溶液包裹体	形态呈长方形。在方解石矿物中成带分布。WL相在透光下呈透明无色，淡褐色，无荧光显示。OL相在透光下呈淡黄色；显示绿色荧光	5~20	1±				

续表

样品位置	地层符号	深度(m)	古岩溶缝洞系统类型与充填物特征	包裹体类型	包裹体相态	包裹体形态特征	大小(μm)	占总量(%)	均一温度(℃)	平均均一温度(℃)/包裹体个数	盐度(NaCl质量分数,%)	冰点温度(℃)
XK8H 1 (8/14)	$O_2 y$	6808.3	溶洞：白色结晶方解石全充填	烃质包裹体	单相气态烃包裹体	形态为圆形、椭圆形，多边形，少量成群分布于方解石矿物中。在透射光下呈灰色或深灰色；无荧光显示	2~8	5±				
				烃质包裹体	单相液态烃包裹体	形态为方形、椭圆形、不规则状和长方形。沿方解石矿物微裂隙呈线/带状分布，在透射光下呈无色、淡黄色、黄色，显示蓝色、黄绿色荧光	2~50	8~10				
				烃质包裹体	气液两相烃包裹体	形态为圆形、椭圆形、不规则状和长方形。主要沿方解石矿物微裂隙呈线—灰色、灰色、绿色、黄绿色；气态包裹体在透射光下呈深灰色，液烃包裹体在透射光下呈无色、黄绿色荧光显示	5~40	30±				
				水质包裹体	单相盐水包裹体	形态呈圆形、多边形、椭圆形、不规则状；在方解石矿物中成群分布，均匀分布或成带生包裹体/带状线，少数沿微裂隙愈合裂隙与烃质包裹体伴生呈线/带状分布；透明无色，无荧光显示	3~85	15±				
				水质包裹体	两相盐水溶液包裹体	形态呈圆形、多边形、长方形，少量不规则形；均匀分布或沿愈合裂隙包裹体伴生呈线/带状分布，在方解石矿物中成带分布。在透光下呈透明无色、淡褐色，无荧光显示	3~35	30±	82~110	93.25/32	12.28~18.18	-8.5~15.3
				水质包裹体	三相含烃盐水溶液包裹体	形态呈长方形、在方解石矿物中成带分布。OL相在透光显示；WL相在透光下呈无色，无荧光显示；淡黄色，显示蓝色、绿色荧光	5~20	2±				

续表

样品位置	地层符号	深度（m）	古岩溶缝洞系统类型与充填物特征	包裹体测定结果								
				包裹体类型	包裹体相态	包裹体形态特征	大小（μm）	占总量（%）	均一温度（℃）	平均均一温度（℃）/包裹体个数	盐度（NaCl 质量分数，%）	冰点温度（℃）
XK101 7（24/57）	O_2yj	6813.4	垂向构造缝：杂色方解石充填全充填	烃质包裹体	单相气态烃包裹体	形态为圆形、椭圆形、多边形。主要沿方解石矿物微裂隙成线 / 带状分布，少量成群分布于方解石矿物中。在透光下呈灰色或深灰色；无荧光显示	2~10	5±				
				烃质包裹体	单相液态烃包裹体	形态为方形、椭圆形、不规则状和长方形。液烃包裹体主要沿方解石矿物微裂隙呈线 / 带状分布，在透射光下呈淡黄色、黄色，显示黄色、黄绿色荧光	2~40	35~40				
				烃质包裹体	气液两相烃包裹体	形态为椭圆形、不规则状和长方形。气液烃包裹体主要沿方解石矿物微裂隙呈线 / 带状分布，包裹体液烃在透射光下呈淡黄色—灰色，包裹体液烃显示黄色、黄绿色荧光；包裹体气态烃在透射光下呈深灰色，无荧光显示	5~25	5±				
				水质包裹体	单相盐水包裹体	形态呈圆形，方形，椭圆形，多边形，不规则状；在方解石矿物中成群分布、均匀分布或成带分布，少数沿方解石矿物愈合微裂隙与烃质包裹体伴生呈线 / 带状分布。在透光下呈透明无色，淡褐色；无荧光显示	3~40	35±				
				水质包裹体	两相盐水溶液包裹体	形态呈圆形，多边形，长方形，少量不规则状。在方解石矿物中成群分布、均匀分布或成带分布，少数沿方解石矿物愈合微裂隙与烃质包裹体伴生呈线 / 带状分布。相在透光下呈透明无色，淡褐色；无荧光显示	2~30	25±	69~110	90.29/14	2.57~8.68	−5.6~−1.5

续表

样品位置	地层符号	深度(m)	古岩溶缝洞系统类型与充填物特征	包裹体测定结果							
				包裹体类型	包裹体相态	包裹体形态特征	大小(μm)	占总量(%)	均一温度(℃)	平均均一温度(℃)/包裹体个数	盐度(NaCl质量分数,%)	冰点温度(℃)
RP4 3 (4/54)	O₂yj	6749.3	溶缝：方解石全充填	烃质包裹体	单相气态烃包裹体	形态为圆形、椭圆形、多边形。主要沿方解石、萤石矿物微裂隙成线/带状分布，少量成群分布于方解石、萤石矿物中。OV相在透光下呈深灰色，无荧光显示	2~8	2±				
				烃质包裹体	单相液态烃包裹体	形态为方形、椭圆形、不规则状和长方形。液烃包裹体主要沿方解石、萤石矿物微裂隙呈线/带状分布，在透射光下呈黄色、褐色，显示黄色荧光	2~20	5~10				
				烃质包裹体	气液两相烃包裹体	形态为方形、不规则状和长方形。气液烃包裹体主要沿方解石、萤石矿物一灰色下呈无色一灰色、黄色一灰色、褐黄色、褐色，包裹体液烃在透射光下显蓝色、黄色、暗褐色，无荧光显示	5~25	15±				
				水质包裹体	单相盐水包裹体	形态呈圆形、方形、椭圆形、多边形、不规则形。在萤石矿物中成群分布，均匀沿方解石或晶体带分布，少数沿方解石、萤石矿物愈合微裂隙与烃质包裹体伴生呈灰色、带状分布。在透光下呈透明无色/带状分布，无荧光显示	3~30	35±				
				水质包裹体	两相盐水溶液包裹体	形态呈圆形、多边形、长方形，少量不规则状。在萤石矿物中成群分布，均匀沿方解石或晶体带分布，少数沿方解石、萤石矿物愈合微裂隙与烃质包裹体伴生呈线/带状分布。在透光下呈透明无色、淡褐色，无荧光显示	2~40	40±	59~83	74.29/21	3.23~7.17	-4.5~-1.9
				水质包裹体	三相含烃盐水溶液包裹体	形态呈椭圆形、方形、长方形。在方解石、萤石矿物中成带分布。WL相在透光下呈淡黄色，淡褐色；OL相在透光下呈透明无色，无荧光显示	5~20	3±	92~122	106.82/11	15.17~18.55	-14.9~-11.2

4 古岩溶缝洞充填演化特征

续表

样品位置	地层符号	深度(m)	古岩溶缝洞系统类型与充填物特征	包裹体测定结果							
				包裹体类型	包裹体相态	包裹体形态特征	大小(μm)	占总量(%)	均一温度(℃)	平均均一温度(℃)/包裹体个数	盐度(NaCl质量分数,%)	冰点温度(℃)
RP4-3(32/54)	O_2yj	6752.0	溶洞(1.3m):自形-半自形晶方解石全充填	烃质包裹体	单相气态烃包裹体	形态为圆形、椭圆形、多边形。主要沿方解石、萤石矿物微裂隙成线/带状分布,少量成群分于方解石、萤石矿物中。在透射光下呈深灰色或浅灰色,无荧光显示	2~6	5±				
				烃质包裹体	单相液态烃包裹体	形态为方形、椭圆形、不规则状和长方形。沿方解石、萤石矿物微裂隙呈线/带状分布,液烃包裹体主要显示黄色、褐黄色、暗褐色荧光	4~25	15~20				
				烃质包裹体	气液两相烃包裹体	形态呈方形、不规则状和长方形。气液烃包裹体主要沿方解石、萤石矿物微裂隙成线/带状分布,包裹体液烃在透射光下呈无色一灰色、浅黄色一灰色、黄色、绿色、褐黄色,包裹体气态烃在透射光下呈深灰色,无荧光显示	5~55	25±				
				水质包裹体	单相盐水包裹体	形态呈圆形、方形、椭圆形、多边形、不规则状;萤石矿物中成群分布、均匀分布或呈带分布,少数沿微裂隙与烃质包裹体伴生呈带、在透光下呈透明无色;无荧光显示	3~20	25±				
				水质包裹体	两相盐水溶液包裹体	形态呈圆形、多边形、长方形,萤石矿物中成群分布、均匀分布或呈带分布,少数沿微裂隙与烃质包裹体伴生呈带、WL相在透光下呈透明无色,淡褐色	2~30	30±	73~95	84.76/34	4.49~15.76	-2.7~-11.8

149

续表

样品位置	地层符号	深度(m)	古岩溶系统洞缝类型与充填物特征	包裹体测定结果							
				包裹体类型	包裹体相态	包裹体形态特征	大小(μm)	占总量(%)	均一温度(℃)	平均均一温度(℃)/包裹体个数	盐度(NaCl质量分数,%)	冰点温度(℃)
RP4 4(35/37)	O_2yj	6764.65	溶洞底部：自形晶方解石充填	烃质包裹体	单相气态烃包裹体	形态为圆形、椭圆形、多边形，主要沿方解石矿物微裂隙成线/带状分布，少量成群分布于方解石矿物中。在透射光下呈灰色或深灰色，无荧光显示	4–10	5±				
				烃质包裹体	单相液态烃包裹体	形态为方形、椭圆形、不规则状和长方形，沿方解石矿物微裂隙呈线/带状分布，在透射光下呈褐黄色，显示黄色、暗褐黄色荧光	4–200	15–20				
				烃质包裹体	气液两相烃包裹体	形态为方形、不规则状和长方形，气液烃包裹体主要沿方解石矿物微裂隙呈线/带状分布，包裹体液经透射光下呈液黄绿色、黄色、暗褐色荧光；包裹体气态经透射光下呈深灰色，无荧光显示	5–85	25±				
				水质包裹体	单相盐水包裹体	形态呈圆形、方形、椭圆形、多边形、不规则状，均匀分布或成带分布，少数沿方解石矿物愈合微裂隙与烃质包裹体伴生呈线/带状分布；在透射光下呈透明无色、淡褐色，无荧光显示	3–40	25±				
				水质包裹体	两相水溶液包裹体	形态呈圆形、多边形、长方形，少量不规则状，均匀分布与烃质包裹体伴生呈串状分布/带状分布，少数沿方解石矿物愈合微裂隙呈线状分布。在方解石矿物WL相透光下呈透明无色、淡褐色，无荧光显示	2–50	25±	74~108	87.30/30	13.62–18.38	−14.7~−9.7

150

4 古岩溶缝洞充填演化特征

续表

样品位置	地层符号	深度(m)	古岩溶缝洞系统类型与充填物特征	包裹体测定结果							
				包裹体类型	包裹体相态	包裹体形态特征	大小(μm)	占总量(%)	均一温度(℃)	平均均一温度(℃)/包裹体个数	盐度(NaCl质量分数,%)	冰点温度(℃)
RP7 2(24/48)	O₃l	6823.0	溶蚀晶洞 方解石 半-全充填	烃质包裹体	单相气态烃包裹体	形态为圆形、椭圆形、多边形。主要沿方解石矿物微裂隙成线/带状分布，少量成群分布于方解石矿物内。在透光下呈灰色或深灰色；无荧光显示	4~10	5±				
				烃质包裹体	单相液态烃包裹体	形态为方形、不规则状和长方形。液烃包裹体主要沿方解石矿物微裂隙呈线/带状分布。在透射光下呈黄色、褐黄色，显示黄色、暗褐色荧光	4~30	15±				
				烃质包裹体	气液两相烃包裹体	形态为方形、不规则状和长方形。气液体包裹体主要沿方解石矿物微裂隙呈线/带状分布，包裹体液烃在透射光下呈淡黄色-灰色、黄色、褐黄色，包裹体气态烃在透射光下呈深灰色、黄绿色，黄褐色荧光	5~35	35±				
				水质包裹体	单相盐水包裹体	形态呈圆形、方形、椭圆形、多边形、不规则状。方解石矿物中成群裂隙呈或分布或成带状分布，少量不规则状，少数沿方解石矿物愈合微裂隙与烃质包裹体伴生呈线/带状分布。在透光下呈透明无色、淡褐色；无荧光显示	2~30	25±				
				水质包裹体	两相盐水溶液包裹体	形态呈圆形、方形、长方形、多边形，均匀分布或成带分布，少量不规则状。方解石矿物中成群裂隙与烃质包裹体伴生呈线/带状分布。在透光下呈透明无色、淡褐色；无荧光显示	2~40	20±	67~109	79.64/25	3.03~12.51	-8.7~-1.8
				水质包裹体	三相含盐水溶液包裹体	形态呈方形、长方形，在方解石矿物中成带分布。WL相在透光下呈透明无色，淡褐色；无荧光显示	2~20	1±				

续表

样品位置	地层符号	深度(m)	古岩溶缝洞系统类型与充填物特征	包裹体测定结果							
				包裹体类型	包裹体相态	包裹体形态特征	大小(μm)	占总量(%)	均一温度(°C)	平均均一温度(°C)/包裹体个数	盐度(NaCl质量分数,%)	冰点温度(°C)
QG11(38/58)	$O_{1-2}y$	6694.0	溶洞(1.54m): 萤石方解石全充填	烃质包裹体	单相气态烃包裹体	形态为圆形、椭圆形、多边形。主要沿方解石矿物微裂隙成线/带状分布，少量成群分布于方解石矿物中。在透射光下呈灰色或深灰色，无荧光显示	4~20	15±				
				烃质包裹体	单相液态烃包裹体	形态多为方形、不规则状和长方形。液体包裹体主要沿方解石矿物微裂隙呈线/带状分布，在透射光下呈深褐色，无荧光显示或显示暗褐色荧光	3~30	35±				
				烃质包裹体	气液两相烃包裹体	形态多为方形、不规则状和长方形。气液烃包裹体主要沿方解石矿物微裂隙呈线/带状分布，包裹体液相在透射光下呈黄色-灰色，包裹体气相呈暗褐色，无荧光显示	5~15	5±				
				水质包裹体	单相盐水包裹体	形态呈圆形、方形、椭圆形、多边形、不规则形，均匀分布或成带分布，少数沿方解石矿物愈合裂隙与烃质包裹体伴生呈线/带状分布。在透射光下呈透明无色，淡褐色；无荧光显示	2~30	25±				
				水质包裹体	两相水溶液包裹体	形态呈圆形、多边形、长方形，少量不规则状，均匀分布或成带分布，少数沿方解石矿物愈合微裂隙与烃质包裹体伴生呈线/带状分布。WL相在透射光下呈透明无色，淡褐色；无荧光显示	2~30	25±	70~105	85.26/19	2.41~21.47	-18.5~-1.4

大量单相盐水包裹体的出现原因较多,测试过程中包裹体泄漏以及包裹体亚稳定性特征都是引起方解石包裹体主要为单液相的常见原因。此外,还有可能为包裹体在温度小于50℃环境形成,这种低温环境下不会产生气相包裹体。

(2)气液两相盐水包裹体盐度特征。

气液两相盐水包裹体盐度、冰点温度和均一温度测定结果见表4-3,具有下列特征:盐度—均一温度交会图(图4-23)表明,哈拉哈塘地区包裹体盐度跨度较大,NaCl质量分数盐度为0.53%~22.24%,说明了本地区岩溶流体性质变化较大。整体上按盐度高低可把哈拉哈塘地区包裹体分为三类:低盐度包裹体,盐度0.53%~8.68%,以1、4、5、8、9、12号样为代表;中盐度包裹体,盐度8%~18%,以7、10、11、13号样为代表;高盐度包裹体,盐度15%~22.24%,以2、3、6号样为代表。

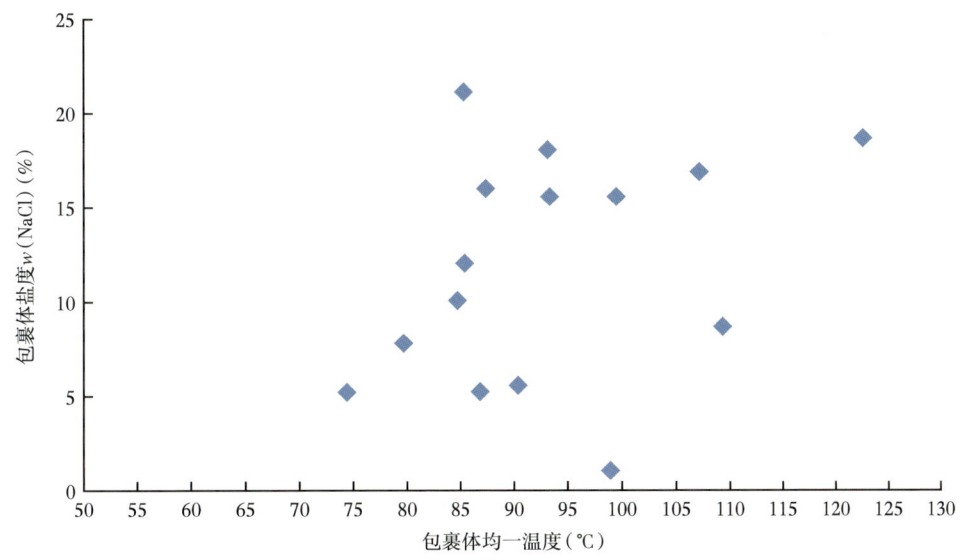

图4-23 盐水包裹体平均均一温度—盐度交会图

(3)气液两相盐水包裹体均一温度特征。

哈拉哈塘地区奥陶系气液两相盐水包裹体测温范围在59~140℃之间,不同钻井奥陶系包裹体温度有差异(表4-3、图4-23),同一钻井不同深度段取样包裹体温度有差异,如HA601-18井1(9/27)、HA601-18井1(17/27),包裹体最高温分别为119℃、140℃。即使是同一口井同一块样,气液相比不同包裹体之间也存在差异,如RP4井3(4/54)气液相1与气液相2包裹体均一温度分别为59~83℃、92~122℃,处在不同温度段。上述表明哈拉哈塘地区奥陶系经历了不同温度下多期岩溶充填。

均一温度分布图(图4-24)显示有四个温度段是包裹体主要形成期:① 66~80℃段,其包裹体形成主峰温度为71~75℃。② 81~95℃段,其包裹体形成主峰温度为86~90℃。前两温度段是包裹体形成的两个主要时期,也是岩溶充填的主要时期。③ 96~120℃段,此温度段包裹体形成少于前两段,但在101~105℃,116~120℃包裹体形成有突然增加的过程,这也反映了一期较弱的岩溶充填过程。测试结果显示大于120℃高温包裹体较少,最高温为140℃。这可能与样品较少及取样位置有关，前人研究东部塔河油田气液两相盐水包裹体均一温度最高温可达200℃。说明了本区存在异常高温流体的可能，但作用范围有局限。

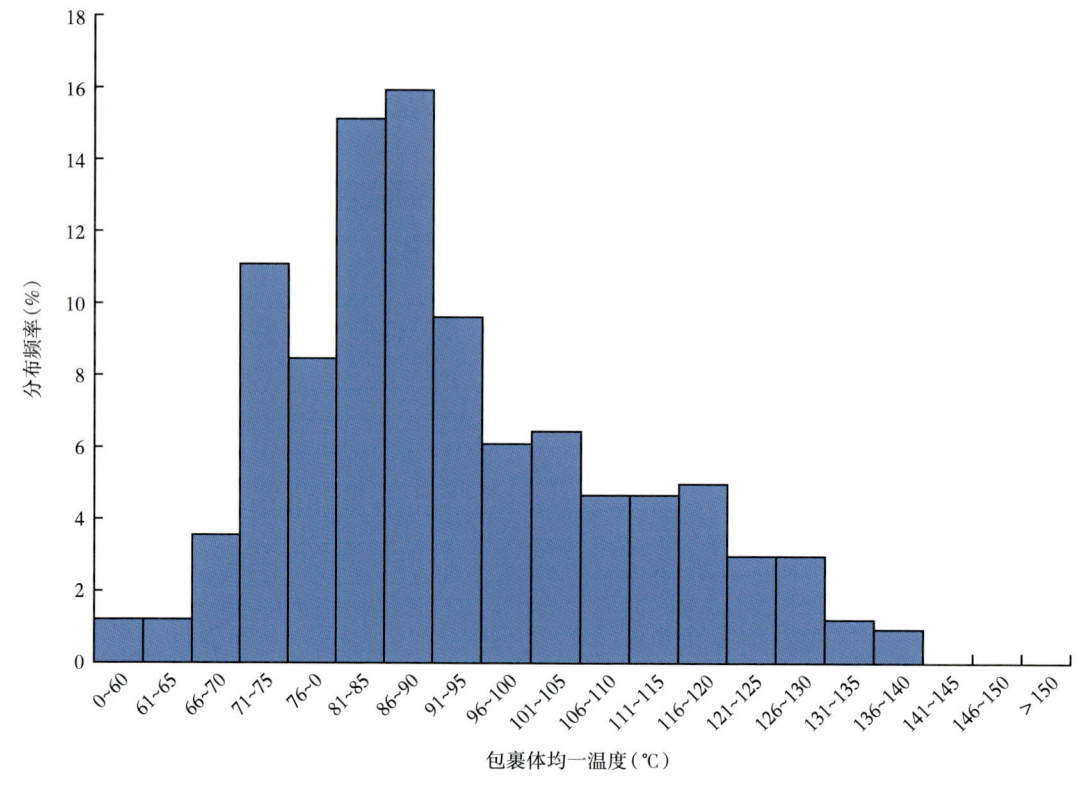

图4-24 两相盐水包裹体均一温度分布图

结合图4-23可知，包裹体盐度与温度二者相关性差，总体上研究区可分为5类不同性质流体成因包裹体：①低温低盐度包裹体，其均一温度为60~80℃，NaCl质量分数盐度2%~8%；②中温低盐度包裹体；③中温中盐度包裹体；④中温高盐度包裹体；⑤高温高盐度包裹体，包裹体形成温度在110~125℃，甚至更高，盐度10%~22%。②、③、④三类成因包裹体均一温度均在81~100℃，但盐度值逐渐从0.53%变为22.24%。

综上，大量分布的单液相包裹体形成原因较多，但基于研究区方解石晶体中大量存在自由分布的单液相包裹体，因此可推测至少存在有部分单液相包裹体是在小于50℃的低温环境中形成，这些低温单液相包裹体属加里东奥陶系碳酸盐岩暴露淡水岩溶充填期形成。

哈拉哈塘地区总体古地温梯度较低，且隆起区高于坳陷区，介于2.0~2.5℃/100m。为简化计算，隆起区古地温梯度取2.5℃/100m。地表温度取20℃，把3个包裹体形成温度段进行计算，并投在本地区埋藏史图上（图4-25），可以发现除加里东期的淡水岩溶充填外，还存在晚海西期早埋藏充填、印支—燕山期中埋藏充填及喜马拉雅早期的晚埋藏充填，共计四次较大规模方解石充填作用期，碳氧同位素分析结果一定程度证明了这点。HA601-18井、RP4井可能受高温热液岩溶影响，但分布受局限，不具普遍性。

4 古岩溶缝洞充填演化特征

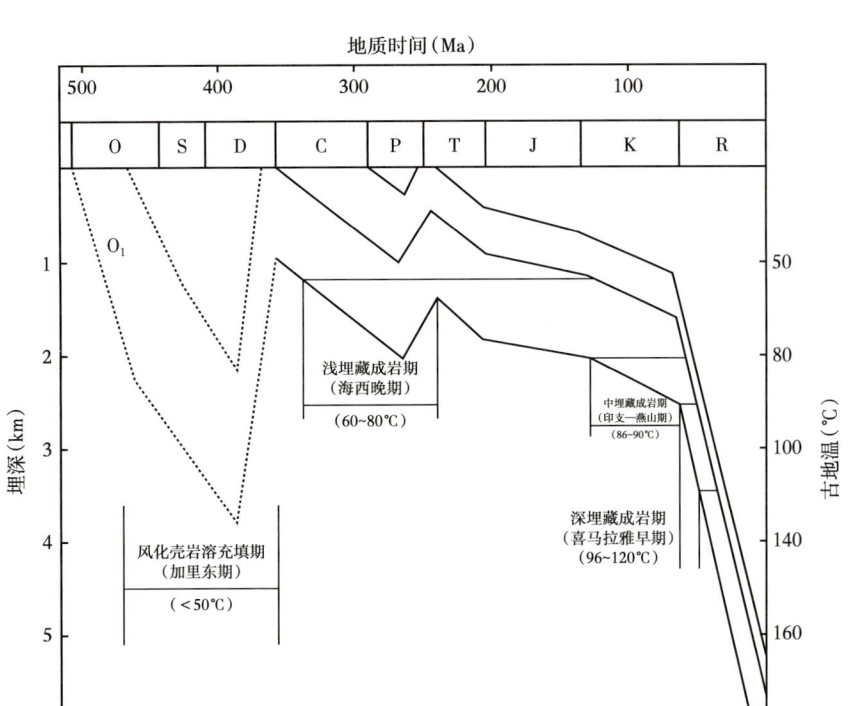

图 4-25　哈拉哈塘地区缝洞方解石充填史

4.4 古岩溶缝洞充填物形成环境分析

4.4.1 岩溶缝洞充填物来源分析

哈拉哈塘地区奥陶系碳酸盐岩岩溶缝洞充填物主要有机械沉积充填物、塌积充填物和化学淀积、风化残积充填物等四大类型。机械沉积充填物主要是流水带入岩溶空间、在重力作用下沉积形成的充填物质；化学淀积充填物主要形成于水流滞缓的水动力环境，主要形成方解石、石英等沉淀充填；塌积充填物主要位于溶洞内，因洞顶破碎带岩块垮塌而形成；风化残积物主要形成于风化壳氧化环境，属基岩溶蚀、风化残留下来的物质。

对于机械充填物，其属流水带入岩溶空间的充填物，因而其物质来源属外源物质。哈拉哈塘地区奥陶系碳酸盐岩岩溶缝洞主要形成于晚加里东—早期海西。岩溶缝洞形成时，主要剥蚀奥陶系。岩溶缝洞形成后，后期充填过程中上覆沉积了与哈拉哈塘地区奥陶系碳酸盐岩具有直接接触关系的二叠系，可见岩溶缝洞充填物可能来源于志留系或奥陶系顶面风化剥蚀残留物的沉积物。岩心观察表明，岩溶缝洞充填物多为灰绿色、褐灰色泥质、泥岩或砂岩，与二叠系岩性特征类似，反映充填物主要来源于二叠系。

对于化学充填物，由于形成条件比较复杂，因而其物质来源也有较大的差异。从岩溶缝洞充填物碳氧同位素分布来看，岩溶充填物中碳酸盐矿物的形成主要有：流水作用下伴随机械充填形成的碳酸盐沉积；与热液作用具有明显的关系，物源可能来自二叠系。

4.4.2 岩溶缝洞充填序列分析

根据岩心观察与相关资料（钻井勘探、测井资料等）分析，哈拉哈塘地区古岩溶经历了3次明显的充填演变：

（1）早期，表现为钙泥质、岩屑角砾等水流强度较大条件下的机械沉积充填，充填物具有一定沉积层理。

（2）中期，再次经历溶蚀或冲蚀，形成溶蚀空间，并伴随部分机械沉积充填。

（3）后期，原充填物部分或全部被化学淀积物替代充填，以化学沉积充填为主，部分岩溶缝洞化学淀积充填物普遍与基岩直接接触，而洞底和洞壁局部残留早期机械沉积充填物。

4.4.3 充填物的充填期次及机理

4.4.3.1 岩心反映的充填期次

根据岩心岩溶缝洞充填物特征，可反映充填物的充填序列及充填期次：

（1）风化壳岩溶期岩溶缝洞充填。此时期充填物以机械充填为主，充填物主要为灰绿色、褐红色钙泥质、泥岩或砂岩，局部充填角砾岩，主要充填部位为：岩溶洼地及岩溶谷地。此时期的充填，属开放环境充填，是流水作用下伴随机械充填形成的充填物。如HA7-1在6569~6577m井段的溶蚀裂缝，被灰绿色钙质泥岩充填；HA601-2井6642.0~6666.0m井段溶蚀裂缝、溶孔充填灰绿色泥岩、黄铁矿。均属风化壳岩溶同期充填的充填物。

（2）风化壳岩溶期后期岩溶缝洞充填。此时期充填物以伴随机械充填的化学充填为主，充填物为富含泥质的钙泥沉积充填，以钙泥质粉砂岩、灰绿色钙泥质为主，也属开放环境充填，是流水作用下伴随机械充填形成的碳酸盐沉积。如HA601-1井6633.0~6641.0m井段溶蚀裂缝充填方解石、钙泥质。

（3）埋藏初期岩溶缝洞充填。此时期充填物以化学充填为主，局部伴随有部分机械充填，充填物矿物主要为方解石，部分具有较多石英、黏土矿物、褐铁矿等矿物。属半开放、半封闭环境的充填物。如HA12-2井6675.0~6683.0m井段，溶蚀裂缝为方解石充填，伴随有灰绿色泥质充填。

（4）埋藏后期岩溶缝洞充填。此时期充填物以化学充填为主，充填物矿物以方解石、石英为主，具有少量白云石，属全封闭环境充填，充填物属化学沉积物（属较晚期形成的化学淀积充填）。如RP7井，岩心4（35/59）溶蚀孔洞为方解石充填（图4-26）；RP1井，溶蚀孔洞充填结晶方解石，方解石具后期溶蚀特征（图4-27）。

图4-26　RP7井，4（35/59）溶蚀孔洞方解石全充填　　图4-27　RP1井，4（51/62）溶蚀孔洞方解石充填

4.4.3.2 包裹体、碳氧同位素反映的充填期次

根据方解石包裹体、充填物同位素等综合分析，结合岩心观察，哈拉哈塘地区岩溶缝洞充填物形成于3~4种不同的环境（表4-2、表4-3），其代表了不同期次的岩溶作用充填结果：

（1）加里东—早海西期。

属开放环境充填，是流水作用下伴随机械充填形成的碳酸盐沉积。充填物主要为机械沉积为主，伴随有化学沉积。充填物为富含泥质的钙泥沉积充填，以灰绿色钙泥质为主。充填物矿物组成以 SiO_2 为主，$CaCO_3$ 很少或以方解石为主，具有较多石英、黏土矿物、褐铁矿。

方解石水质包裹体一般为：①低温低盐度包裹体，其均一温度为 60~80℃，NaCl 质量分数盐度 2%~8%；②中温低盐度包裹体；③中温中盐度包裹体；④中温高盐度包裹体；⑤高温高盐度包裹体，包裹体形成温度在 110~125℃，甚至更高，盐度 10%~22%。②、③、④三类成因包裹体均一温度均在 81~100℃，但盐度值逐渐从 0.53% 变为 22.24%。反映其沉积环境有所变化，具有同期多次性。

（2）中晚海西—燕山早期。

属半封闭环境充填，充填物以化学沉积为主，局部伴随有机械沉积，充填物矿物组成以方解石为主，杂质较少或以方解石为主，具有较多石英、黏土矿物、褐铁矿，充填物主要为方解石或钙泥质。

（3）燕晚期—喜马拉雅期。

属全封闭环境充填，充填物属化学沉积物（属较晚期形成的化学淀积充填），充填物矿物组成以方解石、石英为主，具有少量白云石，充填物主要为方解石。其主要充填于溶洞、岩溶裂隙或溶蚀构造缝中，充填过程缓慢，持续较长，可见多层状，表现为同期多次性。

5 古岩溶成因地质模式

哈拉哈塘地区古岩溶发育演化主要经历了表生岩溶、风化壳岩溶和埋藏期层状岩溶等多期次岩溶作用过程。通过岩心观察，结合测井、录井成果、单井岩溶缝洞分析，岩溶缝洞主要位于一间房组上部及鹰山组上部、中部（距奥陶系顶面80~120m）。由于不同地貌单元处于不同的水动力条件，其岩溶作用方式（降水补给方式、地下水径流方式）、岩溶作用条件（水岩作用周期、岩溶作用强度）等也不同，因而不同期次岩溶所形成的岩溶缝洞发育特征具有明显差异。一间房组溶蚀裂缝、小溶蚀孔洞、溶洞、岩溶管道比较发育，鹰山组以发育溶洞、岩溶管道为主。在宏观的—微观的、溶蚀的—充填的岩溶形态成因组合分析基础上，研究缝洞发育区域上分区差异性、垂向上分带性、时代分期性，掌握不同岩溶分区（带）岩溶缝洞成因模式和结构模式，建立不同类型岩溶缝洞地质描述模型与形成地质模型，为深部岩溶油藏勘探开发提供地质支撑。

5.1 潜山岩溶区古岩溶成因模式

5.1.1 古岩溶作用地质条件

潜山岩溶区位于哈拉哈塘地区北部，根据加里东期沉积间断厘定，哈拉哈塘地区奥陶系碳酸盐岩经历了多期岩溶的叠加改造作用，特别是前志留纪岩溶期、良里塔格组岩溶期的岩溶作用，奥陶系碳酸盐岩自北向南具有不同剥蚀，地层展布自北向南为（图5-1）：奥陶系中—下统鹰山组（$O_{1-2}y$）及下统蓬莱坝组（O_1p）→中统一间房组（O_2yj）→上统吐木休克组（O_3t）→良里塔格组（O_3l）→桑塔木组（O_3s）。潜山岩溶区主要分布奥陶系中统一间房组（O_2yj）与中—下统鹰山组（$O_{1-2}y$）及下统蓬莱坝组（O_1p）碳酸盐岩。

良里塔格组（O_3l）在潜山岩溶区主要出露良里塔格组一段（O_3l_1），岩性以微亮晶砂屑生物碎屑灰岩、亮晶砂屑生物碎屑灰岩、亮晶生物碎屑灰岩为主，厚度较薄，属强岩溶化层组。吐木休克组（O_3t）厚度17.5~35.5m，岩性以紫红色瘤状、浅褐灰色泥晶灰岩为主，夹褐色泥岩。自然伽马和电阻率曲线均表现为漏斗型特征，厚度稳定，是本区的一个重要的地层对比标志层，属弱岩溶化层组。一间房组（O_2yj）厚度0~65m，岩性以浅褐灰、灰褐色亮晶砂屑灰岩，亮晶鲕粒灰岩，亮晶藻屑砂屑灰岩为主，属强岩溶化层组。鹰山组（$O_{1-2}y$）从上到下分为四段，鹰一、二段厚约234m，主要为巨厚层灰色泥晶灰岩夹亮晶砂屑灰岩，属强岩溶化层组；鹰三、四段以石灰岩与细晶白云岩为主，下部白云岩含量增加，属中等—弱岩溶化层组。蓬莱坝组（O_1p）岩性以中细晶白云岩为主，属弱岩溶化层组。

5 古岩溶成因地质模式

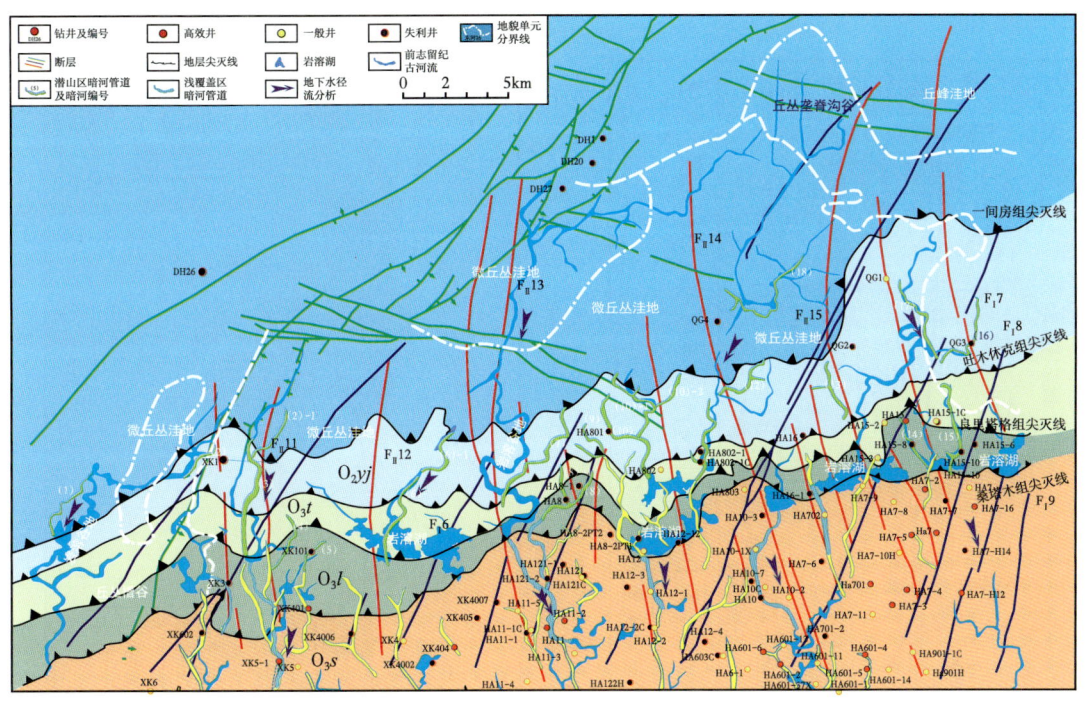

图 5-1 潜山岩溶区前志留纪古岩溶水文地质图

潜山岩溶区断裂构造发育，以北东—南西向、北西—南东向和近南北向的断裂为主，且平面多形成"X"形组合。根据断裂的展布方向、断开的层位、区域构造应力场背景分析等，将断裂系统的活动划分出了四期：（1）加里东早中期形成的断裂，以北东向的同向走滑断裂及与其伴生的有北西向次级同向断裂、近南北向的断裂和近东西向断裂体系为主；（2）加里东末期—海西早期形成的断裂，主要在加里东中期形成的断裂基础上进行改造；（3）海西晚期形成的断裂，形成了一系列与火成岩刺穿相关的断层（如哈 13 井南面发育的两条反"S"状逆断层，切割北东向大走滑断裂。岩溶作用主要发生在良里塔格组及前志留纪，因而对岩溶作用影响主要为加里东早中期形成的断裂，即加里东早中期发育的北西—南东向、北东—南西向两组"X"状交叉走滑断裂和加里东末期—海西早期发育的一系列"雁行"断裂，对哈拉哈塘地区奥陶系碳酸盐岩岩溶储层形成具有控制作用。

5.1.2 古岩溶作用水动力条件

良里塔格组岩溶期：此时期属良里塔格组岩溶期岩溶流域补给区，受南部吐木休克组弱岩溶层组的影响，沿吐木休克组弱岩溶层组附近也可能形成了一系列岩溶湖或深切的河谷（切穿吐木休克组，出露一间房组），深切河谷或岩溶湖构成潜山岩溶区地下水的局部排泄基准，但良里塔格组岩溶期岩溶流域排泄区位于南部 RP3 井—RP8 井一带区域，造成潜山岩溶区的岩溶作用方式较为复杂：浅部岩溶作用以垂向渗滤溶蚀作用为主，此时期形成的岩溶洼地相对较深，受深切河谷的影响，浅部岩溶作用也可能形成一系列岩溶管道系统；下部岩溶地下水受吐木休克组弱岩溶层组的影响，岩溶地下水向下潜流顺层（沿一间房组或鹰山组）或断裂向南部排泄区径流排泄，从而形成层间岩溶缝洞（图 5-2、图 5-3）。

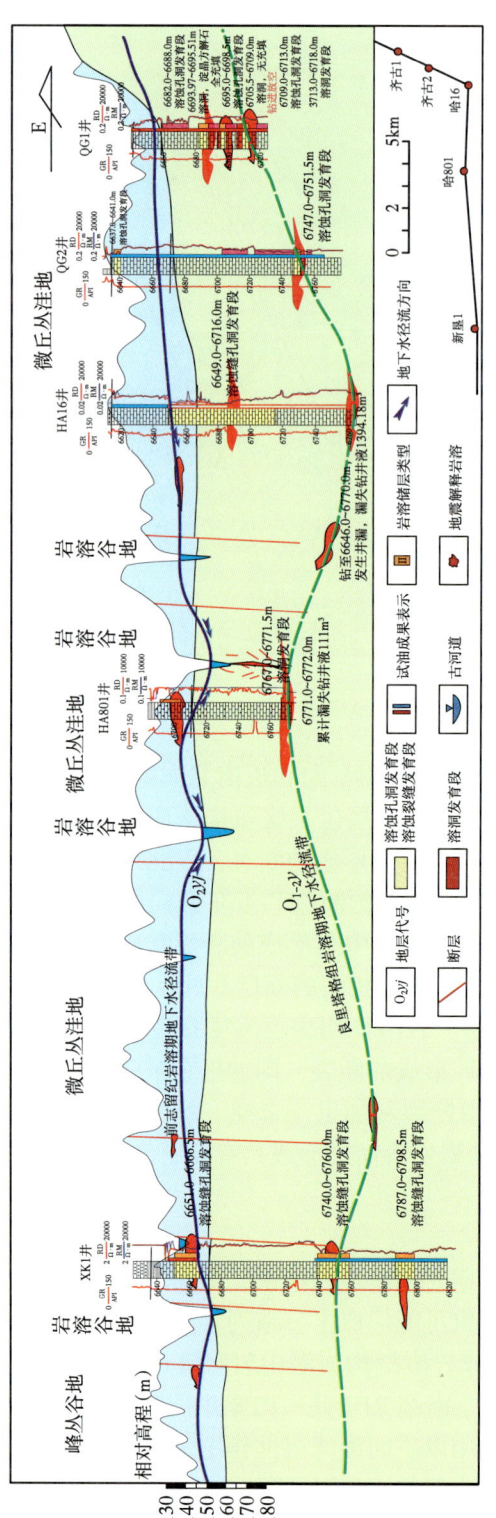

图 5-2 潜山岩溶区古岩溶形成水动力条件（东西向）

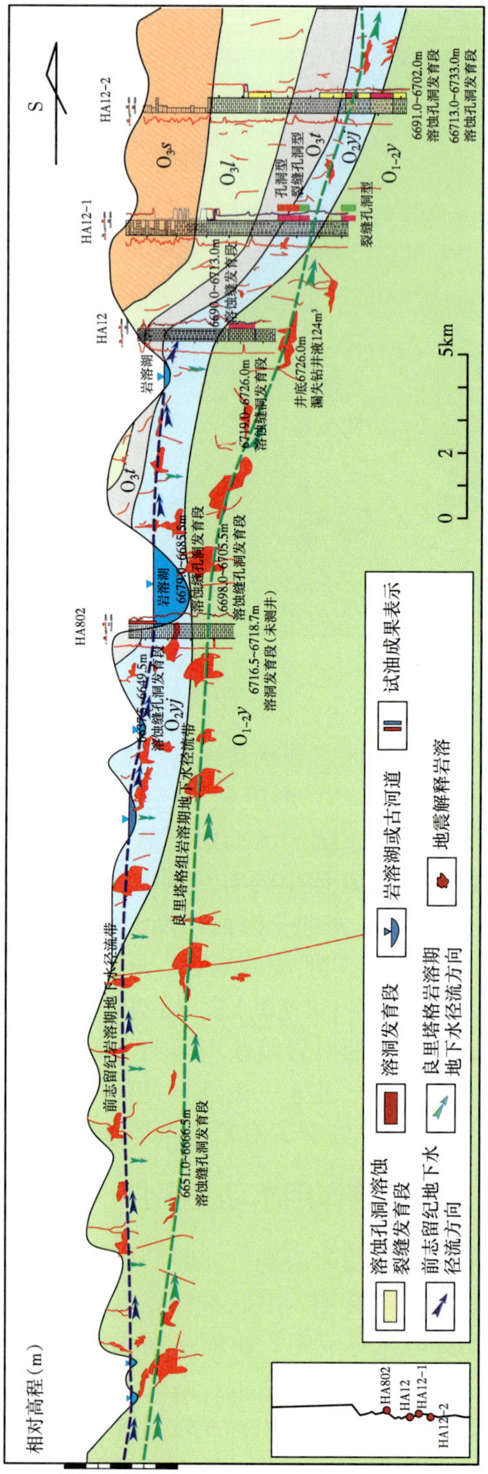

图 5-3 潜山岩溶区古岩溶形成水动力条件（南北向）

前志留纪岩溶期：此时期岩溶面地势平坦、地形起伏较小，受南部桑塔木组碎屑岩阻隔的作用，沿碳酸盐岩与碎屑岩边界附近形成了一系列岩溶湖，构成潜山岩溶区地下水的排泄基准。由于岩溶湖与潜山岩溶区相对高差为30~50m，因而此时期岩溶作用主要位于浅部50~60m范围（即岩溶作用主要作用于地下水面附近），可见此时期浅部岩溶缝洞比较发育（图5-2、图5-3）。

5.1.3 古岩溶成因模式

根据潜山岩溶区的地质背景、岩溶作用期次及古岩溶地貌特征，建立2个古岩溶形成地质模式：

5.1.3.1 潜山岩溶区（HA801井区）古岩溶形成地质模式

（1）地层岩性、古岩溶地貌、古水动力条件特征。HA801井区位于潜山岩溶区丘丛洼地地貌区（图5-4），处于局部分水岭地带，地势平坦，具向南微倾斜，岩溶洼地发育，丘、洼相对高差约20m。地表水主要通过洼地向下渗滤或通过岩溶沟谷向两侧古河道排泄。两侧具有切割较深的古水系，为岩溶缝洞发育提供较好的水动力条件。地层岩性：上部为一间房组（O_2yj），岩性以浅褐灰、灰褐色亮晶砂屑灰岩、亮晶鲕粒灰岩、亮晶藻屑砂屑灰岩为主；下部为鹰山组（$O_{1-2}y$），为巨厚灰色泥晶灰岩夹薄层亮晶砂屑灰岩。HA801井南部出露良里塔格组一段（O_3l_1），岩性以微亮晶砂屑生物碎屑灰岩、亮晶砂屑生物碎屑灰岩、亮晶生物碎屑灰岩为主，厚度较薄，属强岩溶化层组；吐木休克组（O_3t）厚度17.5~35.5m，岩性以紫红色瘤状、浅褐灰色泥晶灰岩为主，夹褐色泥岩，属弱岩溶化层组。

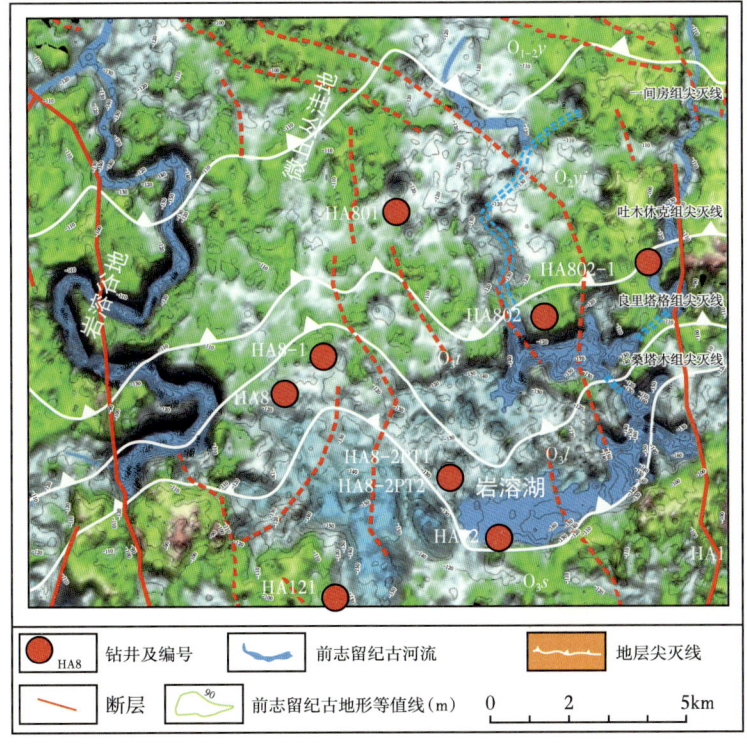

图5-4 潜山岩溶区（HA801井区）前志留纪风化壳古岩溶地貌图

（2）古岩溶缝洞特征。岩溶缝洞主要位于一间房组上部及鹰山组上部、中部（图5-5）。一间房组以发育溶蚀裂缝、小溶蚀孔洞为主，鹰山组以发育溶洞、岩溶管道为主。岩溶垂向分带清楚，表层岩溶带、径流溶蚀带岩溶缝洞比较发育，具规模的岩溶缝洞主要发育于径流溶蚀带，距奥陶系顶面80~120m（位于鹰山组），各分带特征如下：表层岩溶带位于奥陶系顶面下0~15m范围，岩溶以溶蚀孔洞、溶蚀裂缝为主，溶蚀孔洞（0.2~30mm）部分为方解石充填，岩溶发育较强；垂向渗滤溶蚀带位于奥陶系顶面下15~80m范围，岩溶以溶蚀孔洞、顺层溶蚀裂缝及垂向溶蚀裂缝为主，岩溶发育中等，无规模的溶洞系统，溶蚀孔洞多为钙泥质、方解石充填；径流溶蚀带位于奥陶系顶面下80~100m范围，岩溶以溶洞或岩溶管道为主，发育极不均匀，缝洞充填程度较低。

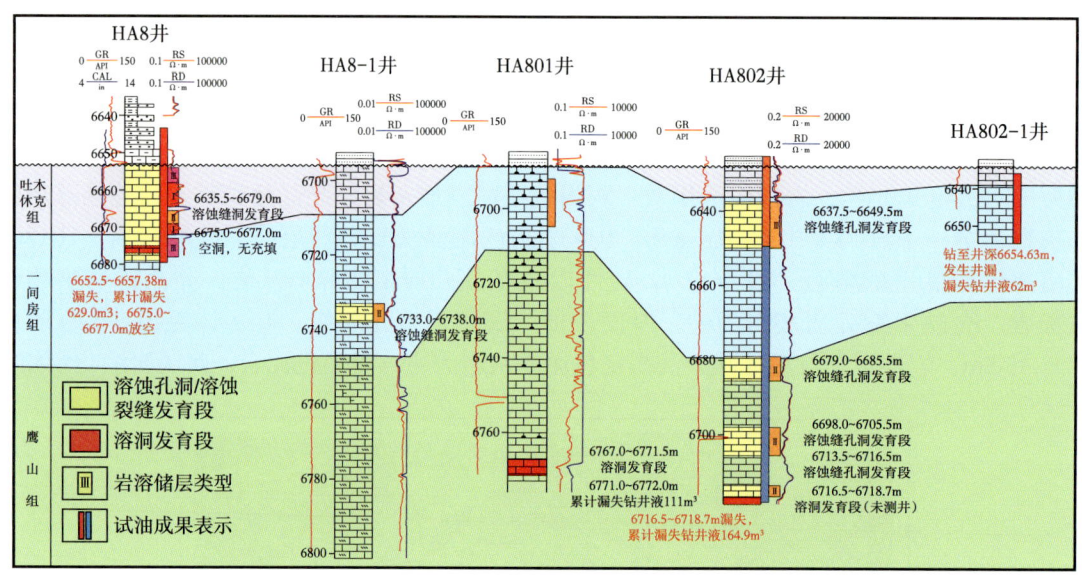

图5-5　潜山岩溶区（HA801井区）古岩溶对比图

（3）古岩溶形成地质模式。根据此井区岩溶缝洞及古岩溶地貌特征，建立的岩溶缝洞形成地质模型如图5-6、图5-7所示。岩溶缝洞发育特点是：①自分水岭地带至两侧深切河谷汇流，浅部地表径流以垂向入渗为主，形成表层岩溶缝洞，岩溶以小溶蚀孔洞、溶蚀裂缝为主，岩溶发育程度较强；②地表径流入渗至下部后，受两侧古河道排泄基准控制，岩溶水以侧向径流为主，形成向古河道方向发育的岩溶管道系统或溶洞系统，或受断裂控制，岩溶水沿断裂径流，形成沿断裂分布的岩溶缝洞。

5.1.3.2　潜山岩溶区（HA15-15D井区）古岩溶形成地质模式

（1）地层岩性、古岩溶地貌、古水动力条件特征。HA15井区位于潜山岩溶区东部丘丛洼地地貌区（图5-8），处于丘峰洼地与微丘丛洼地接壤部位，地势平坦，具向南微倾斜，岩溶沟谷发育，丘、洼相对高差约20m。地表水主要向岩溶沟谷汇流，然后流入岩溶湖。古水系下切为岩溶缝洞发育提供较好的水动力条件。地层岩性：上部为一间房组（O_2yj），岩性以浅褐灰、灰褐色亮晶砂屑灰岩、亮晶鲕粒灰岩、亮晶藻屑砂屑灰岩为主；下部为鹰山组（$O_{1-2}y$），为巨厚灰色泥晶灰岩夹亮晶砂屑灰岩薄层。HA15井南部出露哈

5 古岩溶成因地质模式

15井南部出露良里塔格组一段（O_3l_1）、吐木休克组（O_3t），属弱岩溶化层组。

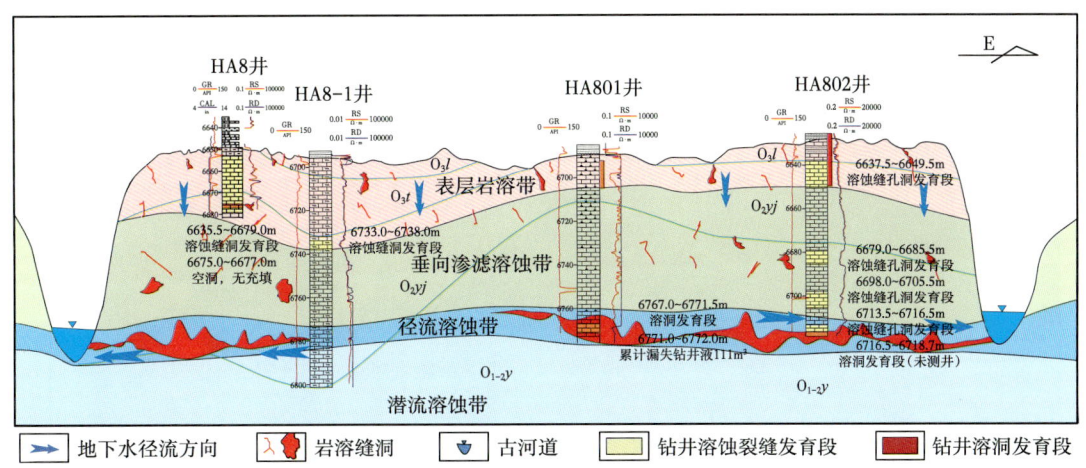

图5-6 潜山岩溶区（HA801井井区）古岩溶作用水动力条件

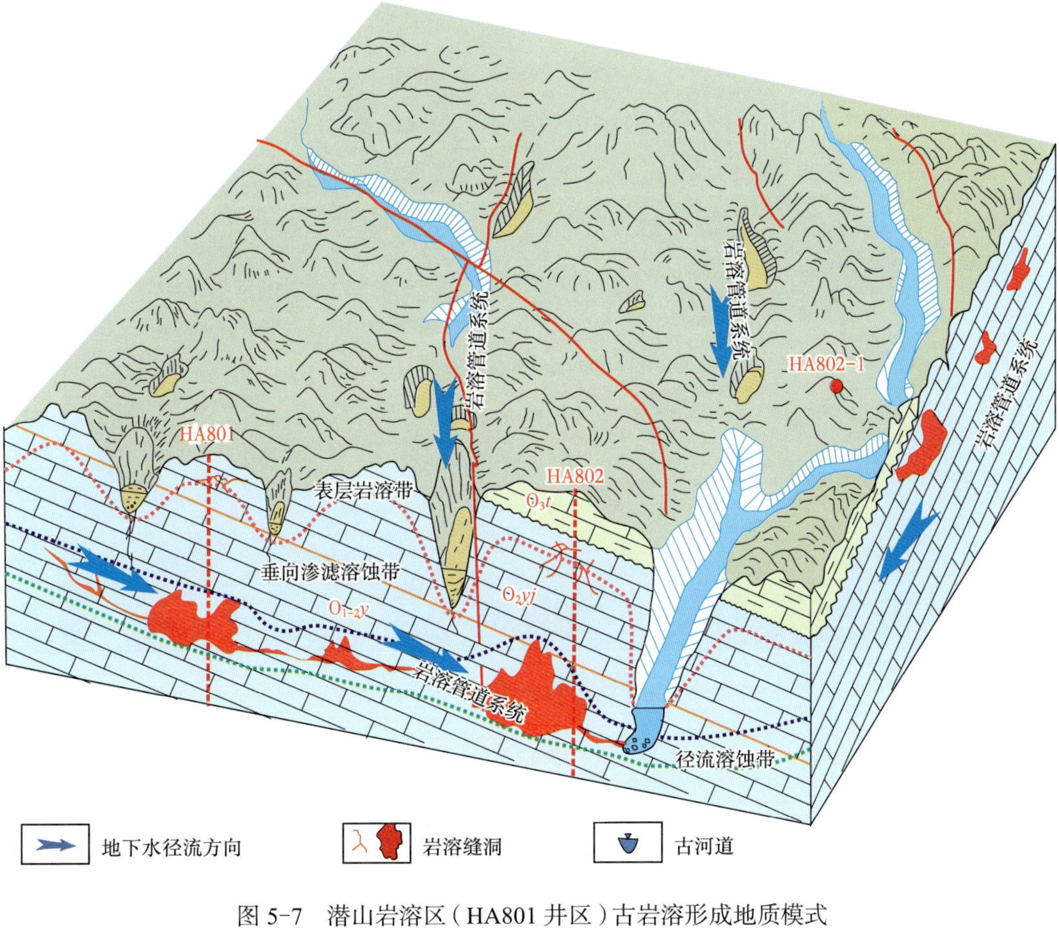

图5-7 潜山岩溶区（HA801井区）古岩溶形成地质模式

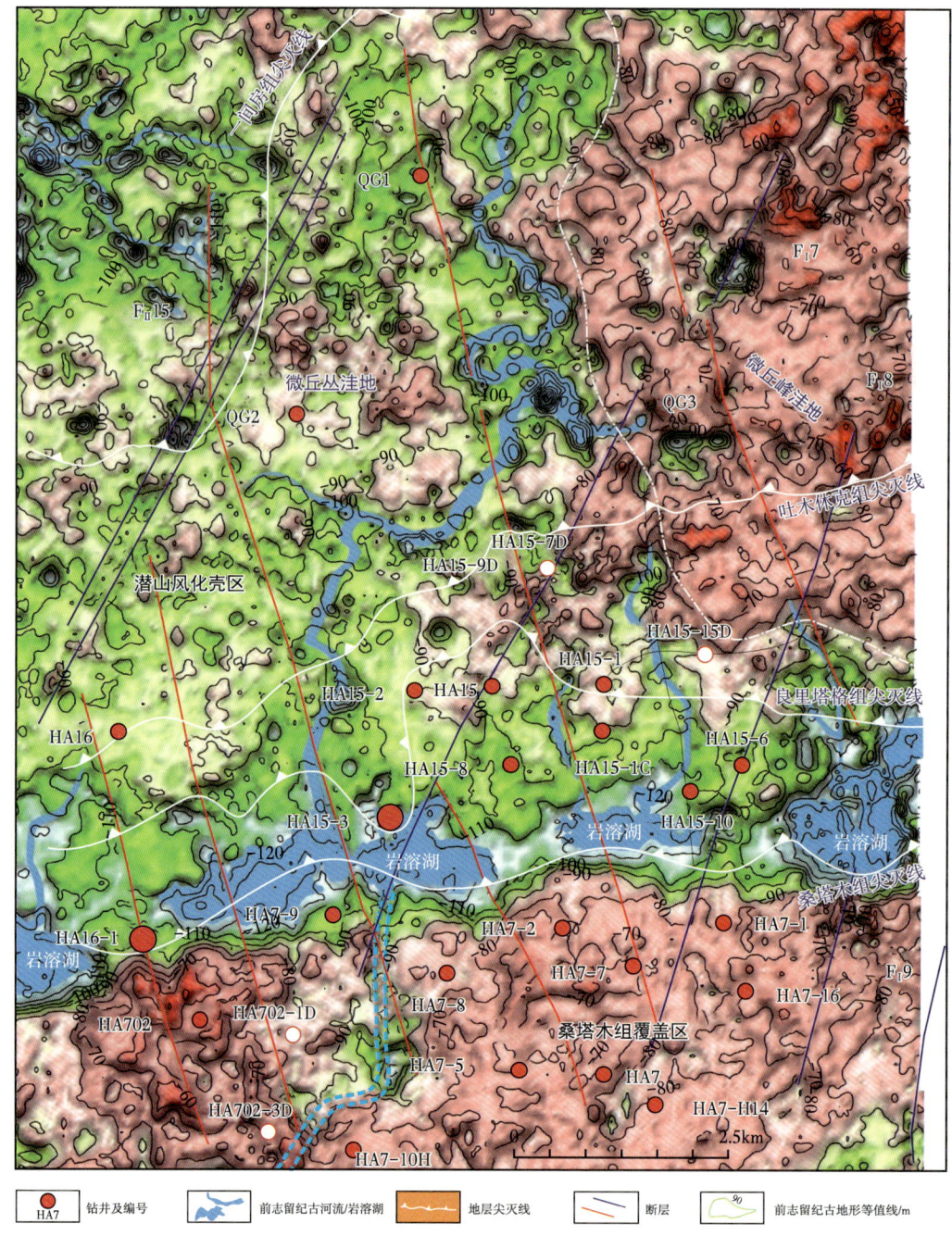

图 5-8 潜山岩溶区（HA15-15D 井区）前志留纪岩溶地貌特征图

（2）古岩溶缝洞特征。岩溶缝洞主要位于一间房组上部及鹰山组上部、中部（图 5-9），一间房组以发育溶蚀裂缝、小溶蚀孔洞为主，局部发育溶洞系统；鹰山组以发育溶洞、岩溶管道为主。径流溶蚀带岩溶缝洞比较发育，具规模的岩溶缝洞主要发育于径流溶蚀带，距奥陶系一间房组顶面 90~100m（位于鹰山组）。

（3）岩溶储层形成地质模型。根据此井区岩溶缝洞及古岩溶地貌特征，建立的岩溶缝洞形成地质模型如图 5-10、图 5-11 所示。岩溶缝洞发育特点是：①自分水岭地带向岩溶谷地汇流，然后沿岩溶谷地或断裂向南部径流，浅部地表径流以垂向入渗为主，形成表层岩溶缝洞，岩溶以小溶蚀孔洞、溶蚀裂缝为主，局部形成岩溶管道，岩溶发育程度较强；②地表径流入渗至下部后，受南侧吐木休克组弱岩溶层组的影响，岩溶地下水沿断裂潜流向南侧排泄，从而形成沿断裂分布的岩溶缝洞。

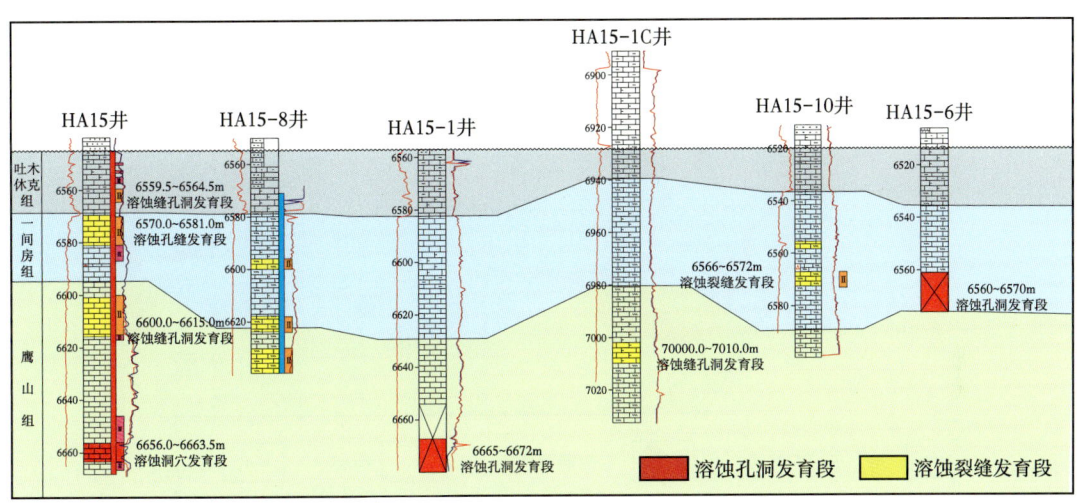

图 5-9　潜山岩溶区（HA15-15D 井区）古岩溶对比剖面图

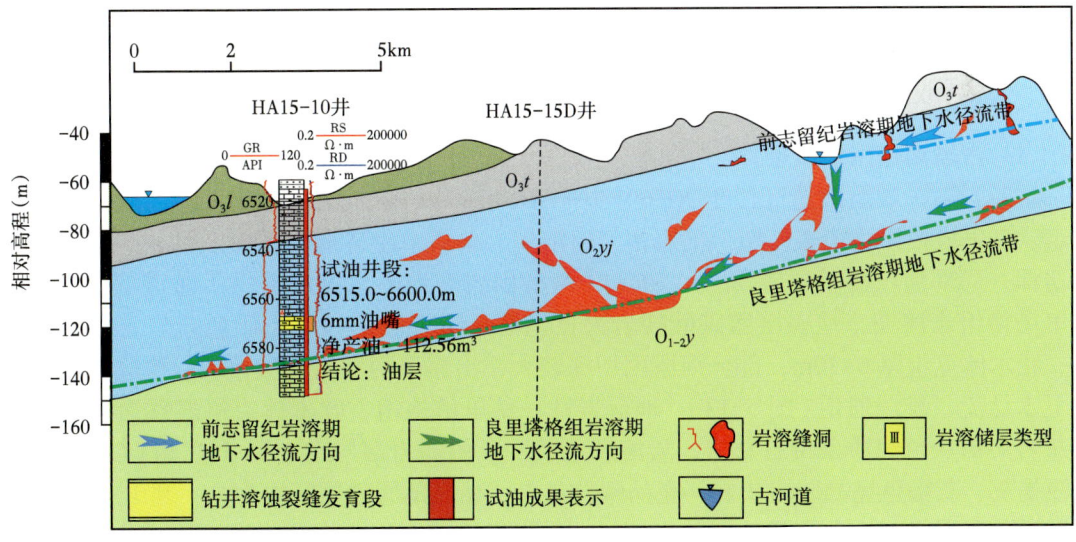

图 5-10　HA15-15D 井区古岩溶作用水动力条件图

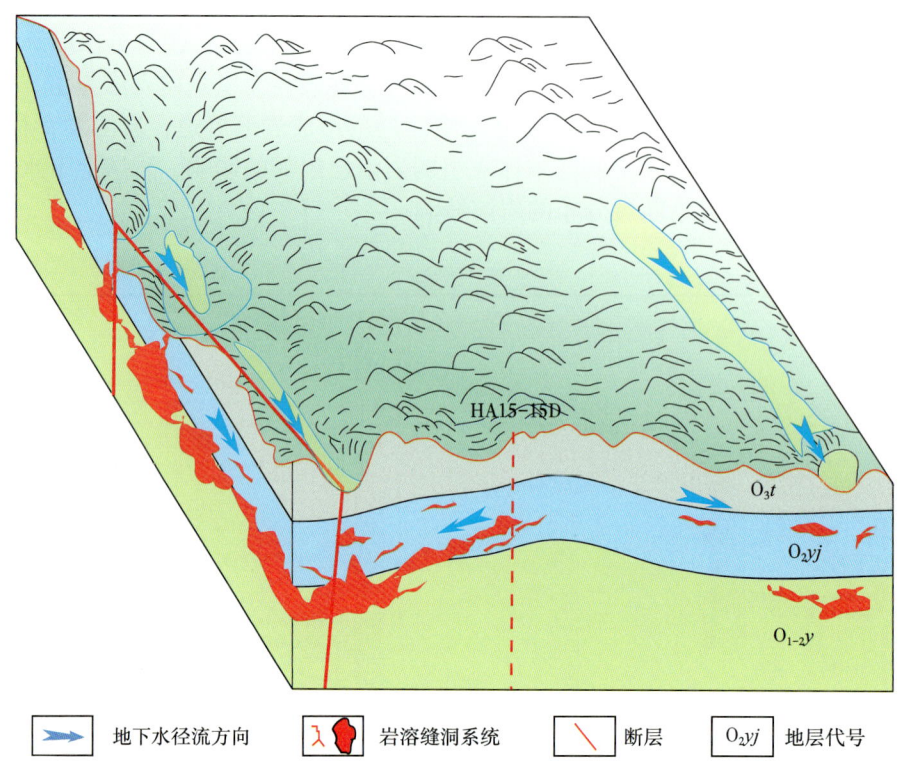

图 5-11 潜山岩溶区（HA15-15D 井区）古岩溶形成地质模式

5.2 层间岩溶区古岩溶成因模式

5.2.1 顺层改造区古岩溶成因模式

5.2.1.1 古岩溶作用地质条件

层间岩溶—顺层改造区位于 XK601 井—XK403 井一线至桑塔木尖灭线区块，属桑塔木组、良里塔格组浅覆盖区域。前志留纪岩溶期，桑塔木组碎屑岩覆盖区厚 0~50m，古河道切深，局部河段覆盖层较薄（<10m），为潜山岩溶地下水排泄提供了通道（图 5-12）；良里塔格组岩溶期，地表出露碳酸盐岩为良里塔格组或吐木休克组碳酸盐岩，良里塔格组、吐木休克组厚 0~30m，部分河段因切深较大，出露一间房组碳酸盐岩，构成潜山岩溶地下水径流、排泄通道（图 5-13）。地层岩性：良里塔格组、吐木休克组岩性为褐灰色粉晶灰岩夹褐灰色泥质条带石灰岩，岩溶现象较少，属弱岩溶层组；一间房组（O_2yj）岩性以浅褐灰、灰褐色亮晶砂屑灰岩、亮晶鲕粒灰岩、亮晶藻屑砂屑灰岩为主；鹰山组（$O_{1-2}y$）为巨厚灰色泥晶灰岩夹亮晶砂屑灰岩薄层，属强岩溶化层组，岩溶作用较强，是岩溶储层主要发育层位。

5.2.1.2 古岩溶水动力条件

此区带属桑塔木组、良里塔格组覆盖区，不同岩溶期次岩溶地貌、水动力条件具有明

5 古岩溶成因地质模式

显的差异：

前志留纪岩溶期（潜山风化壳时期）。受桑塔木碎屑岩阻挡，潜山区地表水系未能直接向南径流，在接触带附近形成一系列岩溶湖或地表径流伏流口，受弱岩溶层组或碎屑岩影响，胁迫地下水通过层间或断裂径流，后在下游河流深切部位排泄。以侧向径流为主，顺层岩溶或断裂岩溶的作用，造成一间房组、鹰山组碳酸盐岩层间岩溶缝洞发育。

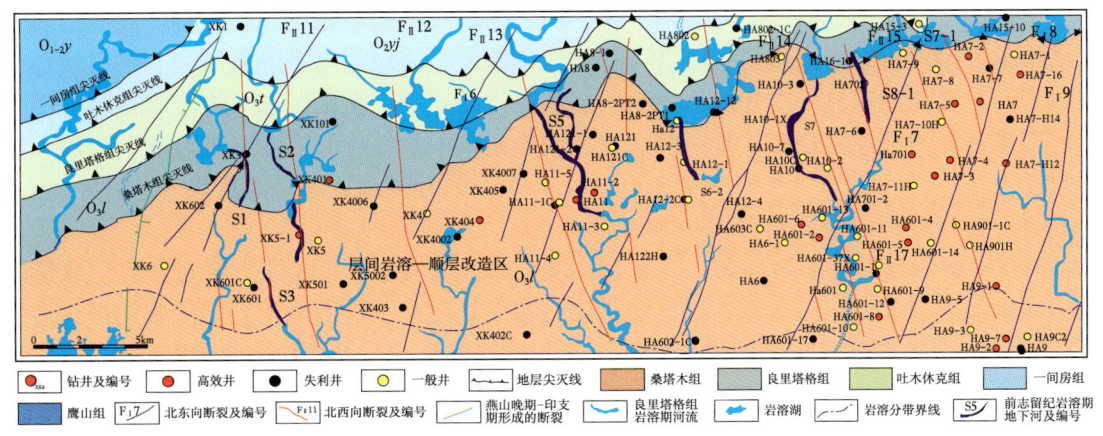

图 5-12　顺层改造区前志留纪岩溶期岩溶水文地质图

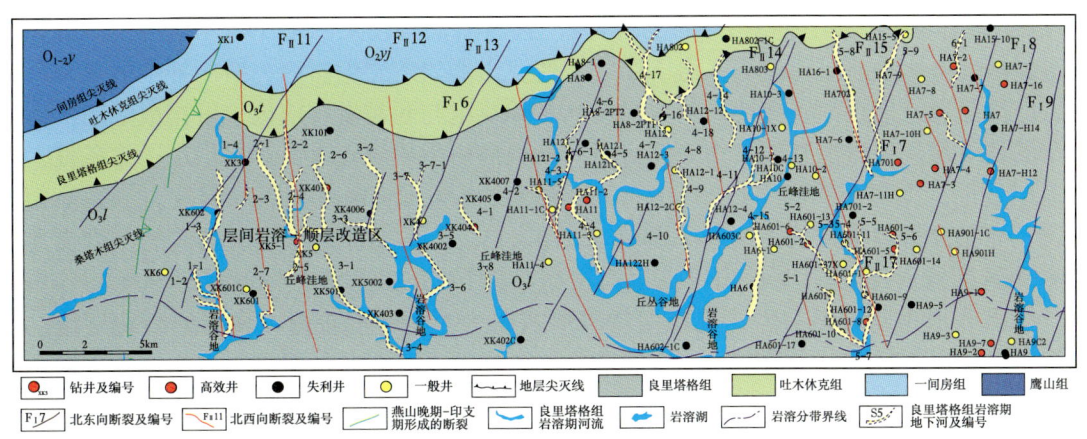

图 5-13　顺层改造区良里塔格组岩溶期岩溶水文地质图

良里塔格组岩溶时期此区带属丘峰洼地与岩溶谷地组合地貌区（图 5-13）。区域上属古岩溶流域补给、径流区域，地表水系发育，也是潜山区地表水系向南流经区域。此区地势缓慢向南方向倾斜，地形相对高程为 550~650m，地形起伏较大，峰洼相对高差一般为 50~80m，水系切深较大（80~100m），具有较多岩溶槽谷，古水系切割把良里塔格组岩溶地貌分割成多个近南北延伸的丘峰洼地、岩溶谷地、峰丛谷地地貌单元。丘峰洼地地貌具有自分水岭地带向两侧岩溶谷地排泄特征，受下伏吐木休克组弱岩溶层组的影响，地表降水难以入渗至一间房组，因而岩溶作用主要位于良里塔格组碳酸盐岩（图 5-14、

图5-15），岩溶以垂向渗滤溶蚀作用为主，由于良里塔格组在此区块厚度相对较小，且每个丘峰洼地地貌单元面积较小，接受大气降水有限，因而岩溶缝洞规模一般较小，且上覆地层为桑塔木组碎屑岩，岩溶缝洞较易充填。河流切深至一间房组的区段（岩溶谷地、丘丛谷地地貌区）接受潜山区岩溶地下水径流排泄，对一间房组岩溶缝洞的形成具有明显的控制作用。

由于古水系切深较大，局部已切深至一间房组碳酸盐岩，形成潜山区岩溶地下水局部排泄基准，从而使此区带一间房组、鹰山组岩溶缝洞或岩溶管道比较发育。此区也属良里塔格组岩溶期古岩溶流域的径流区，是连续型碳酸盐岩层组与不纯碳酸盐岩层组接触区域，岩溶差异作用明显，受吐木休克组弱岩溶层组的影响，潜山区部分岩溶水被胁迫沿下部岩溶有利的岩溶层组径流，是一间房组、鹰山组碳酸盐岩层间岩溶区岩溶缝洞形成的主要水动力条件。

5.2.1.3 古岩溶形成地质模式（HA11井区）

（1）地层岩性、古岩溶地貌、古水动力条件特征。HA11井区位于层间岩溶—顺层改造区中东部。前志留纪岩溶期处于桑塔木组浅覆盖丘陵区及潜山风化壳区接壤地带，潜山风化壳区地表水主要向接壤部位岩溶湖汇流，在丘陵区HA11-3井南侧发育一地表水系，未与潜山区地表径流连接，说明潜山区地表径流未直接向桑塔木覆盖区径流，受碎屑岩阻隔影响，潜山区地下水存在向HA11井区潜流向南方向径流，是此区层间岩溶缝洞形成的水动力条件；良里塔格组岩溶期，地貌属岩溶谷地、丘丛谷地、丘峰洼地地貌组合区，发育的地表水系与潜山区地表径流连接（如沿HA8井—HA11井—HA122H井一带发育的地表径流），地表径流具有向南方向径流排泄，且河流切深较大，是丘峰洼地地貌区良里塔格组岩溶地下水径流排泄通道，由于受吐木休克组弱岩溶层组影响，潜山补给区向南潜流继续向南径流，但在河谷深切一间房组或吐木休克组与断裂发育部位，可构成潜山区向南排泄的地下水局部排泄基准，为一间房组、良里塔格组岩溶管道发育提供水动力条件。此区地层岩性：上部为一间房组（O_2yj），岩性以浅褐灰、灰褐色亮晶砂屑灰岩、亮晶鲕粒灰岩、亮晶藻屑砂屑灰岩为主；下部为鹰山组（$O_{1-2}y$），岩性为巨厚灰色泥晶灰岩夹薄层亮晶砂屑灰岩。哈15井南部出露良里塔格组一段（O_3l_1），岩性以微亮晶砂屑生物碎屑灰岩、亮晶砂屑生物碎屑灰岩、亮晶生物碎屑灰岩为主，厚度较薄，属强岩溶化层组；吐木休克组（O_3t）厚度17.5~35.5m，岩性以紫红色瘤状、浅褐灰色泥晶灰岩为主，夹褐色泥岩，属弱岩溶化层组。

（2）古岩溶缝洞特征。根据HA12、HA11、HA122H、HA121C、HA121等井岩溶缝洞剖析，岩溶缝洞主要位于一间房组上部及鹰山组上部（图5-16），良里塔格组岩溶缝洞不发育。具规模的岩溶缝洞主要发育于一间房组（如HA121井、HA11-2井），溶蚀裂缝、岩溶管道系统为主；鹰山组以发育小溶蚀孔洞、溶蚀裂缝为主。受吐木休克组弱岩溶层组及断裂的控制，良里塔格组岩溶期岩溶作用对一间房组岩溶管道系统至关重要：沿HA121-1井—HA11-1井一带发育的岩溶管道系统（图5-17）、HA121井—HA11-2井—HA11井—HA11-5井一带发育的岩溶管道系统（图5-18）、HA121井—HA11-2井—HA11井—HA11-5井一带发育的岩溶管道系统（图5-19）。

5 古岩溶成因地质模式

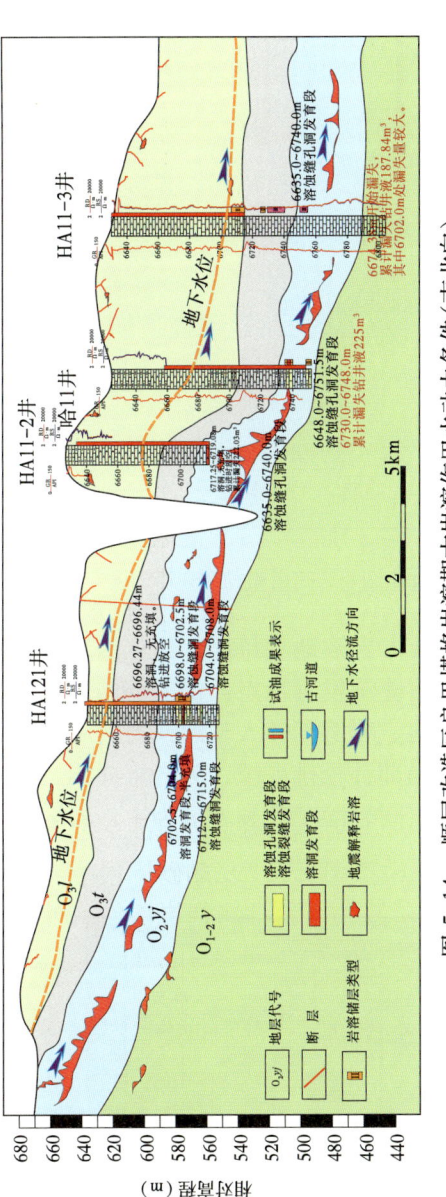

图 5-14 顺层改造区良里塔格组岩溶期古岩溶作用水动力条件（南北向）

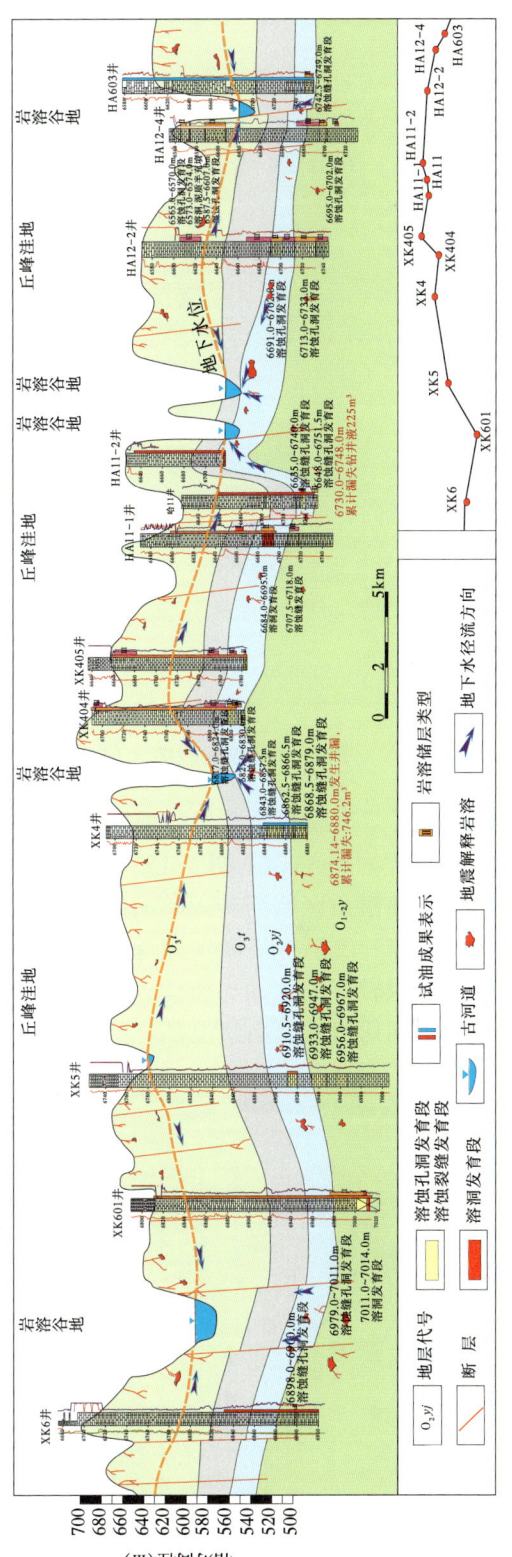

图 5-15 顺层改造区良里塔格组岩溶期古岩溶作用水动力条件（东西向）

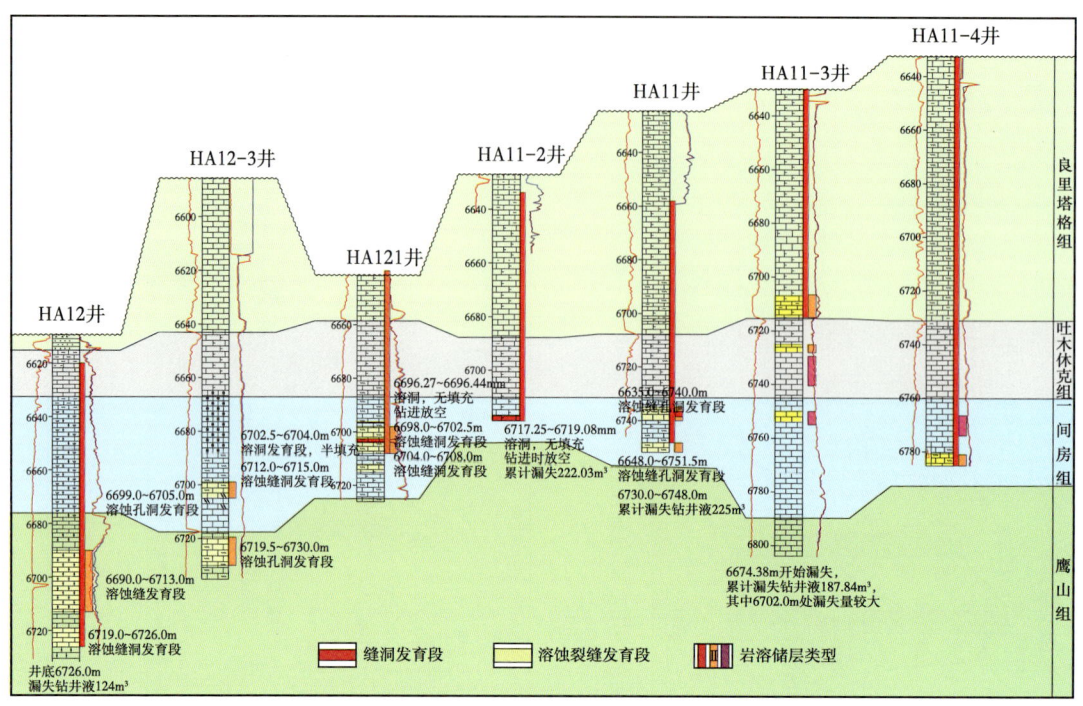

图 5-16 顺层改造区（HA11 井区）古岩溶对比图（一间房组拉平）

（3）古岩溶形成地质模式。根据此井区岩溶缝洞及古岩溶地貌特征，建立的岩溶缝洞形成地质模式如图 5-14、图 5-15、图 5-20 所示。岩溶缝洞发育特点：①上部弱岩溶层或碎屑岩组迫使潜山区明河转入暗河或形成岩溶湖，明河、岩溶湖转入暗河或通过层间、断裂向南部径流；②后在下游河流深切部位排泄，构成局部补径排系统，为岩溶缝洞、岩溶管道发育提供较好的水动力条件。此区岩溶缝洞多以层间岩溶、断裂岩溶为主，岩溶发育层位位于一间房组或鹰山组上部。

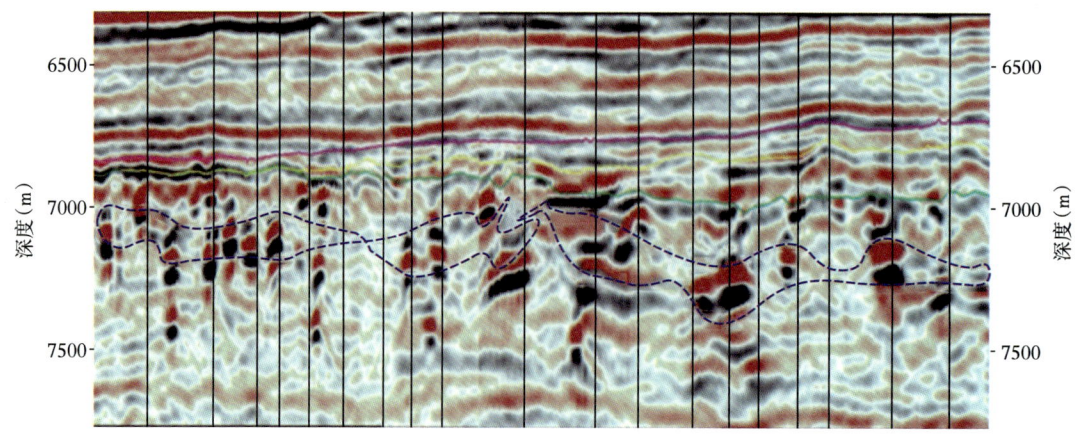

图 5-17 沿 HA121-1 井—HA11-1 井一带发育的暗河地震响应特征

5 古岩溶成因地质模式

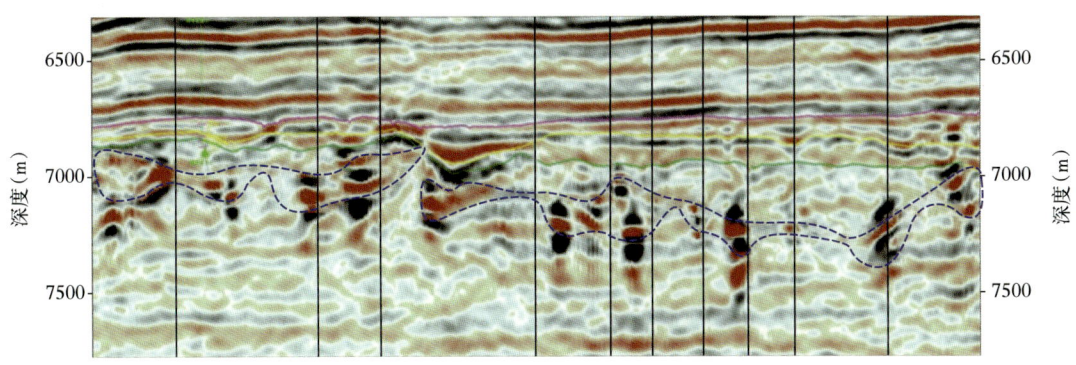

图 5-18 沿 HA121 井—HA11-2 井—HA11 井—HA11-5 井一带发育的暗河地震响应特征

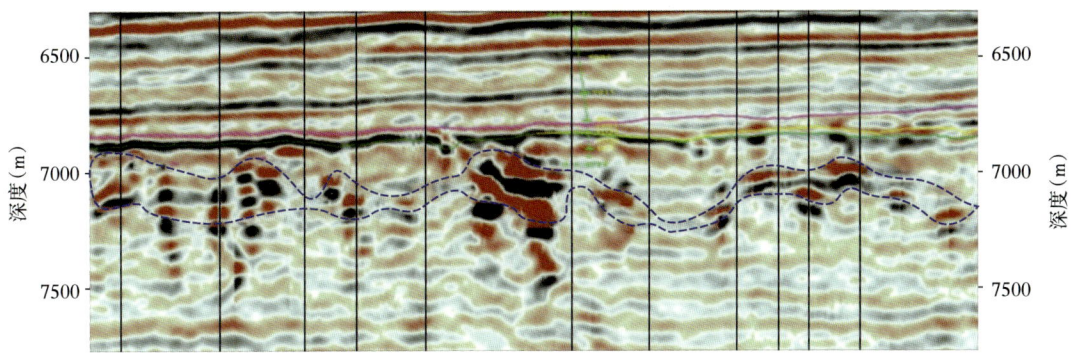

图 5-19 沿 HA802 井—HA12 井一带发育的暗河地震响应特征

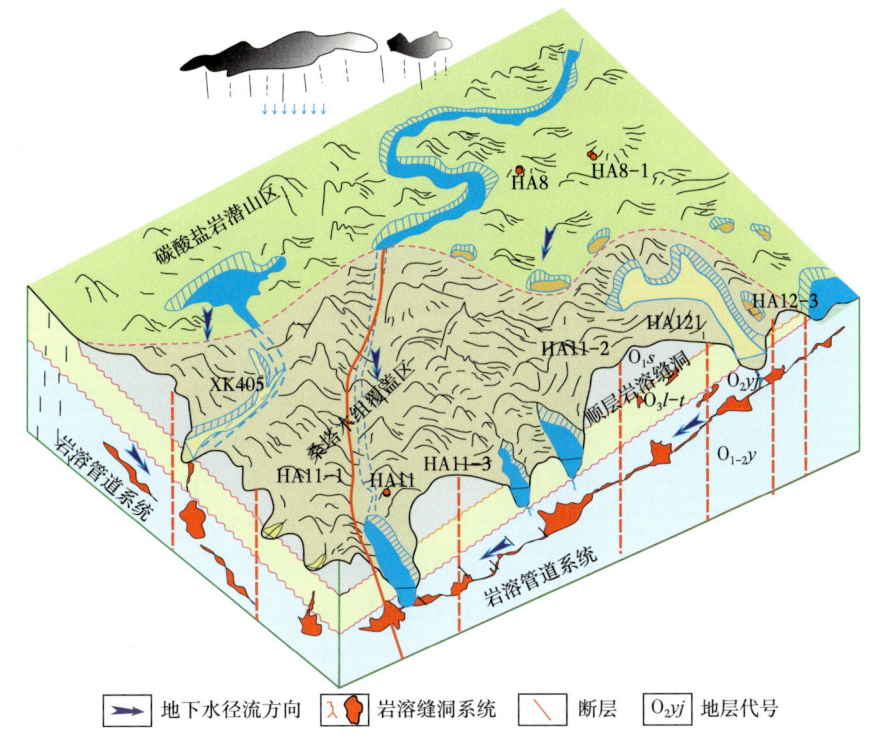

图 5-20 顺层改造区（HA11 井区）古岩溶形成地质模式

5.2.2 台缘叠加区古岩溶成因模式

5.2.2.1 古岩溶作用地质条件

层间岩溶—台缘叠加区位于前志留纪地表河流发育源头及良里塔格组岩溶期地表河流切至一间房组出露段趋势线至良里塔格组岩溶期岩溶盆地边界之间范围（即XK7井—XK9井—RP7井—RP4井一带区域）。此区前志留纪岩溶期桑塔木组碎屑岩覆盖层较厚，属丘陵地貌区；良里塔格组岩溶期，属丘丛垄脊沟谷、丘丛谷地地貌区，地势缓慢向南方向倾斜，地形相对高程为450~600m，东西向地形起伏明显，丘峰洼相对高差一般为20~50m（局部达50~80m），地表水系发育，具有较多岩溶槽谷、沟谷（图3-28）。

地层岩性：上部 O_3l_1/O_3l_3（相当于良一段、良三段）厚—巨厚的灰、浅灰、浅褐灰、褐灰色粉晶颗粒灰岩，夹泥质灰岩、泥灰岩，溶蚀缝洞发育；O_3l_2（相当于良二段）、O_3t（吐木休克组）：为褐色、灰色、深灰色、灰绿色泥质灰岩、泥灰岩、瘤状灰岩，局部夹薄层生屑灰岩，岩溶不发育。下部一间房组（O_2yj）岩性以浅褐灰、灰褐色亮晶砂屑灰岩、亮晶鲕粒灰岩、亮晶藻屑砂屑灰岩为主；鹰山组（$O_{1-2}y$）为巨厚灰色泥晶灰岩夹薄层亮晶砂屑灰岩。一间房组（O_2yj）、鹰山组（$O_{1-2}y$）属强岩溶化层组，岩溶作用较强，是岩溶储层主要发育层位。

5.2.2.2 古岩溶岩溶水动力条件

此区前志留纪岩溶期桑塔木组覆盖层较厚，潜山岩溶作用其影响较小；良里塔格组岩溶期，此区处于古岩溶流域径流区，地表水系发育，古水系切割把良里塔格组岩溶地貌分割成5个近南北延伸的丘丛垄脊沟谷与5个岩溶谷地地貌单元。

丘丛垄脊沟谷地貌具有自分水岭地带向两侧岩溶谷地排泄特征，受良里塔格组岩性及下伏吐木休克组弱岩溶层组的影响，且良里塔格组地层较厚、河流切深较浅（一般切至良里塔格组二段或三段），地表降水难以入渗径流至一间房组，因而岩溶作用主要位于良里塔格组碳酸盐岩，岩溶以垂向渗滤溶蚀作用及侧向岩溶作用为主（图5-21），由于河间地段较小，水动力条件有限，岩溶缝洞规模较小，且上覆地层为桑塔木组碎屑岩，浅部岩溶缝洞较易充填。同时，此区属良里塔格组岩溶期径流区带，受吐木休克组弱岩溶层组影响，岩溶缝洞主要沿一间房组、鹰山组碳酸盐岩地层发育。

5.2.2.3 古岩溶形成地质模式（RP7井区—RP13井区）

（1）地层岩性、古岩溶地貌、古水动力条件特征。

RP7井区—RP13井区位于层间岩溶—台缘叠加区中部。前志留纪岩溶期处于桑塔木组浅覆盖丘陵区，覆盖层较厚，潜山地表水发育，但水系均未切深至奥陶系碳酸盐岩，对碳酸盐岩岩溶作用影响较小；良里塔格组岩溶期，地貌属丘丛垄脊沟谷、岩溶地貌组合区（图5-22），地表水系发育，几条地表径流由北向南流经此区域，河流切深相对较浅，大部河段深切至良里塔格组一段或二段，局部河段切深至三段，均未切深至一间房组，可见河段深切至良里塔格组一段或二段、三段可构成此区域良里塔格组地下水的局部排泄基准，为良里塔格组岩溶管道发育提供水动力条件。此区属良里塔格组岩溶期径流区带，受吐木休克组弱岩溶层组影响，岩溶地下水主要沿一间房组、鹰山组碳酸盐岩地层或断裂径流，是岩溶缝洞形成的水动力条件。

5 古岩溶成因地质模式

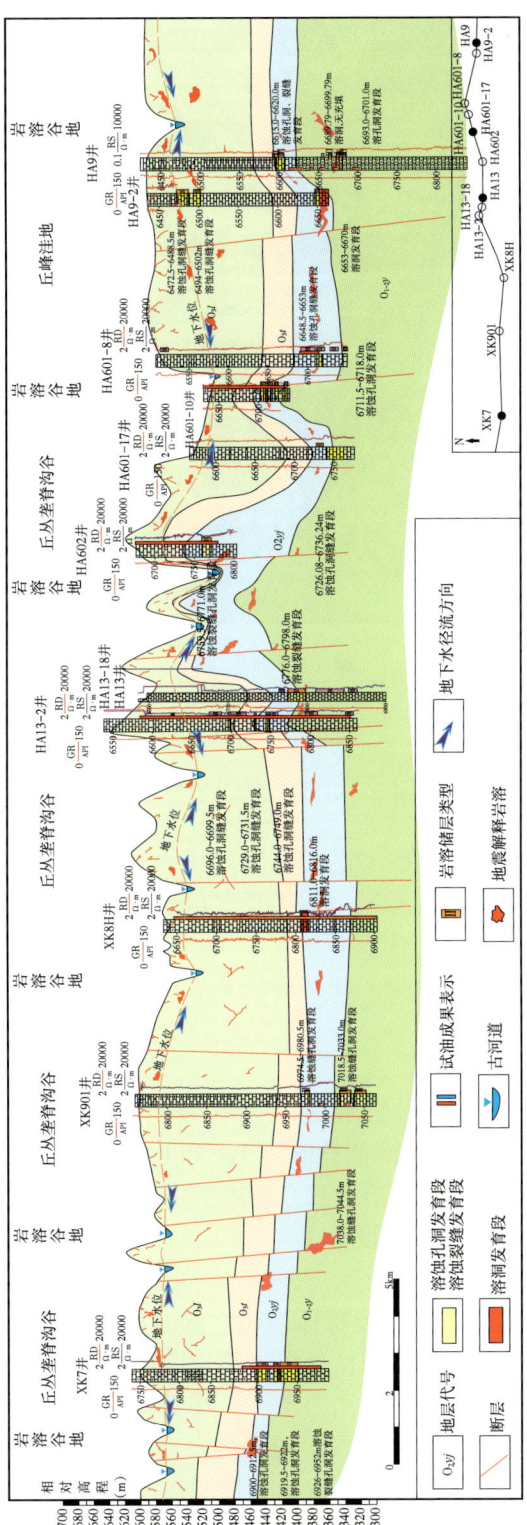

图 5-21 台缘叠加区良里塔格组岩溶期古岩溶作用水动力条件（东西向）

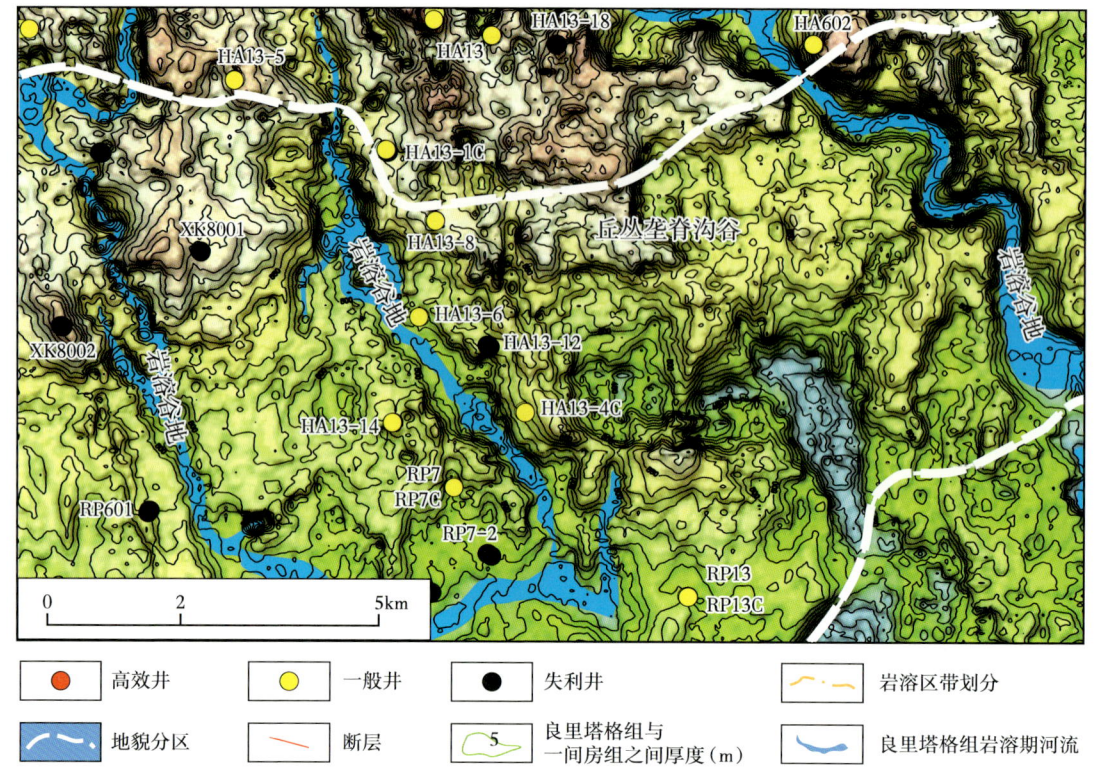

图 5-22 台缘叠加区（RP7 井区—RP13 井区）良里塔格组岩溶期古岩溶地貌图

地层岩性：上部 O_3l_1、O_3l_3（良一段、良三段）厚—巨厚的灰、浅灰、浅褐灰、褐灰色粉晶颗粒灰岩，夹泥质灰岩、泥灰岩；O_3l_2（良二段），O_3t（吐木休克组）：为褐色、灰、深灰色灰绿色泥质灰岩、泥灰岩、瘤状灰岩。下部一间房组（O_2yj）岩性以浅褐灰、灰褐色亮晶砂屑灰岩、亮晶鲕粒灰岩、亮晶藻屑砂屑灰岩为主；鹰山组（$O_{1-2}y$）为巨厚层灰色泥晶灰岩夹亮晶砂屑灰岩薄层。

（2）古岩溶缝洞特征。

根据 HA13-1、RP7、RP13 等井岩溶缝洞剖析，岩溶缝洞主要位于一间房组上部及鹰山组上部（图 5-23），以溶蚀裂缝、溶蚀孔洞为主（如 RP7 井），局部发育沿断裂分布的岩溶管道系统；良里塔格组局部发育岩溶缝洞（如 RP7 井，井深 6716~6728m 溶蚀孔洞发育；RP13 井，井深 6700~6720m 溶蚀裂缝发育）。

（3）古岩溶形成地质模式。

根据此井区岩溶缝洞及古岩溶地貌特征，建立的岩溶缝洞形成地质模型如图 5-24 所示。岩溶缝洞发育特点：①古水系控制良里塔格组岩溶期古岩溶面浅部岩溶水排泄，是良里塔格组一段、二段岩溶缝洞发育的水动力条件；②受良里塔格组及吐木休克组弱岩溶层组控制，古水系深切是良里塔格组良三段层间岩溶发育的水动力条件；③断裂/层间面是深部岩溶水径流通道，断裂对岩溶缝洞形成具有控制作用。规模缝洞主要沿断裂发育，主要发育于一间房组或鹰山组上部。

5 古岩溶成因地质模式

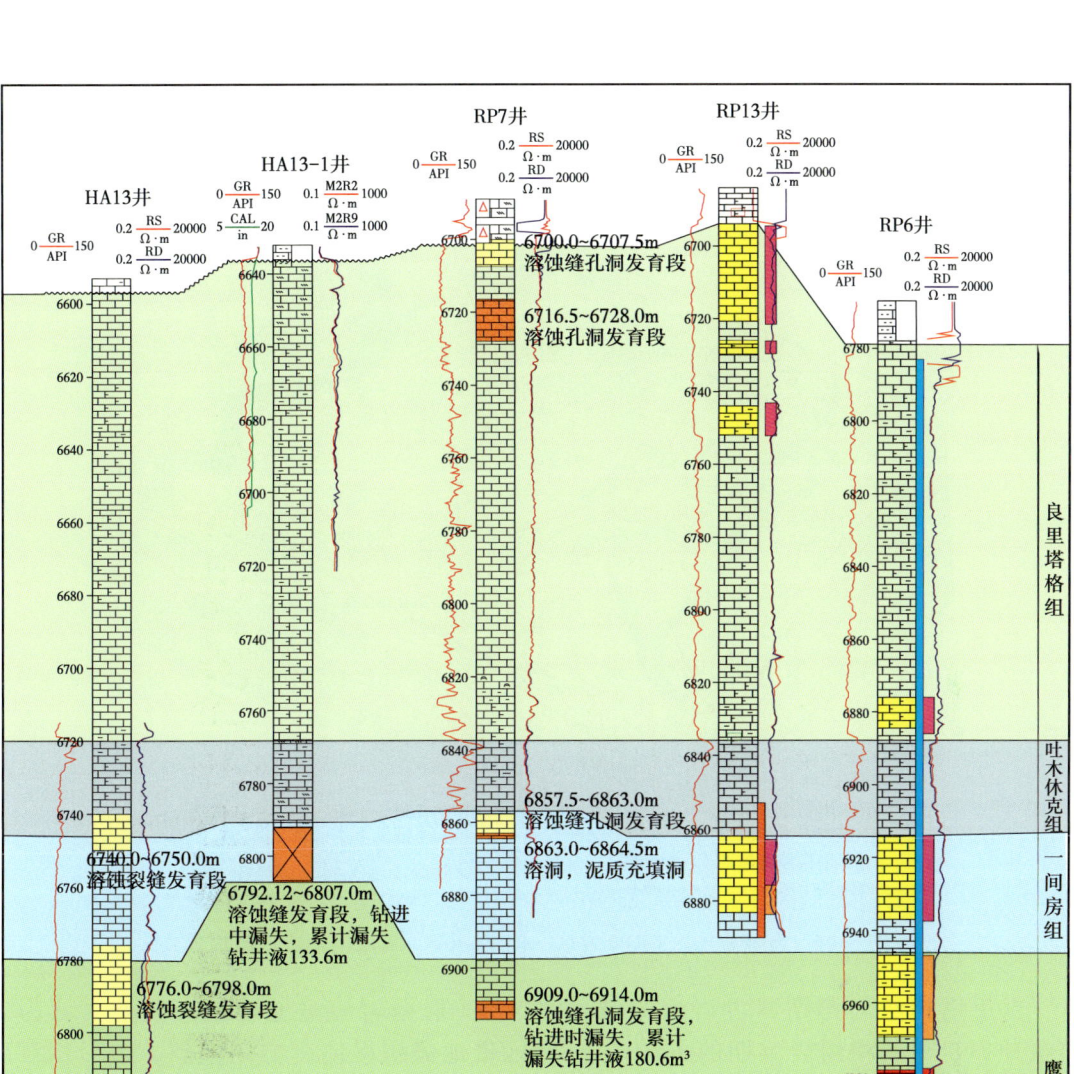

图 5-23 台缘叠加区（RP7 井区—RP13 井区）古岩溶对比剖面图

5.2.3 断控岩溶区古岩溶成因模式

5.2.3.1 古岩溶作用地质条件

层间岩溶—断裂控储区位于 RP12 井—RP9 井一带。根据沉降间断厘定，此区域主要经历一间房组岩溶期的岩溶作用及良里塔格组岩溶期的岩溶作用。

一间房组岩溶期，此区主要属微丘丛洼地地貌，地势平坦，地形起伏相对较小，具有一定地势坡降，坡降一般为 1.0%～1.2%，地势整体向南东向倾斜，区域上属溶丘平原。该类地貌区属古水系补给径流或径流排泄区，以错综复杂的微丘、丘丛、岩溶洼地（浅洼地）为特点，洼（底）丘（丘丛顶）相对高差10~15m，属岩溶地貌形成演化过程中初期的岩溶地貌特征。

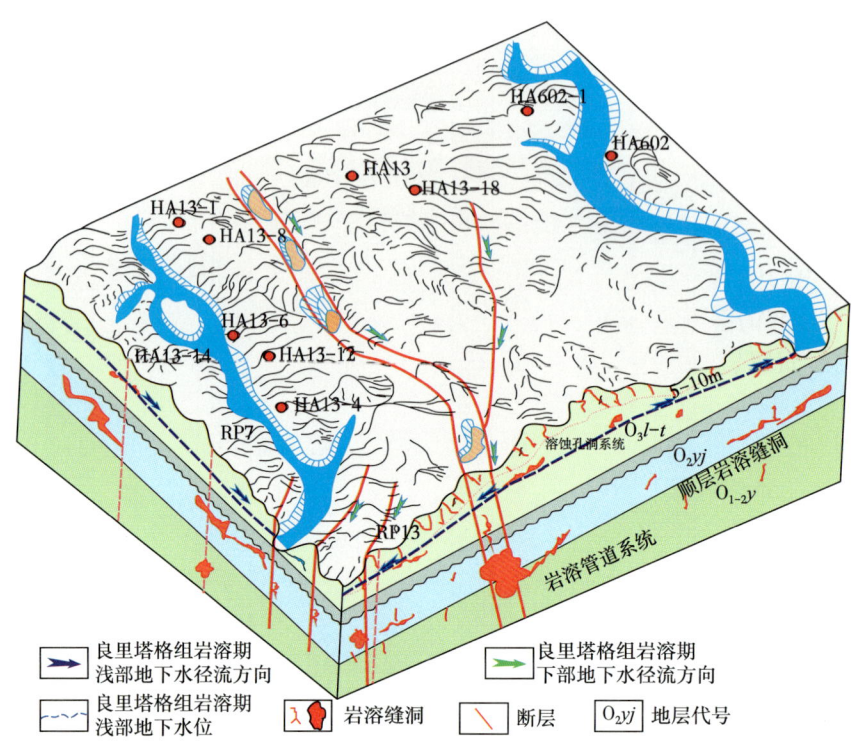

图5-24　台缘叠加区（RP7井区—RP13井区）古岩溶形成地质模式

良里塔格组岩溶期属古岩溶流域排泄区带（根据岩溶盆地的地形特点，认为岩溶盆地属良里塔格组岩溶期的古海洋）。此区带地势缓慢向南方向倾斜，地形相对高程为200~300m，地形起伏较小。地层岩性：上部为良里塔格组（O_3l）、吐木休克组（O_3t）碳酸盐岩，地层厚度较薄，局部厚度小于5~10m，厚度较薄地段一般与断裂具有密切联系，岩性为褐色、灰、深灰色、灰绿色泥质灰岩、泥灰岩、瘤状灰岩，属弱岩溶化层组；下部为一间房组（O_2yj）、鹰山组（$O_{1-2}y$），一间房组（O_2yj）岩性以浅褐灰、灰褐色亮晶砂屑灰岩、亮晶鲕粒灰岩、亮晶藻屑砂屑灰岩为主，鹰山组（$O_{1-2}y$）为巨厚灰色泥晶灰岩夹薄层亮晶砂屑灰岩，属强岩溶化层组，也是岩溶缝洞发育主要层位。

断裂比较发育，以北东—南西向、北北西—南南东向和近南北向的走滑断层为主，且平面多形成"X"形组合。断裂控制了此区岩溶地下水径流排泄，从而造成沿断裂岩溶缝洞比较发育。

5.2.3.2　古岩溶岩溶水动力条件

一间房组岩溶期，地表水系发育，水系弯曲蜿蜒，局部发育浅岩溶湖，水力坡度较小（<0.2%），地下水径流缓慢，反映岩溶作用主要位于古地下水位附近及上部，即岩溶缝洞仅发育于一间房组顶面下0~20m范围，溶蚀缝洞以溶蚀裂缝或溶蚀孔洞为主，具规模

的岩溶洞穴、岩溶管道较少。由于岩溶作用主要位于一间房组层组之间，造成沿一间房组层组发育的岩溶缝洞—层间岩溶缝洞。

良里塔格组岩溶区，属古岩溶流域径流、排泄区，由于地层上部为良里塔格组、吐木休克组碳酸盐岩，其厚度约为20~40m、局部厚度小于5~10m，吐木休克组碳酸盐岩属弱岩溶层组，构成海盆底部相对隔水层，因而自潜山区沿一间房组、鹰山组碳酸盐岩地层径流补给的地下水，只能通过具有断裂部位形成排泄点，从而在此区域沿断裂形成的岩溶缝洞较多。缝洞处于排泄区，属流出型岩溶管道系统，后期不易充填。

5.2.3.3 古岩溶形成地质模式（RP301井区）

（1）地层岩性、古岩溶地貌、古水动力条件特征。

此区带（RP301井区），一间房顶面属微丘洼地、微丘丛谷地岩溶地貌区，地下水力坡度平缓，岩溶作用主要位于水位变化带，岩溶以溶蚀裂缝、溶蚀孔洞为主（图5-25）；良里塔格组顶面属岩溶盆地地貌区，属古岩溶流域排泄区域（图5-26），因良里塔格组、吐木休克组地层较薄，部分地带沿断裂附近良里塔格组、吐木休克组地层被剥蚀而出露一间房组碳酸盐岩，为区域岩溶系统地下水排泄提供了较好条件，因而沿断裂易形成具规模的岩溶缝洞，岩溶缝洞多属岩溶地下河系统出口地段。

地层岩性：上部为良里塔格组（O_3l）、吐木休克组（O_3t）碳酸盐岩，地层厚度较薄，局部厚度小于5~10m，厚度较薄地段一般与断裂具有密切联系，局部出露一间房组碳酸盐岩，属弱岩溶化层组；下部为一间房组（O_2yj）、鹰山组（$O_{1-2}y$），属强岩溶化层组，也是岩溶缝洞发育主要层位。

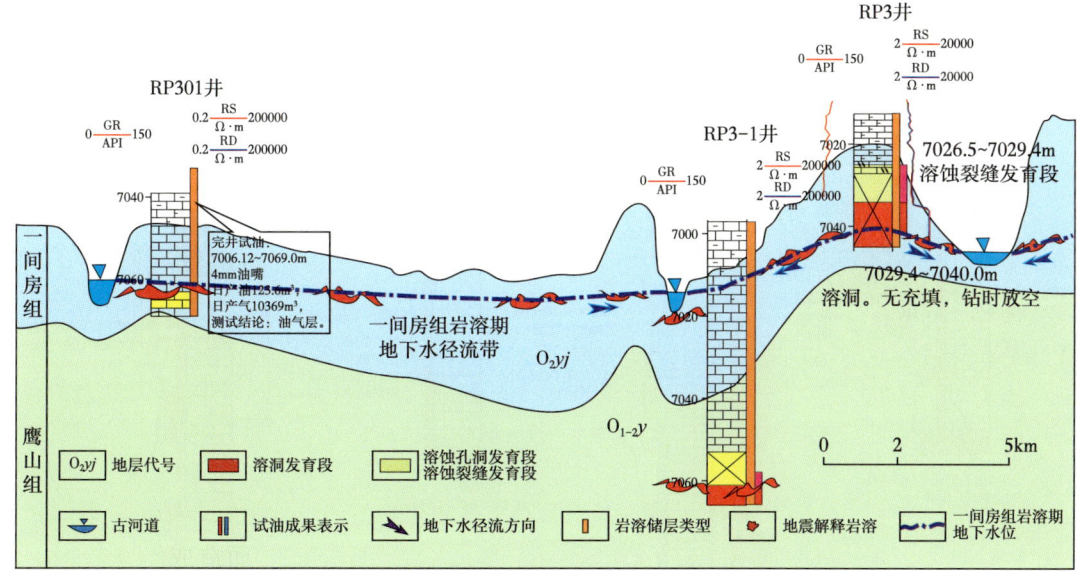

图5-25 断控岩溶区（RP301井区）一间房组岩溶期水动力条件

（2）古岩溶缝洞特征。

根据RP301井、RP3017井、RP3015井岩溶缝洞特征分析（图5-27），岩溶缝洞主要位于一间房组及鹰山组，岩溶缝洞以溶蚀裂缝、溶洞系统为主，局部发育具规模溶

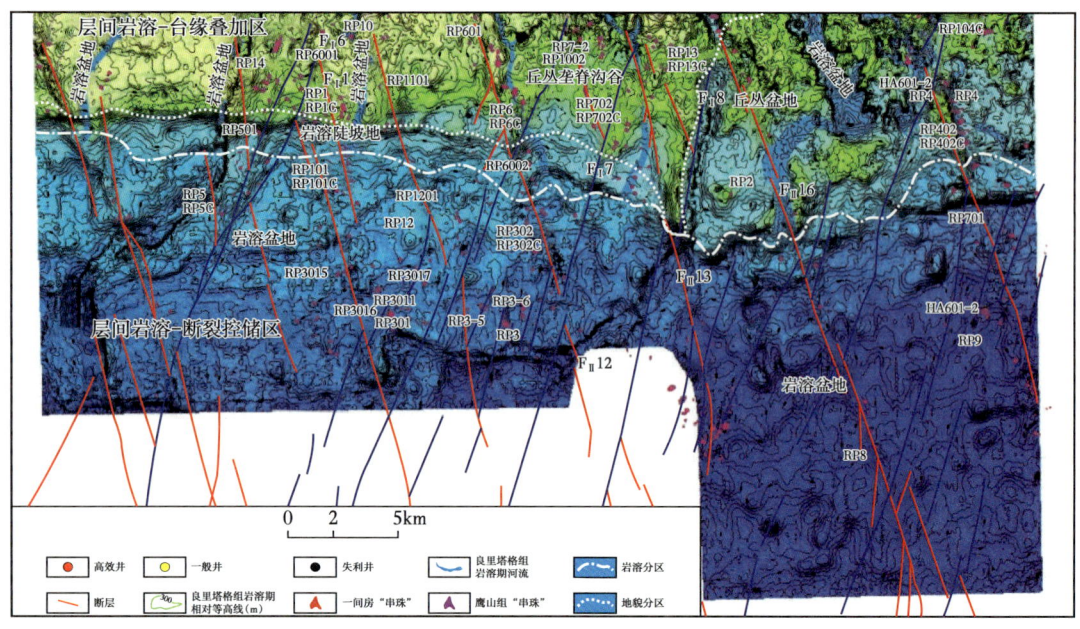

图 5-26　断裂控储区良里塔格组岩溶期古岩溶地貌特征

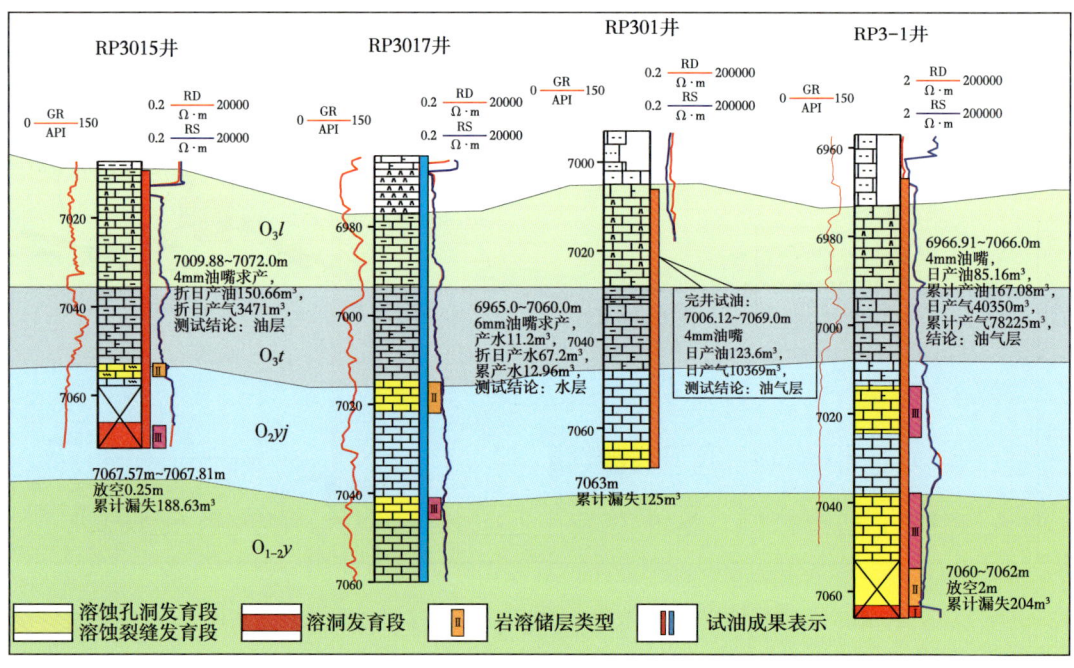

图 5-27　断裂控储区（RP301 井区）古岩溶对比图

洞系统（如 RP3015 井井深 7067.57~7067.81m 放空 0.25m；RP3-1 井井深 7060~7062m 放空 2m）。缝洞多沿断裂分布，如沿 RP301 井北西向断裂发育的缝洞（图 5-28、图 5-29）；良里塔格组（O_3l）、吐木休克组（O_3t）岩溶发育较弱。

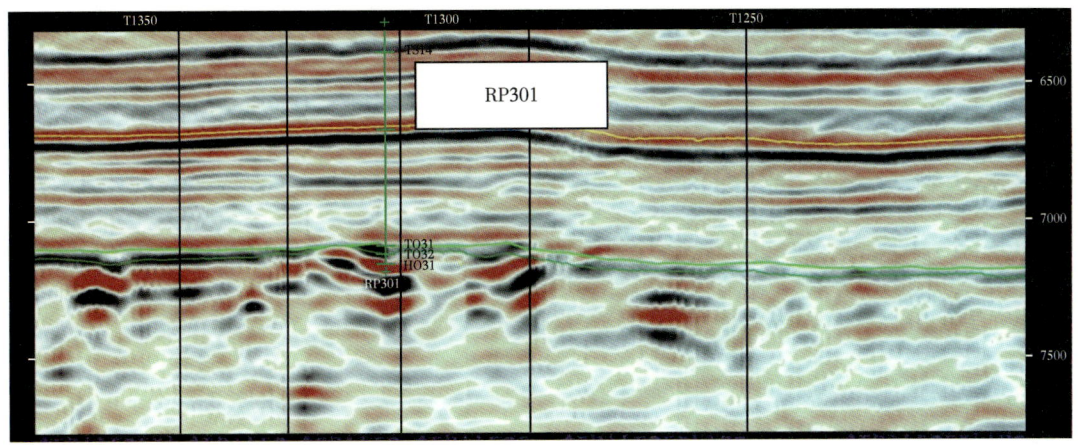

图 5-28　沿 RP301 井北西断裂地震强反射特征（岩溶地下河出口段）

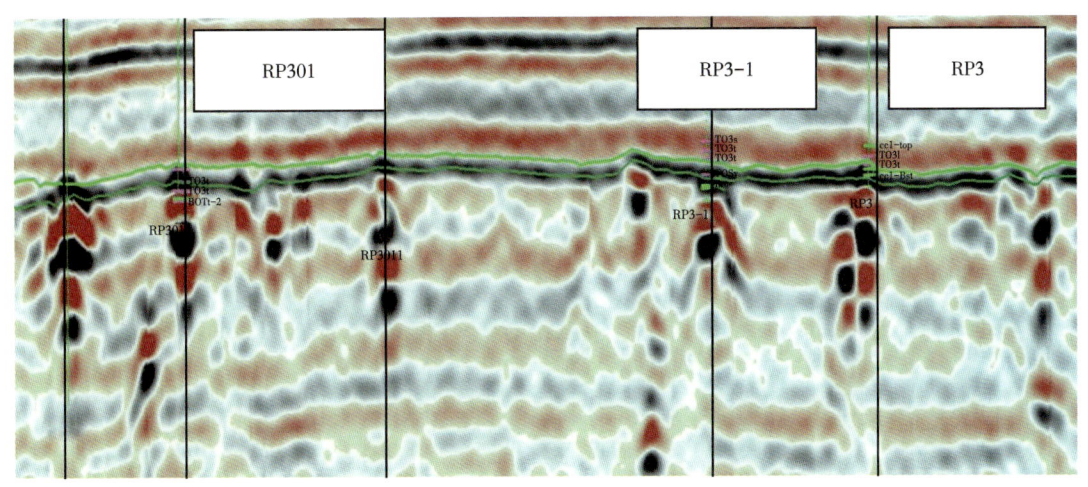

图 5-29　沿 RP301—RP3-1—RP3 井地震强反射特征

（3）古岩溶形成地质模式。

根据此井区岩溶缝洞特征及水动力条件，建立古岩溶形成地质模式如图 5-30、图 5-31 所示。岩溶缝洞发育特点是：①受吐木休克组弱岩溶层组与断裂的控制，岩溶地下水沿岩溶断裂径流，然后在断裂与地层被剥蚀至一间房组碳酸盐岩处排泄，从而沿断裂形成岩溶缝洞；②此区属古岩溶流域排泄区，岩溶缝洞以排泄型岩溶地下河岩溶管道为主。

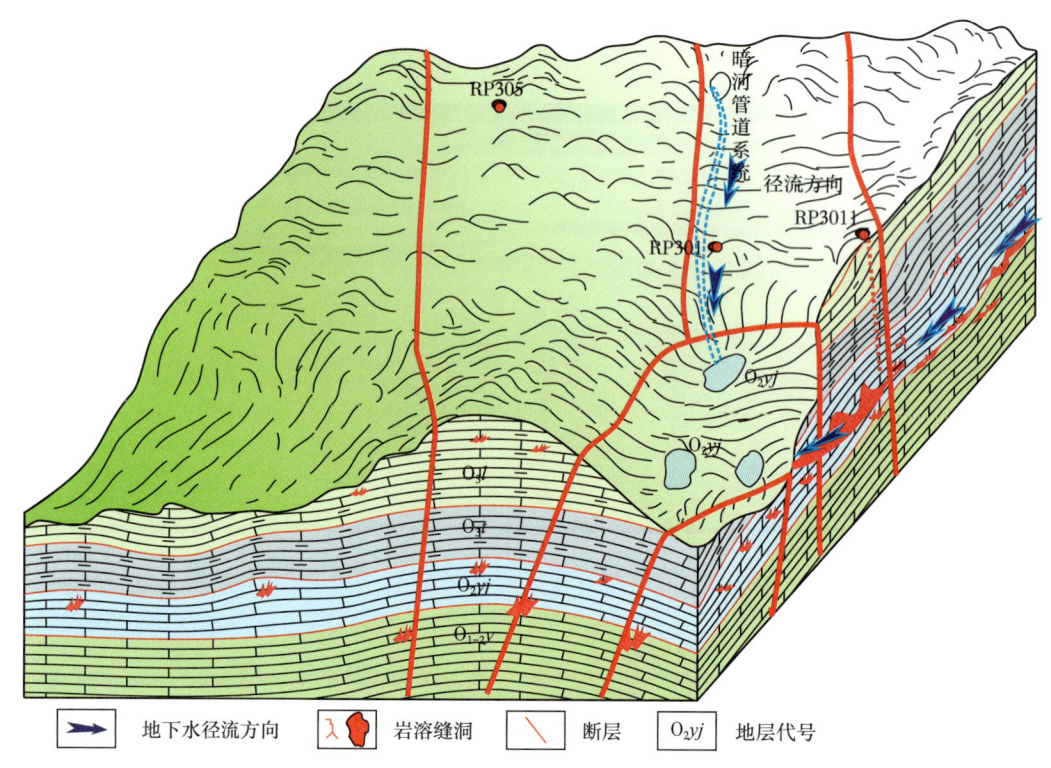

图5-30 断裂控储区（RP301井区）良里塔格组岩溶期水动力条件特征图

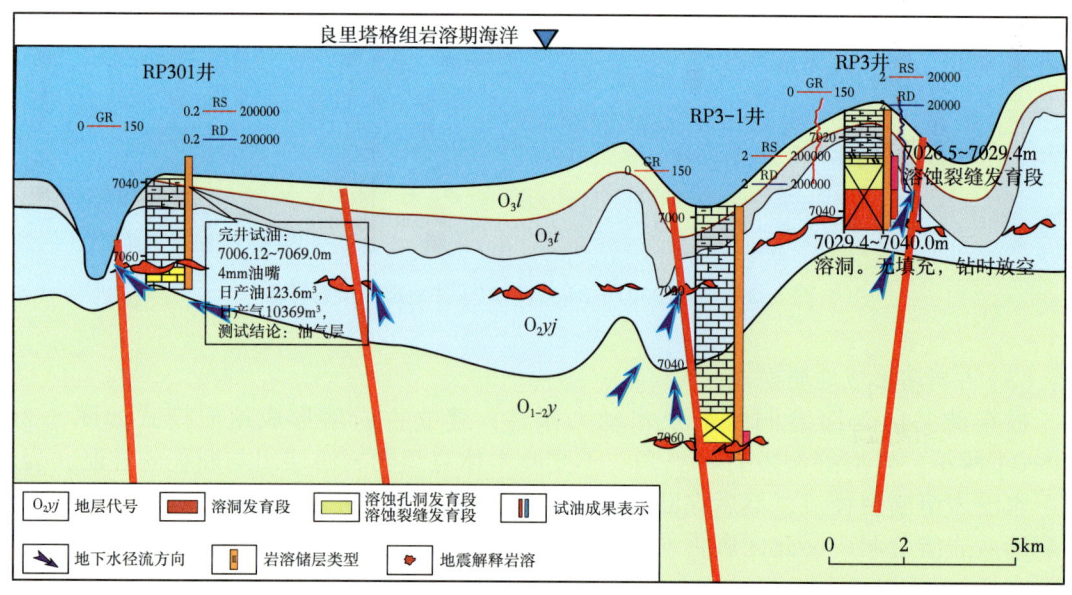

图5-31 断裂控储区（RP301井区）良里塔格组岩溶期古岩溶形成地质模式

5.3 不同岩溶期区域古岩溶作用模型

5.3.1 一间房组岩溶期区域古岩溶作用模型

一间房组沉积末期，碳酸盐岩沉积台地处于半局限潟湖或台内湖和开阔海沉积环境。受加里东中期构造运动的影响，沉积台地振荡抬升，初期海平面的升降，使北部半局限台地和台地边缘处于平均低潮面升降变化的影响下，降雨的淋溶和入渗溶滤，在碳酸盐岩层上部产生淡水或微咸水对方解石的溶蚀，水的入渗通道主要是碳酸盐沉积层固结、脱水产生的收缩微缝和颗粒灰岩粒间、粒内微孔。其主要标志是在一间房组岩层的上层面及上部见有灰质渗流砂充填的向上开口微溶缝、粒间溶孔充填微咸水方解石，因此在桑塔木组埋藏区的一间房组溶缝和晶洞中充填方解石的 Sr/Ba 值与原岩的 Sr/Ba 值相当接近（西北分公司，2005），在充填方解石中为 4.19~23.71，而母岩为 2.08~43，充填方解石 Sr/Ba 值处于母岩 Sr/Ba 值范围之内；部分充填方解石的锶同位素特征（$^{87}Sr/^{86}Sr$ 为 0.7093~0.7088）与母岩的（0.7088~0.7076）也接近，反映充填方解石形成于有海水参与的水岩作用过程。

随着构造运动增强，碳酸盐岩台地进一步抬升，并完全裸露地表，大气降水的淋溶和渗滤作用增强。在经历裸露风化岩溶阶段之后，上奥陶统开始沉积，一间房组岩溶系统被上覆不纯碳酸盐岩、碳酸盐岩和碎屑岩地层所埋藏。根据一间房组末古岩溶地貌恢复，古地势平坦，地形起伏较小，岩溶地貌正、负地貌相对高差较小（10~20m），呈微地貌特征，岩溶地貌以微丘洼地、微丘峰洼地、微丘丛谷地为主。古岩溶流域地表水系发育，水系弯曲蜿蜒，水力坡度较小（<0.2%），地下水径流缓慢，反映岩溶作用主要位于古地下水位附近及上部（图 5-32），即岩溶缝洞仅发育于一间房组顶面下 0~20m 范围，溶蚀缝洞主要以溶蚀裂缝或溶蚀孔洞为主，具规模的岩溶洞穴、岩溶管道较少。由于岩溶作用主要位于一间房组层组之间，造成沿一间房组层组发育的岩溶缝洞—层间岩溶缝洞，岩溶缝洞较好地保存一间房组沉积末期至晚奥陶世早期裸露条件的岩溶发育特征。

5.3.2 良里塔格组岩溶期区域古岩溶作用模型

奥陶纪晚期（良里塔格组末），加里东晚期构造运动使该区北部大幅抬升，褶断构造发育，在哈拉哈塘地区北部发生强烈剥蚀，奥陶系碳酸盐岩广泛暴露地表，发生强烈的岩溶作用。

地震勘探和钻揭结果表明，哈拉哈塘地区良里塔格组古岩溶面为奥陶纪碳酸盐岩地层与碎屑岩之间的不整合接触面。出露碳酸盐岩地层主要是晚奥陶系良里塔格组、一间房组与鹰山组碳酸盐岩。从构造演化及良里塔格组岩溶面地形切割程度分析，在地壳沉降前（碳酸盐岩地层被上覆桑塔木组埋藏之前），该地区裸露碳酸盐岩地层遭受较长的风化剥蚀过程，是哈拉哈塘地区主要岩溶期（岩溶缝洞多在此岩溶期形成）。受构造、古地形、古水文网和水文地质条件的影响，裸露风化期哈拉哈塘地区北部奥陶系鹰山组之上的碳酸盐岩全部被剥蚀。根据良里塔格组古岩溶面恢复及古水动力条件、岩溶层组分析，良里塔格组岩溶期不同区带岩溶作用具有明显的差异：

良里塔格组岩溶面潜山区：潜山岩溶区属良里塔格组岩溶期岩溶流域补给区，受南部吐木休克组弱岩溶层组的影响，沿吐木休克组弱岩溶层组附近可能形成了一系列岩溶湖或深切的河谷（切穿吐木休克组，出露一间房组），深切河谷或岩溶湖构成岩溶台地地下水的局部排泄基准，但良里塔格组岩溶期岩溶流域排泄区位于南部RP3井—RP8井一带区域，造成岩溶台地区的岩溶作用方式较为复杂：浅部岩溶作用以垂向渗滤溶蚀作用为主，此时期形成的岩溶洼地相对较深，受深切河谷的影响，浅部岩溶作用也可能形成一系列岩溶管道系统；下部岩溶地下水受吐木休克组弱岩溶层组的影响，岩溶地下水向下潜流顺层（沿一间房组或鹰山组）或断裂向南部排泄区径流排泄，从而形成层间岩溶缝洞发育。

层间岩溶区：良里塔格组岩溶面分布地层主要为奥陶系良里塔格组碳酸盐岩，岩性主要为浅绿灰、灰白、褐灰色混杂的瘤状灰岩、泥质灰岩，瘤体间为灰绿色泥质充填，岩溶地貌的形成以溶蚀作用为主。良里塔格组岩溶面地势相对高差较大，地形起伏也较大，岩溶面地表水系发育，地表水系均自北向南径流汇入古海洋，古水系深切，浅部岩溶水具有自分水岭地带向两侧河谷排泄特征，受下伏吐木休克组弱岩溶层组的影响，地表降水难以入渗径流至一间房组，因而岩溶作用主要位于良里塔格组碳酸盐岩，只有河床切深至一间房组的河段，接受潜山区岩溶地下水径流排泄，对一间房组岩溶缝洞的形成具有明显的控制作用。层间岩溶区属良里塔格组岩溶期潜山岩溶地下水径流、排泄区，受良里塔格组下伏地层属吐木休克组弱岩溶层组的限制，岩溶地下水径流主要沿一间房组岩溶面或顺一间房组、鹰山组层间或断裂向南部径流排泄，造成岩溶作用具有沿一间房组、鹰山组层组顺层特征（图5-33），具有对一间房组岩溶期岩溶缝洞改造作用。

5.3.3 前志留纪岩溶期区域古岩溶作用模型

在奥陶纪末，哈拉哈塘地区中—下奥陶统碳酸盐岩层组被埋藏于上奥陶统桑塔木组碎屑岩为主体的岩层之下，受加里东晚期构造运动影响，轮南—哈拉哈塘凸起成型，隆升遭受强烈剥蚀，除了中—下奥陶统碳酸盐岩上覆的碎屑岩地层被剥蚀外，中奥陶统一间房组、鹰山组也被大量剥蚀，该地层的尖灭线出现在凸起的南侧，一间房组、鹰山组的早期岩溶受到强烈改造或再造，岩溶发育深度及岩溶缝洞规模增大，连通性增强。受周边桑塔木组碎屑岩阻隔影响，岩溶作用主要位于潜山区。

根据所恢复的古岩溶地貌特征分析，峰洼相对高差一般为5~30m，局部达40~50m，属微地貌形态，岩溶地貌主要为微丘洼地、微峰洼地、微丘丛谷地、岩溶谷地等，整体属岩溶地貌形成演化过程中初期岩溶地貌特征。总体而言，前志留纪岩溶面地势平坦、地形起伏较小，受南部桑塔木组碎屑岩阻隔的作用，沿碳酸盐岩与碎屑岩边界附近形成了一系列岩溶湖及古水系，构成潜山岩溶区岩溶地下水的排泄基准，由于岩溶湖、古水系与潜山岩溶地貌相对高差为30~50m，因而此时期岩溶作用主要位于浅部50~60m范围（即岩溶作用主要作用于地下水面附近及上方）（图5-34），可见此时期浅部岩溶缝洞比较发育。

5 古岩溶成因地质模式

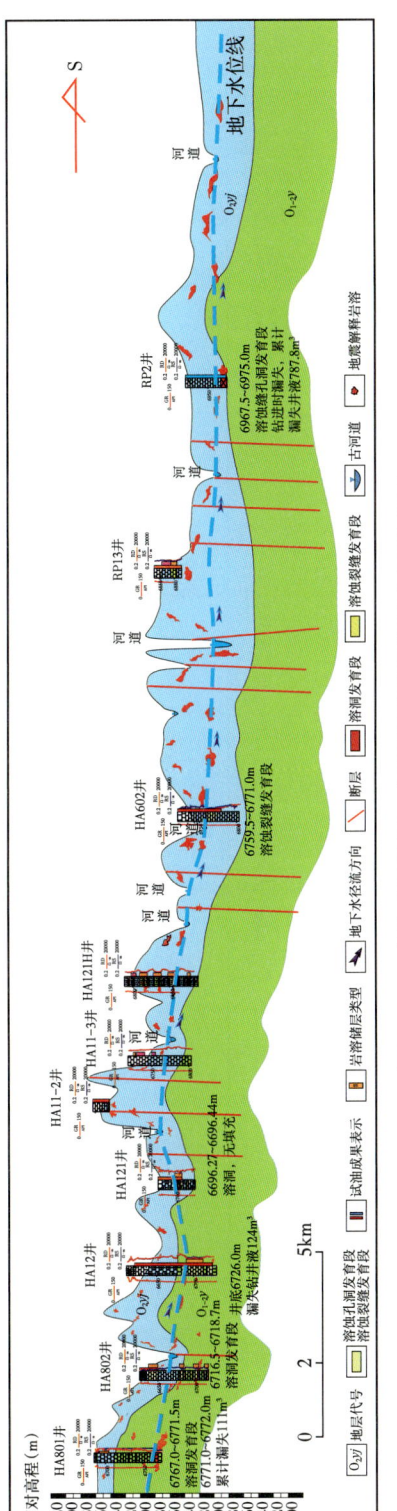

图 5-32 哈拉哈塘地区—间房组岩溶期岩溶作用模式图

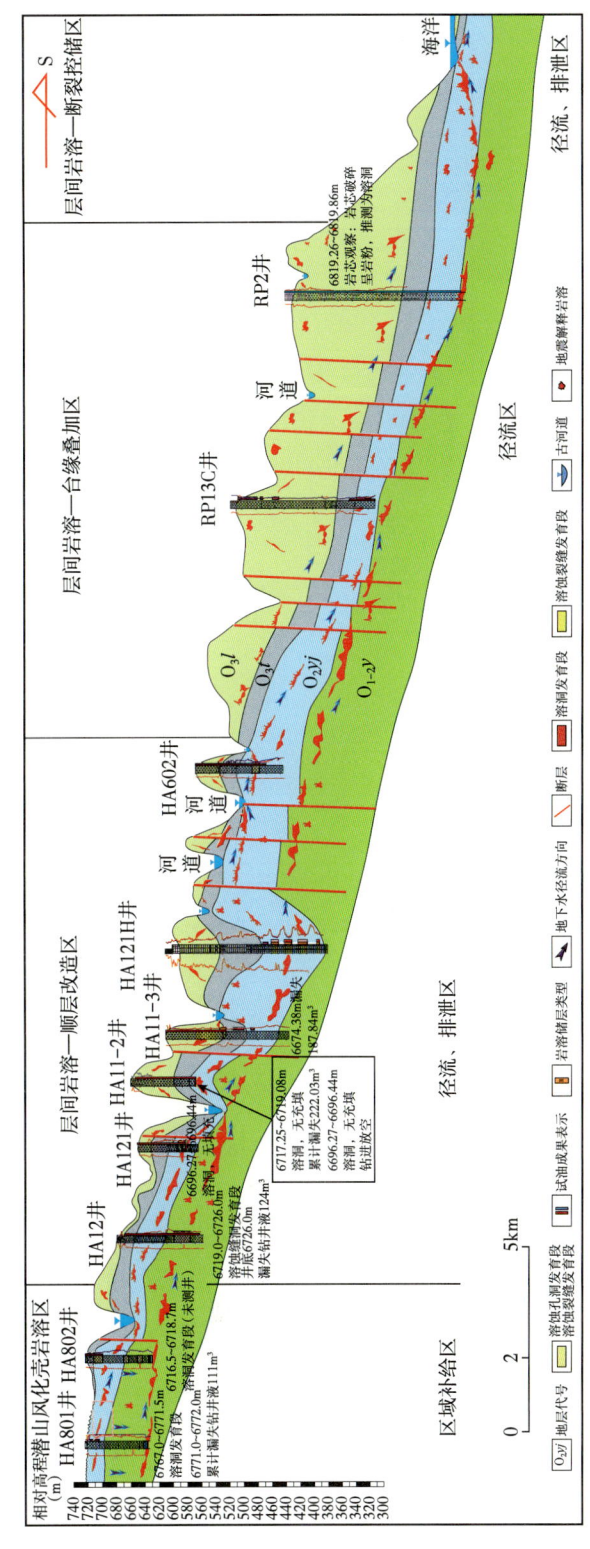

图 5-33 哈拉哈塘地区良里塔格组岩溶期岩溶作用模式图

塔北地区奥陶系碳酸盐岩古岩溶特征及成因模式——以哈拉哈塘地区为例

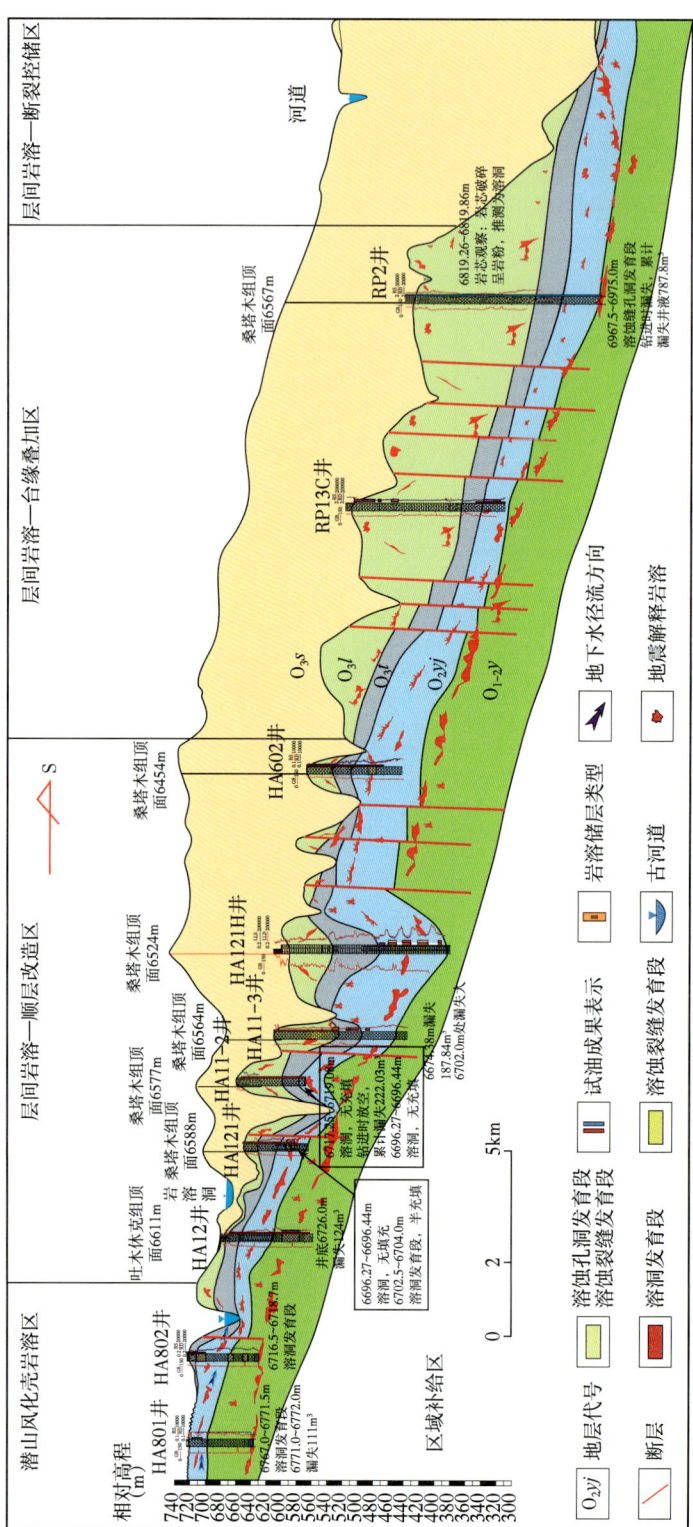

图 5-34 哈拉哈塘地区前志留纪岩溶期岩溶作用模式图

参 考 文 献

安润莲，宁永香，2002. 岩溶研究现状及发展趋势 [J]. 煤炭技术，21（5）：55-57.

柏松章，1996. 碳酸盐岩潜山油田开发 [M]. 北京：石油工业出版社.

蔡春芳，1997. 塔里木盆地流体—岩石相互作用研究 [M]. 北京：地质出版社.

陈利新，潘文庆，梁彬，等，2011. 轮南奥陶系潜山表层岩溶储层的分布特征 [J]. 中国岩溶，30（3）：327-333.

陈清华，刘池阳，王书香，等，2022. 碳酸盐岩缝洞研究现状与展望 [J]. 石油与天然气地质，23（2）：196-202.

陈学时，易万霞，卢文忠，2004. 中国油气田古岩溶与油气储层 [J]. 沉积学报，22（2）：244-254.

崔海峰，郑多明，2009. 塔北隆起哈拉哈塘凹陷石油地质特征与油气勘探方向 [J]. 岩性油气藏，21（2）：54-58.

淡永，梁彬，曹建文，等，2012. 塔里木盆地轮南地区奥陶系岩溶缝洞充填物地球化学特征及环境意义 [J]. 石油实验地质，34（6）：623-628.

高计县，唐俊伟，2012. 塔北哈拉哈塘地区奥陶系一间房组碳酸盐岩岩心裂缝类型及期次 [J]. 石油学报，33（1）：64-73.

高进，1987. 深部岩溶 [J]. 工程勘察（1）：12-15.

高利君，李宗杰，李海英，等，2020. 塔里木盆地超深层碳酸盐岩规模储层分类对比及特征分析 [J]. 地质论评，66（增刊1）：54-56.

顾家裕. 塔里木盆地轮南地区下奥陶统碳酸盐岩岩溶储层特征及形成模式 [J]. 古地理学报，1999，1（1）：54-60.

顾家裕，2001. 塔里木盆地轮南潜山岩溶及油气分布规律 [M]. 北京：石油工业出版社.

郭建华，1993. 塔里木盆地轮南奥陶系潜山古岩溶及其所控制的储层非均质性 [J]. 沉积学报，11（1）：56-64.

韩宝平，1991. 任丘油田热水喀斯特的实验模拟 [J]. 石油实验地质，13（3）：272-280.

何登发，2001. 塔里木盆地构造演化与油气聚集 [M]. 北京：地质出版社.

何建军，刘家铎，鲁新便，等，2009. 基于模型正演的地震属性分析技术识别和划分碳酸盐岩储层缝洞单元 [J]. 石油地球物理勘探，44（4）：472-477.

何君，韩剑发，潘文庆，2007. 轮南古隆起奥陶系潜山油气成藏机理 [J]. 石油学报，28（2）：44-48.

何治亮，2001. 塔里木多旋回盆地与复式油气系统 [M]. 北京：中国地质大学出版社.

何治亮，金晓辉，沃玉进，等，2016. 中国海相超深层碳酸盐岩油气成藏特点及勘探领域 [J]. 中国石油勘探，21（1）：3-14.

黄成毅，邹胜章，潘文庆，等，2006. 古潮湿环境下碳酸盐岩缝洞型油气藏结构模式：以塔里木盆地奥陶系为例 [J]. 中国岩溶，25（3）：250-255.

黄继新，彭仕宓，宋来明，2006. 车镇地区下古生界碳酸盐岩潜山岩溶模式初探 [J]. 煤田地质与勘探，34（2）：1-4.

黄尚瑜，宋焕荣，1997. 油气储层的深岩溶作用 [J]. 中国岩溶（9）：191-192.

贾振远，蔡忠贤，2004. 碳酸盐岩古风化壳储集层（体）研究 [J]. 地质科技情报，23（4）：94-104.

贾振远，蔡忠贤，肖玉茹，1995. 古风化壳是碳酸盐岩一个重要的储集层（体）[J]. 地球科学，20（3）：283-289.

姜华，汪泽成，王华，等，2011. 地震沉积学在塔北哈拉哈塘地区古河道识别中的应用 [J]. 中南大学学报（自然科学版），42（12）：3804-3810.

姜平, 2005. 大港地区千米桥潜山奥陶系古岩溶研究 [J]. 成都理工大学学报 (自然科学版), 32 (1): 50-55.

焦方正, 翟晓先, 等, 2008. 海相碳酸盐岩非常大油气田: 塔河油田勘探研究与实践 [M]. 北京: 石油工业出版社.

焦方正, 窦之林, 2008. 塔河碳酸盐岩缝洞型油藏开发研究与实践 [M]. 北京: 石油工业出版社.

焦方正, 窦之林, 等, 2006. 塔河油气田开发研究论文集 [M]. 北京: 石油工业出版社.

景建恩, 梅忠武, 李舟波, 2003. 塔河油田碳酸盐岩缝洞型储层的测井识别与评价方法研究 [J]. 地球物理学进展, 18 (2): 336-341.

康玉柱, 2009. 塔里木盆地古生代海相碳酸盐岩储集岩特征 [J]. 石油实验地质, 29 (3): 217-223.

孔兴功, 2009. 石笋氧碳同位素古气候代用指标研究进展 [J]. 高校地质学报, 15 (2): 165-172.

兰光志, 1996. 碳酸盐岩古岩溶储层模式及其特征 [J]. 天然气工业, 16 (6): 13-19.

蓝江华, 1999. 四川盆地大池干井构造带石炭系古岩溶储层成因模式 [J]. 成都理工学院学报 (1): 25.

雷国良, 工长生, 钱志鑫, 等, 1994. 贵州岩溶沉积物稀土元素地球化学研究 [J]. 矿物学报, 14 (3): 297-308.

黎廷宇, 2004. 岩溶洞穴系统稳定碳同位素演化的地球化学过程及其环境意义 [D]. 北京: 中国科学院研究生院.

李定龙, 1999a. 古岩溶和古岩溶地球化学概念与研究展望 [J]. 高校地质学报, 5 (2): 232-240.

李定龙, 吴观茂, 1999b. 皖北奥陶系稀土元素地化特征及其古岩溶环境标志 [J]. 煤田地质与勘探, 27 (4): 10-15.

李定龙, 杨为民, 汪才会, 等, 1999c. 皖北奥陶系古岩溶作用分期、分类及岩溶岩类型 [J]. 淮南工业学院学报, 19 (1): 1-7.

李定龙, 杨为民, 汪才会, 等, 1998. 皖北奥陶系古岩溶特征及岩溶相模式 [J]. 淮南矿业学院学报, 18 (4): 1-7.

李青, 李小波, 谭涛, 等, 2021. 断溶体油藏注采井网构建方法 [J]. 新疆石油地质, 42 (2): 213-217.

李绍虎, 2001. 关于地层骨架体积质量不变压实校正方法: 回答漆家福等对这一方法的讨论 [J]. 石油试验地质, 23 (3): 357-360.

李绍虎, 吴冲龙, 毛小平, 等, 1999. 一个新的地层骨架密度计算公式 [J]. 石油实验地质, 21 (4): 369-371.

李绍虎, 吴冲龙, 吴景富, 等, 2000. 一种新的压实校正方法 [J]. 石油实验地质, 22 (2): 110-114.

李阳, 范智慧, 2011. 塔河奥陶系碳酸盐岩油藏缝洞发育模式与分布规律 [J]. 石油学报, 32 (1): 101-106.

李振宏, 郑聪斌, 2004. 古岩溶演化过程及对油气储集空间的影响: 以鄂尔多斯盆地奥陶系为例 [J]. 天然气地球科学, 115 (3): 247-252.

李宗杰, 王勤聪, 2002. 塔北超深层碳酸盐岩储层预测方法和技术 [J]. 石油与天然气地质, 23 (1): 35-44.

李宗杰, 王勤聪, 2003. 塔河油田奥陶系古岩溶洞穴识别及预测 [J]. 新疆地质, 21 (2): 181-184.

林忠民, 2002. 塔河油田奥陶系碳酸盐岩储层特征及成藏条件 [J]. 石油学报, 23 (3): 23-26.

刘小平, 孙冬胜, 吴欣松, 2007. 古岩溶地貌及其对岩溶储层的控制: 以塔里木盆地轮古西地区奥陶系为例 [J]. 石油试验地质, 29 (3): 265-268.

刘雁婷, 付恒, 2010. 塔里木盆地巴楚—塔中地区寒武系层序地层特征 [J]. 岩性油气藏, 22 (2): 48-53.

柳少波, 顾家裕, 1997. 包裹体在石油地质研究中的应用与问题讨论 [J]. 石油与天然气地质 (4): 326-331.

楼雄英. 2005. T72界面与塔中隆起上奥陶统碳酸盐岩古岩溶储层 [J]. 沉积及特提斯地质, 25 (3): 24-33.

卢焕章, 1990. 包裹体地球化学 [M]. 北京: 地质出版社.

卢玉红, 肖中尧, 顾乔元, 等, 2007. 塔里木盆地环哈拉哈塘海相油气地球化学特征与成藏 [J]. 地球科学, 37 (增Ⅱ): 167-176.

吕海涛, 张达景, 等, 2009. 塔河油田奥陶系油藏古岩溶表生作用期次划分[J]. 地质科技情报, 28 (6): 71-75, 83.

鲁新便, 胡文革, 汪彦, 等, 2015. 塔河地区碳酸盐岩断溶体油藏特征与开发实践[J]. 石油与天然气地质, 36 (3): 347-356.

倪新峰, 张丽娟, 沈安江, 等, 2011. 塔里木盆地英买力—哈拉哈塘地区奥陶系碳酸盐岩岩溶型储层特征及成因[J]. 沉积学报, 29 (3): 465-474.

倪新锋, 张丽娟, 2009. 塔北地区奥陶系碳酸盐岩古岩溶类型、期次及叠合关系[J]. 中国地质, 36 (6): 1312-1321.

倪新锋, 张丽娟, 2010. 塔里木盆地英买力—哈拉哈塘地区奥陶系岩溶储集层成岩作用及孔隙演化[J]. 古地理学报, 12 (4): 467-479.

沈安江, 潘文庆, 郑兴平, 等, 2010. 塔里木盆地下古生界岩溶型储层类型及特征[J]. 海相油气地质, 14 (2): 36-38.

苏泽中, 林加恩, 柏明星, 等, 2020. 天然能量开发阶段的缝洞型油藏井间连通性分析[J]. 深圳大学学报 (理工版), 37 (6): 645-652.

汤妍冰, 巫波, 周洪涛, 2018. 缝洞型油藏不同控因剩余油分布及开发对策[J]. 石油钻采工艺, 40 (4): 483-488.

夏日元, 唐建生, 邹胜章, 等, 2006. 塔里木盆地北缘古岩溶充填物包裹体特征[J]. 中国岩溶, 25 (3): 246-249.

闫相宾, 韩振华, 李永宏, 2002. 塔河油田奥陶系油藏的储层特征和成因机理探讨[J]. 地质论评, 48 (6): 619-626.

闫相宾, 张涛, 2004. 塔河油田碳酸盐岩大型隐蔽油藏成藏机理探讨[J]. 地质论评, 50 (4): 370-376.

杨学文, 汪如军, 邓兴梁, 等, 2022. 超深断控缝洞型碳酸盐岩油藏注水重力驱油理论探索[J]. 石油勘探与开发, 49 (1): 116-124.

袁道先, 2002. 中国岩溶动力系统[M]. 北京: 地质出版社.

张丽娟, 马青, 范秋海, 等, 2012. 塔里木盆地哈6区块奥陶系碳酸盐岩古岩溶储层特征识别及地质建模[J]. 中国石油勘探 (2): 1-7.

张庆玉, 陈利新, 梁彬, 等, 2012. 轮古西地区前石炭纪古岩溶微地貌特征及刻画[J]. 海洋地质前沿, 17 (4): 23-26.

张庆玉, 梁彬, 等, 2014. 哈拉哈塘—间房组古地貌及岩溶发育条件研究[J]. 断块油气田, 21 (4): 413-415.

张庆玉, 梁彬, 曹建文, 等, 2011. 测井技术在奥陶系洞穴型岩溶储层识别中的应用[J]. 海洋地质前沿, 27 (5): 67-70.

张庆玉, 梁彬, 曹建文, 等, 2013. 塔里木盆地塔北露头区古岩溶发育模式研究[J]. 海洋地质前沿, 29 (12): 34-38.

张庆玉, 梁彬, 曹建文, 等, 2015. 塔里木盆地轮古西地区奥陶系古潜山岩溶作用机理与发育模式[J]. 石油实验地质, 37 (1): 1-7.

张硕, 马青, 高春海, 2012. 哈拉哈塘地区奥陶系碳酸盐岩储层地质建模[J]. 内江科技 (6): 116-117.

张伟, 海刚, 张莹, 2020. 塔河油田碳酸盐岩缝洞型油藏气水复合驱技术[J]. 石油钻探技术, 48 (1): 61-65.

张学丰, 李明, 2012. 塔北哈拉哈塘奥陶系碳酸盐岩岩溶储层发育特征及主要岩溶期次[J]. 岩石学报, 28 (3): 815-826.

赵宽志, 淡永, 郑多明, 等, 2015. 塔北哈拉哈塘地区奥陶系潜山岩溶储层发育特征及控制因素[J]. 中国岩溶, 34 (2): 171-178.

郑多明，张庆玉，赵宽志，等，2015.塔北哈拉哈塘地区奥陶系层间改造区岩溶古水文条件分析[J].中国岩溶，34（2）179-186.

中国地质科学院岩溶地质研究所，1987.桂林岩溶与碳酸盐岩[M].重庆：重庆出版社.

朱东亚，孟庆强，金之钧，等，2012.富CO_2深部流体对碳酸盐岩的溶蚀—充填作用的热力学分析[J].地质科学，47（1）：187-201.

朱光有，刘星旺，朱永峰，等，2013.塔里木盆地哈拉哈塘地区复杂油气藏特征及其成藏机制[J].矿物岩石地球化学通报，32（2）：231-242.

朱光有，杨海军，等，2011.塔里木盆地哈拉哈塘地区碳酸盐岩油气地质特征与富集成藏研究[J].岩石学报，27（3）：827-844.

朱学稳，等，1988.桂林岩溶地貌与洞穴研究[M].北京：地质出版社.

Bar-Matthews M, Avner A, Kaufman A, et al., 1999. The Eastern Mediterranean paleoclimate as a reflection of regional events: Soreq cave, Israel [J]. Earth and Planetary Science Letters, 166: 85-95.

Bar-Matthews M, Ayalon A, Kaufman A, 2000. Timing and hydrological conditions of Sapropel events in the Eastern Mediterrancan, as evident from speleothems, Soreq Cave, Israel [J].Chem. Geol., 169: 145-156.

Beach D K, 1995. Controls and effects of subaerial exposure on limitation and development of secondary porosity in the subsurface of Grent Bahama Bank. In: Budd D A et al•eds: Unconformities and porosity in carbonate strata[J]. AAPG Memoir, 63（1）: 1-33.

Bhatia M R, 1985. Rare earth element geochemistry of Australian Paleozoic graywacks and mudrocks: Provence and tectonic control [J].Sedimentary Geology, 45（1-2）: 97-113.

Buchbinder L G, Goldberg M, Magaritz M, 1984. Stable isotope study of karstic-related dolomization: Jurassic rocks from the coastal plain, Israel[J]. Sediment Petrology, 54（1）: 236-256.

Cater J M, Gillcrist J R, 1994. Karstic reservoirs of the Mid-Cretaceous Mardin Group, SE Turkey: Tectonic and eustatic controls on their genesis, distribution and preservation[J]. Journal of Petroleum Geology, 17(3): 253-278.

Chan M Y, 2000. Dolomization and dolomite neomorphism: Trenton and Black River limestones (middle Ordovician) Northern Indiana, U.S.A.[J]. Journal of Sedimentary Geology, 70（1）: 265-274.

Charles K, 1988. Karst-controlled reservoir heterogeneity in Ellenburger Group carbonates of west Texas[J]. AAPG Bulletin, 72（10）: 1160-1183.

Daniels L D, Meyers W J, 1986. Paleokarstic features and their relationship to cementation history, Burlington-Keokuk limestone, middle Mississippian, central Missouri[J]. AAPG BULL, 70（5）: 578-579.

David A. Budd, 1989. Micro-rhombic calcite and microporosity in limestones: a geochemical study of the lower cretaceous thamama group[J]. U.A.E. Sedimentary Geology, 63（3-4）: 293-311.

Dorale J A, Gonzalez L A, Reagan M K, et al., 1992. A high-resolution record of Holocene climate change in speleothem calcite from Coldwater cave, Northeast Iowa [J]. Science, 258: 1626-1630.

Duplessy J C, Labeyrie J, Lalou C, et al., 1970. Continental climatic variations between 130,000 and 90,000 years BP [J]. Nature, 226: 631-633.

Esteban M, Taberner C, 2003. Secondary porosity development during late burial in carbonate reservoirs as a result of mixing and/or cooling of brines[J]. Journal of Geochemical Exploration, 78（3）: 355-359.

Flexer A, Livnat A, 1985. Evolutionary importance and economic potential of mesozoic unconformities of Levant [J]. AAPG Bulletin, 69（2）: 255-256.

Fridman G M, 1987. Deep burial diagenesis—a review[J]. Sedimentary Geology, 50（3）: 278-285.

Fritz R D, Wilson J L, Yurewicz D A, 1993. Paleokarst-Related Hydrocarbon Reservoirs [M]. New Orleans: SEPM Core Workshop No.18.